우리는 지금 일본으로 간다

이수희 저

성공어학연수 가이드 - **일본 맞짱뜨기**
우리는 지금 일본으로 간다

| 만든 사람들 |

기획 실용기획부 | **진행** 한수정 | **집필** 이수희 | **편집 디자인** 김도언 |
표지 디자인 design86 | **캐릭터 디자인** 두순 | **표지 사진** 이재은

| 책 내용 문의 |

도서 내용에 대해 궁금한 사항이 있으시면 아이생각(디지털북스) 홈페이지의 게시판을 통해 해결하실 수 있습니다.
아이생각(디지털북스)홈페이지 : www.ithinkbook.co.kr(www.digitalbooks.co.kr)
E-Mail : digital@digitalbooks.co.kr

| 각종 문의 |

영업관련 hi@digitalbooks.co.kr
기획관련 dgbookplan@digitalbooks.co.kr
전화번호 (02) 447-3157~8

우리는 지금 일본으로 간다

이수희 저

아이생각

www.ithinkbook.co.kr

Introduction

머리말

요즘은 글로벌 시대이기 때문에 어학연수를 떠나는, 혹은 보내지는 이들이 많습니다.
보다 나은 스스로의 발견과 미래를 위해서 연수는 필수 아닌 필수가 되어버렸습니다.

모국어 외에 다른 언어를 구사한다는 것은 참 매력적인 일입니다.
그 언어 실력만큼 더 많은 선택권이 주어지고, 더 넓은 세상이 열리니까요.
그래서 우리는 그들의 언어를 배우러 외국으로 갑니다.

어학연수는 그 기간을 어떻게 보내느냐에 따라 연수자의 인생을 얼마든지 바꾸어 버리기도 합니다. 즉, 어학연수가 인생의 가장 큰 터닝 포인트가 될 수 있는 반면에, 충분한 준비와 계획 없이 연수를 하다가는 그 시간을 고스란히 날려 버릴 수도 있다는 것입니다.
따라서 연수 시에 무엇보다 가장 중요한 것은 연수자의 정확한 목표의식과 그것을 실천하고자 하는 의지라고 할 수 있겠습니다.

본 도서는 미래를 위해 일본을 어학연수지로 선택하여 한 단계 도약을 준비하는 분께 실용적이면서도 최대한의 도움이 될 수 있는 가이드북이 되었으면 하는 바람에서 저의 일본연수 경험과 정보를 담아 집필한 결과물입니다.
이 도서가 여러분께 현실적인 도움이 되길 기도합니다.

마지막으로 금요일 밤 꺼져버린 컴퓨터 하드를 들고 뛰어준 동수원 용팔씨와 나보다 더 오매불망 책을 기다린 부모님께 감사를 전합니다.
그리고 일본에서 발품을 대신 팔아준, 마사요, 화영이 정말 고마웠어!

저자 이수희 드림.

CONTENTS

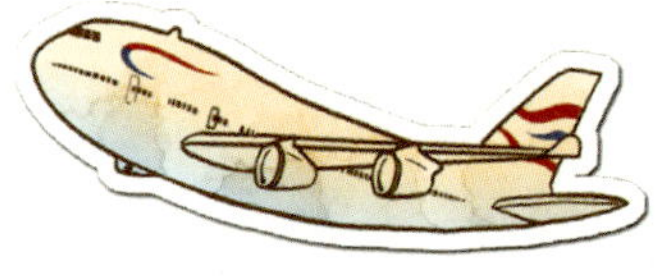

Part 01

일본 어학연수 준비, 이렇게 해 봐!

Part 02

일본 추천 어학교 및 일본어 학습법

Part 03 일본 어학연수, 한 번 떠나볼까?

Part 04 일본 현지생활, 신청이 기본이다!

CONTENTS

Part 05

본격 일본 현지생활 생존기

Part 06

겪어봐야 아는 일본문화 이야기

Part 07

일본은 1년에 무슨 행사가 있을까?

부록 - 일본 지역 일본어학교 일람

일본어, 언제 처음 접했니?

초등학교 4학년 때였나? 엄마를 졸라 등록했던 입시 전문 미술학원에는 초등학생도 얼마간 있었는데 그 숫자가 열 명 남짓이었다. 그리고 커다란 뎃생실에서는 구성원의 다수를 차지하던 고등부 언니들이 음악을 틀어놓고 석고상을 그리거나, 팔레트에 물감을 개어서 정물화를 그리고 있었다. 그때 뎃생실 안에 흐르던 음악이 소년대(少年隊), 히카루겐지(光 GENJI)의 곡이었다. 이들은 우리나라로 치면 '소방차', '박남정' 같은 일본 아이돌계의 조상 같은 그룹들이다.

"그거 알아? 이 시기에는 일본 문화개방 전이라, 일본의 그룹은 물론,
음악, 영화들이 우리나라에 들어올 수 없었대."
"그…그래? 말도 안 돼! 우리 타쿠야 옵하나, 아카니시 진 옵하야를 볼 수 없었다니… 충격이야!"

흠… 이 곡을 추억하니 벌써 20년이 훌쩍 지났군 그래….

그 당시에는 그 노래를 부른 가수가 누군지도 몰랐고, 그저 화실에서 계속 흘러나오니 듣는 것만으로도 자연스럽게 외워져 버렸다. 지금 생각해 보면 20여년이 지난 지금까지도 그 노래들을 외우고 있는 나의 기억력이 참 대단하다.

내가 살았던 부산의 보수동 헌책방 골목의 사이사이에는 외국잡지나 가수들의 테이프를 파는 곳들이 꽤 있었지만 일본문화가 개방되기 전이라 '일본어'를 접한다는 것은 생소한 일에 속했다. 하지만 미술학원 언니들의 일본 노래 감상은 자연스럽게 나를 매혹시켰고 점차적으로 '일본' 이라는 세상에 가까이 데려가고 있었던 것이다.
이렇게 일본과의 만남을 갖고 있던 나에게 엄마 몰래 다니는 만화방은 또 다른 신세계가 되어 주었다.

아직까지도 가슴을 두근거리게 하는 황미나, 신일숙, 강경옥 작가들이 그린 우리나라 작품들…

저렇게 피를 토하며 외쳐도 들은 척도 하지 않는 따도남의 대표였던 안소니,
차도남이 울고 갈 테리우스, 그리고 키다리 아저씨의 복사판 알버트의 가심에 불을 지른
만인의 연인 '캔디캔디'.
세계사는 젬병이었으나 프랑스 혁명사 부분만 자동 암기시켜준 '베르사이유의 장미'.
어린 학생 신분으로 소극장에 발을 들여놓는 용기를 만들어 준(아직도 완결나지 않아 극
악의 스토리를 자랑하는) '유리가면' 까지……

위의 만화 주인공들의 공통점, 별이 한가득 쏟아져 내리는 눈망울의 부담스러움에도 불구
하고 그 시절 나로 하여금 탐독(?)하게 만들었던 저 만화들을 포함해 수많은 만화의 상당
수가 아직도 내 책장 한 켠을 차지하고 있다.

중학생 시절에 이르면서 각종 만화잡지와 단행본이 황금기를 이루었고, 그와 함께 수많은
일본만화, 애니메이션의 해적판들이 판을 치고 다녔다.
하지만 시간이 지나고 해적판으로 보던 만화책과 비디오 대여점을 열심히 들락거리게 했
던 전대물들이 사실은 일본에서 태어난 아이들이라는 사실에 왠지 모를 배신감(?)을 느끼
기도 했었다. 마징가Z, 아톰, 은하철도 999, 독수리 오형제, 후레시맨 같이 어린 시절을 함
께 보낸 친구들의 태생이 일본이었다고?
충격은 거기서 끝나지 않았다.

미니북 한일상식

1945년 광복과 함께 대한민국은 일본대중
문화 유입을 금지했습니다. 1998년 김대중
대통령이 개방방침을 내렸으며, 많은 찬반
논란 속에 1998년, 1999년, 2000년, 2003
년 총 4회에 걸쳐 일본대중문화의 단계적
개방이 진행되었습니다. 1차 개방 시, 가장
먼저 오픈된 것은 만화와 잡지 등의 출판
물, 4대 국제영화제 수상이력이 있는 '우
나기', '카케무샤' 등의 영화였습니다. 2차
개방 시에는 '러브레터', '링', '쉘 위 댄
스', '감각의 제국' 등의 국제영화제 수상

작이 정식 개봉되어 많은 관심을 받기도 했습니다.

3차 개방은 극장용 애니메이션과 2,000석 이하의 공연, 게임 소프트웨어 및 다
큐멘터리 등의 보도방송으로 이루어졌고, 4차 개방은 영화와 공연과 음악 CD
가 일반 판매를 시작했죠. 그리고 2012년 현재 일본대중문화는 일부 지상파 방
송을 제외하고 전면적으로 개방이 되어있는 상태입니다.

어느 날, 우연히 NHK에서 방송을 하더라며 미술학원 언니가 건네준 다카라즈카 뮤지컬
'베르사이유의 장미' 실황 녹화 비디오가 나에게는 일본어를 익히는 스위치였다. 수십 번을
돌려보면서 대사를 통암기해 버릴 정도였으니까….
원작 '베르사이유의 장미'를 좋아한데다, 살아 있는 사람들이 무대에서 캐릭터를 연기하
는 것이 신기했다. 게다가 반복해서 듣다 보니, 대사를 조금씩 알아듣기 시작하면서 일본
어가 들리는 것이 또 쏠쏠한 재미를 주는 것이 아닌가?
뮤지컬은 원작을 살리기 위해 만화에 있는 대사를 그대로 가져왔고, 내 안에 있던 오스
칼님을 향한 홍역은 일본어라는 언어의 장벽을 뛰어넘는데 무한한(?) 도움이 되어 주었
다.(아아… 오스칼님.)

일본과의 인연은 그것으로 끝이 아니었다. 고등학교 때 배웠던 제2외국어가 고맙게도(?) 일본어였던 덕분에 그동안 어눌하게 일본어를 하던 내가 드디어 히라가나라는 문자를 터득하게 된 것이다. 처음에는 힘들었다. 분명히 만화책에 나온 대사는 쏙쏙 들어오는데, 왜 히라가나(ひらがな), 가타카나(カタカナ) 라는 글자는 써도써도 외워지지 않는 것인지… 생긴 것들은 어찌 이리 하나같이 비슷하단 말이냐…. 엉엉~
그럼에도 열공하던 학생들의 머리에 애정의 춉을 먹이며 울리는 선생님의 조언 한마디.

이 조언 덕분에 지병이었던 단순암기 공포증을 극복하며 일본어를 시작했다. 사실 고등학교 시절 배우는 일본어의 수준은 어학원에서 '초급'에 해당하는 정도라 내용이 어렵지는 않았다. 하지만 일본어 기초와 입문에서 가장 큰 장애물이라 불리는 극악한 '형용사 변형'과, '동사변형'은 많은 이를 공부포기로 이끌며 일본어에 대해 학을 떼게 만드는 것이 아닌가? 그럼에도 나는 운 좋게도 좋은 선생님을 만난 덕분에 즐겁게 일본어 기초를 닦을 수 있었다. 지금도 나는 일본어 기초를 가르치는 상황에 놓이게 되면 선생님이 해줬던 말을 재탕한다.

Prologue 2
일본어, 한 번 시작해 볼까?

대학에 다닐 때는 놀기 바빠(응?) 일본어며, 아이돌이며 까~맣게 잊고 지냈다. 그러다 친한 언니가 OPEN한 쇼핑몰 일을 도와주면서 다시 '일본'과 만나게 되었다. 당시 입소문나 있던 한정판 가방, 액세서리 등을 수입해 판매하는 사이트를 운영하던 곳에서 일을 하다 보니 일본 한정판들도 다루게 되고, 관련 정보를 찾으려고 인터넷을 뒤지거나, 취급설명서 같은 것을 읽기 시작했는데 어렸을 때 공부했던 것들이 드문드문 기억이 나기 시작하는 것이 아닌가? 찾다 보니 쟈니스 아이돌이니, J-ROCK과 같은 월척도 걸려들고….

그리고 시청률의 사나이(지금은 두 딸의 아빠. 말도 안 돼!!!! 하아.) 기무라 타쿠야가 주연한 일본 드라마를 본 후로 홈빡 빠지게 된 것이다.

이(옵하를 향한) 뜨겁고도 불타오르는 열정과 열망이 내 가심을 적셨으나 더 기가 막힌 것은 바로 스스로에 대한 일본어 실력이었다.
고등학교 시절 제2외국어로 일본어를 공부했음에도 세월이 세월인지라 기초문법까지 깨끗이 리셋되어 기억나는 것이 하나도 없었던 것이다.

결국 망설임 없이 일본어 초급반에 등록! 직장인이라 학원비를 지원받을 수 있는 사실도 내 열정을 더욱 불태우게 했다.
헌데… 엄마가 줄 때는 아까운 줄 몰랐다가 막상 내 월급에서 빠져나가니 이 학원비라는 녀석이 어찌나 아까운지… 허허허.(아직 옵하를 사랑하기에는 돈이라는 현실이 더 무게감 있었던 듯… 쩝.)

근로자 직무능력향상 지원금, 알고 계셨나요?

해당 지원금은 노동부에서 고용보험 가입자들을 대상으로 외국어 과정에 일정 비용을 지원하는 제도로, 과정 수료자(출석률 80% 이상)에 한해, 수강료의 일정 부분(최대 45,000원)을 지원해 줍니다. 어지간한 규모의 외국어학원이라면 이 제도를 운영하고 있으며, 각 학원의 홈페이지를 통해 지원 및 환급 과정이 상세히 설명되어 있습니다.

일본어학원생활은 꽤 즐거웠다. 학원은 1년 정도 다녔는데 초급 3개월, 기초회화 2개월 이후부터는 중급 코스를 오르내렸다. 물론, 약간의 레벨 테스트가 있지만 어학 실력에 대한 확실(!)한 동기부여가 있는 분들에게는 어렵지 않은 수준이다.

또 학원을 다니다가 알게 된 사실은 일본어반 학생들은 몇 가지 부류로 나뉜다는 것이었다. 그 부류들에 대해 간단하게 얘기하자면….

1. 전공이 일본어라서…

중고급반에 얌전히 앉아있는 여학생들 중에 많다. 막강한 한문 능력과 막힘없이 써 내려가는 작문 실력. 그러나 회화에서는 움찔하는 모습을 가끔 보인다.

2. 부장님이 보내서 왔어요.

회사에서 업무 때문에 등록을 당한(?) 케이스.
업무의 연장선에서 학원을 다니다 보니 가장 애처로운 부류들이다. 배워야 한다는 목적의식은 있으나 피곤에 찌들고 애정이 결핍된 관계로 실력 상승이 느린 편.

3. 좋아하는 연예인이요? 쇼쿤이요! 꺄~

보통 매달 첫 수업 시간에 자기소개에서 하는 '좋아하는 연예인', '일본어를 시작하게 된 계기'와 관련된 질문이 나오면 좋아하는 연예인 이름을 대면서 수줍어한다. 이런 커밍아웃은 클래스 안에 동지를 찾기 위함도 있으며 청취나 회화에서 발군의 실력을 보여준다.

4. 부장님

회사의 임원급으로, 업무 차원에서 다니시기는 하나 이분들은 평소에도 바이어 접대 같은 업무가 많기 때문인지 생각보다 유창하게 언어를 구사한다. 그러나 월초에 나타났다가 중반부터 자취를 감춰버리는 분들이 많다.

5. 남학생

수줍은 생명체로, 일본어반에서 남학생 비율은 극히 드물다. 영어반처럼 학원에서 만나 커플이 되기까지는 어려우니 흑심을 품은 여성분들은 빨리 포기하시길. 잘 관찰하면 특정 아이돌 그룹이나 애니메이션을 좋아하는 '무스코' 들도 많은데, 워낙 말을 아끼기 때문에 정체를 파악하기 힘든 점이 있다.

이렇게 즐거운 일본어학원생활.
직장을 다니면서 같은 일을 반복하노라면 어느새 내가 바보가 되어가고 있다는 불안감에 휩싸이기 마련이다. 하지만 저녁시간을 이용해 학원을 다니면서 뭔가 하나라도 배우고, 다양한 사람들을 만나는 것은 생각보다 큰 생활의 활력이 되어 주었다.

이 시기에는 일본 방송을 자막의 도움을 받아야 볼 수 있었다. 한국 드라마와는 달리 11부작(1회 45분)으로 끝나는 일본 드라마들은 주말에 마음잡고 앉으면 그 자리에서 한 편을 후딱 다 볼 수 있다.
음…. 지금까지 내가 보던 한국 드라마와 영화의 중간적인 느낌이랄까?
게다가 드라마 소재 역시 수사물, 판타지, 코미디, 의학 등 다양한 장르가 있어서 장르를 하나씩 독파하다 보면 끝이 없었다. 덕분의 나의 청취 능력은 나날이 일취월장이었지.

내가 재미있게 본 드라마는 무엇이냐고? 자… 혹시라도 보신 드라마가 있다면 한 번 찾아보시라.

① 기묘한 이야기(1990~) : 20~30분의 짧은 에피소드를 다루는 드라마. 제목에서 볼 수 있듯이 마지막 2분을 남겨둔 기묘한 결말이 '일본 사람들 참 특이하군' 이란 생각을 하게 만든다. 드라마 방송이 끝난 이후에도 꾸준한 인기로 특별편이 계속 나오고 있다. 우리나라에서는 영화 버전(2000)이 개봉되기도 했다.

② Long Vacation(1996) : 일본 청춘 드라마의 정석. 너무 오래 되어 이제는 영상이 촌스럽긴하지만, 지금 봐도 훈훈한 주인공 커플과 조연들(지금은 다들 걸출한 주연급이심), 무엇보다 음악이 좋아서 시간이 흐른 후

일본으로 출장 갔을 때 가장 먼저 산 것이 이 드라마의 OST였더랬지.

③ 춤추는 대수사선(1997~) : 우리나라에도 영화가 개봉(1998)
된 덕분에 인지도가 높은 드라마로, 일본판 수사반장으로 생각
하면 된다. 특히 유쾌한 캐릭터들이 매력적.

④ 뷰티풀 라이프(2000) : 장애인 여성과 평범한 미용사의 사
랑. 일본 러브 스토리의 일인자 기타가와 에리코 작가의 작품
으로 그만큼 대사들이 너무 예쁘지. 기무라 타쿠야 절정의 미
모(?)를 볼 수 있었던 작품이 아닐까?

⑤ 트릭(2000~) : 방송 당시의 시대상, CF, 타 드라마에 대한 패러디가 상당 부분 등장하
기 때문에 일본어나 일본문화 초보가 보기에는 다소 무리가 있다. 하지만 절대적인 마니
아층을 가진 드라마!

⑥ 맨하탄 러브 스토리(2003) : 황당한 스토리 전개와 독특한
작품 세계로 팬층을 확보하고 있는 '쿠도 칸쿠로' 극본. '4차
원이란 이런 것이다'를 제대로 보여주는 드라마로 그만큼 호
불호도 명확히 갈리는 드라마.

⑦ 아네고(2005) : 30대 초반의 직장여성이 주인공으로 나온
다. 공감할 만한 상황은 물론이요, 여주인공의 똑 부러지는 말
투는 일본어 교본으로 삼고 싶을 정도.

이렇게 드라마의 늪에 빠져 있다가 아이돌들을 좋아하면
서 'SMAP x SMAP'라던지, 'Hey Hey Hey', 'Domoto
Kyodai' 등등의 버라이어티 프로그램도 섭렵하기 시작했다.
드라마며, 음악이며, 버라이어티에서 허우적거리고 있을 그
무렵, 갑자기 사장님께서 조용히 나를 불렀다.

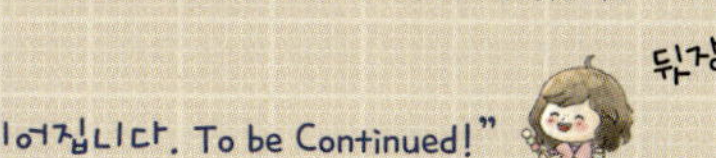

Prologue 3
끝과 시작

사장님 왈…
회사가 어려워서 다음달 말로 문을 닫아야 한다고 미안하단다.

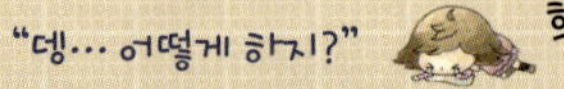

갑자기 머리가 복잡해졌다.
막상 내가 뭘 해야 하는지, 어디로 가야 하는지 갑자기 너무나 막막해진 것이다.
그때 내 나이가 26살 무렵이다.

나의 미래에 대해, 앞으로 무엇으로 먹고 살아야 하는지에 대해 진지하게 생각한 것이 이 때였다. 전공을 좋아하긴 했으나, 그 업계에서 일하고 싶지 않았다. 학생 시절 쭉 아르바이트를 했었던 출판사에 들어갔고, 그러다 친한 언니의 쇼핑몰로 들어와 웹 기획이라는 것을 막 배우고 있을 때였다. 이 어중간한 이력으로 난 무엇을 할 수 있을까 엄청난 고민의 쓰나미가 갑자기 몰려왔다.

먼저 내가 하고 싶은 것, 내가 할 수 있는 것을 구분하려고 애썼다.
그러나 그 즈음에 내가 할 수 있는 것이 없었다. 있는 경력 2~3년이 전부인데, 그걸로는 어디를 들어갈 수 있는 상황도 아니었다.

최근 재미를 들이고 있는 일본어학원을 더 다닐 수 없다는 아쉬움이 모락모락에서 무럭무럭 피어오르자 나는 내 일생에서 가장 큰 결심을 하고 만다.

일본어를 유창하게 해서 그걸 살릴 수 있는 직업을 가져야지. 난 전공자도 아니니까 지금처럼 학원을 다니는 것으로는 뭔가 부족해.
어학연수를 가자! 현지에서 말을 배우면 뭔가 다르지 않을까?

처음으로 뭔가를 공부한다는 것이 재미있다고 느끼고 있을 때라서 더욱 결심이 쉬웠는지도 모른다. 그리고 그 다음부터는 크게 고민하지 않았다.

일단 내 통장 잔고부터 확인하고, 웹을 통해 몇몇 일본어학원의 학비를 대강 알아보았다. 대략 1년에 70만 엔. 어떻게든 학비는 충당할 수 있을 것 같았다.
일본은 유학생들이 아르바이트를 할 수 있기 때문에, 생활비는 어렵지 않게 벌 수 있다는 글들도 게시판에 꽤 올라와 있었다.

그 다음은 부모님을 설득하는 것.
먼저 어학연수를 가겠다 허락을 받아야 했고, 더불어 약간의 원조도 필요했기 때문에 부모님에게 했던 PT 내용은 다음과 같다.
(과장해 말하면 우리 아버지는 울트라 A형이시기에 무언가 허락을 받으려면 스티브 잡스가 울고 갈 정열의 PT를 해야 했다.)

THEME 01. 배경

- 전공(=사회복지)과 본인 성격 및 성향 사이에서 큰 괴리감이 발생함.
- 취업에 대한 불안이 발생, 향후 안정적 삶의 기반을 마련이 시급.
- 새로운 분야(어학=일본어)에 도전하고자 함.

THEME 02. 일본어 연수 선택 취지

① 본인이 가장 큰 즐거움을 느끼는 분야
② 향후, 한일 비즈니스는 확대될 것이며, 이에 적합한 인재가 요구될 것.
③ 최근 6개월간의 성실한 일본어 학습 태도 및 고등학교 재학 시절 뛰어난 어학 실력 검증 완료.

THEME 03. 예상 일정

① 기간 : 2년(진학, 취업 등으로 인해 연장 가능성 있음)
② 비용 : 학비(70만 엔, 본인 부담), 생활비(현지 조달)

THEME 04. 어학연수 목표

① 일본어 능력시험 1급 고득점 취득
② 회화 마스터

● 한일 무역 및 마케팅

● 초기 정착 지원금 요청(20만 엔 예상)

상기 사유로 일본어의 전문적 학습을 위해 어학연수를 계획하고 있으니

재가를 부탁드립니다.

이런 정도의 내용으로 열변을 토하고 나니 한동안 침묵하시던 부모님께서 허락을 내려주셨다. 단, IMF 이후 아버지 사업이 어려운 상황이었으므로 전폭적인 원조는 힘들다는 말씀과 함께. 그리하여 나는 그 전까지는 생각도 하지 않았던 일본 어학연수를 순식간에 결정했던 것이다.

연수와 미래에 한 발 한 발 발자국을 내딛다!

KYOTO TOWER HOTEL

일본 어학연수 준비, 이렇게 해 봐!
Japan
JAPAN

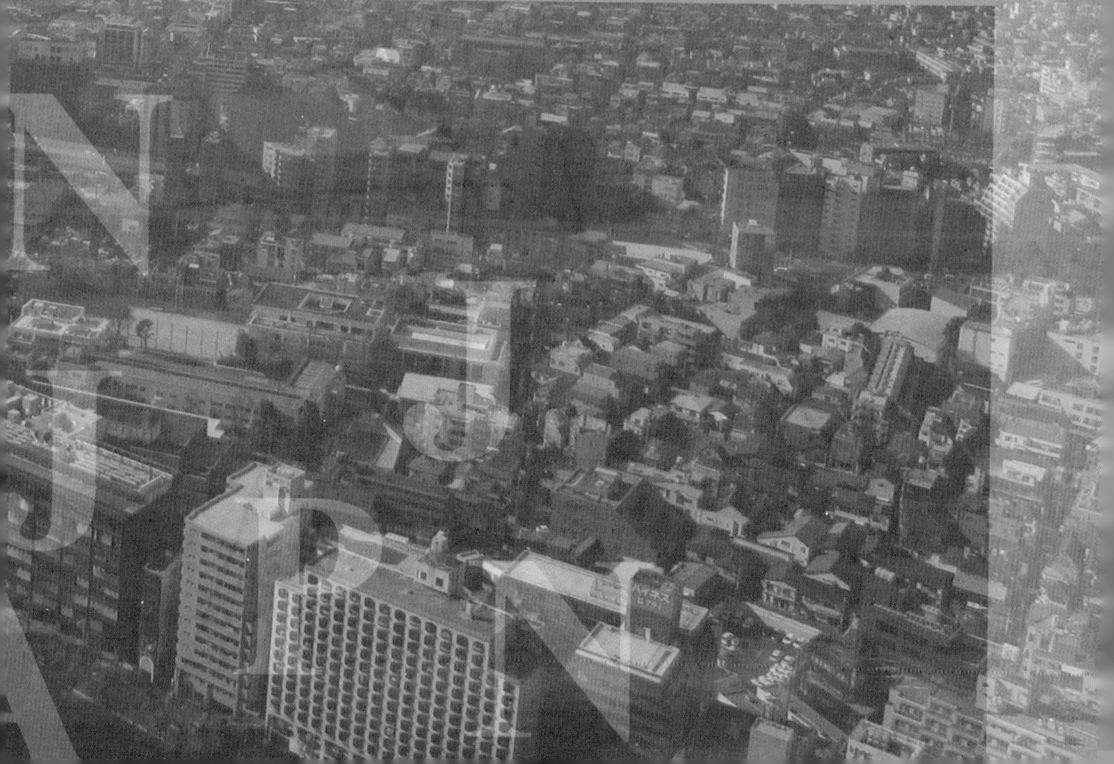

무엇부터 알아보아야 할까?

고민 되지?(겨울 한정으로 나왔던 호빵)

어학연수를 결심했다면 폭풍 검색에 들어가기 전, 먼저 생각해 둬야 하는 것이 있다. 바로 어학연수는 많은 시간과 비용은 물론 노력이 들어간다는 사실이다. 그렇기 때문에 정확한 목적의식 없이 간다면 한국 친구들과 한인타운에서 놀고 오는 것으로 끝날 가능성이 상당히 크다.

THEME 01. 목적 : 진학이냐? 단순 어학연수이냐?

어학교에서 일본어를 배워 일본어 능력을 향상시키는 것이 목적인지, 일본 내의 대학이나 전문학교 등의 진학을 위한 발판으로써의 어학연수인지 그 목적이 확실해야 한다. 물론, 개중에는 어학교를 다니다가 진학을 하는 케이스도 있다. 연수나 유학에서 가장 성공적인 효과를 이끌어 내기 위해서는 단순 어학연수, 진학을 위한 어학연수 중 어느 것이 나에게 적절할지 정해보는 것이 순서다. 이 부분이 정확해야 어학교를 정하는데 어려움이 줄어든다.

내 경우는 단순 어학연수였다. 전공이 일본어가 아니었기 때문에, 일본에서 다시 대학교를 들어간다는 것에 자신이 없었기 때문이다.

"유학시험이라니… 일본어만으로도 벽차다구!"

그렇지만 이 연수가 일본에서의 취업이나 전문학교로 연결이 되었으면 하는 어렴풋한 바람은 있었다.

전공	목적	관련 시험	비고
전공자	단순어학연수	일본어 능력시험(JLPT) 1급, JPT	중하위 레벨
	일본 내 대학진학	일본어 능력시험(JLPT) 1급, 일본 유학시험(EJU)	● 전문학교의 경우 EJU 필요 없다. ● 모국에서 12년 이상의 정기교육을 마친 자.
비전공자	단순어학연수	일본어 능력시험(JLPT) 1급, JPT	-
	일본 내 전문학교 진학	일본어 능력시험(JLPT) 2급 이상	● 일본에서 6개월 이상 일본어 교육을 받은 자
	일본 관련 회사 지원	일본어 능력시험(JLPT) 1급, JPT	-

진학 관련 준비 기간은?

일본어 초급 단계에서 능력시험(JLPT) 1급 시험에 응시하기까지는 현지에서 1년~1년 6개월간 성실히 학습하면 가능합니다. 여기서 초급은 히라가나부터 배우는 수준이지만 많은 어학연수 생들이 학교나 학원에서 기초적인 문법학습을 끝내고 오기 때문에, 실제로 어학연수 1년 후 JLPT 1급 취득이 가능합니다.

딸랑딸랑…다 잘 될 꺼야.(복을 부르는 고양이 방울)

THEME 02. 기간 : 얼마나 있을 것인가?

어학연수 기간은 짧게는 3개월 단기부터, 6개월, 9개월, 1년, 1년 3개월, 2년까지, 3개월 단위로 다양하다. 보통은 1년이나 1년 3개월 코스를 많이 선택하는 편이다.

내 경우 어학연수 전, 한국에서 왔다 갔다 하며 1년 정도 학원을 다닌 덕분에 간단한 의사표현과 초중급 문법 정도를 할 수 있는 상황이었다. 이후 일본에서 6개월 정도 연수를 하고 나니 수월하게 고급반으로 올라갈 수 있었다.

일반적으로 어학교들이 하루 4시간 수업을 기본으로 하고 있기 때문에, 한국에서 학원 3개월분 진도가 1달에 끝난다고 생각하면 된다.

1년 3개월은 진학을 목표로 하는 학생들이 주로 선택하는 기간으로, 이는 일본의 신학기가 4월 이다 보니 어학교 수료와 진학학교 일정을 맞추기 용이하기 때문이다.

어학연수를 생각했을 때 기본은 1년이라 할 수 있다. 이 1년이라는 시간은 일본어를 충분히 습득할 수 있는 시간이자, 타국에서 4계절을 경험해 보는 소중한 자산이기 때문이다.

● 취업에서 어학연수를 어필하고자 한다면?

이력서에 '나 일본에서 좀 살았어요~' 라고 어필하고 싶은 분은 적어도 2년 이상 있는 편이 좋다. 일본어 능숙자를 뽑는 회사에서 1년 어학연수는 특기사항으로 인정받기 어렵다. 이유인즉슨 워낙 1년 연수자가 많아 전혀 메리트가 없기 때문이다. 실제로 JLPT, JPT의 고득점자도 넘쳐나는 상황이다. 이는 바꿔 말하면 스펙을 위한 1년짜리 어학연수는 큰 의미가 없다.

통번역이 아닌 일반 회사에서 일본어를 쓰는 직종은 해외무역팀이나 한일대외업무, 컨설팅 관련일 때가 많다. 이들 직종에서 가장 우선시 보는 것은 유창한 회화 실력인데, 이는 얼마나 현지인처럼 정확히 말할 수 있는가가 중요한 포인트이므로 업체들은 채용 시, 일본어 면접을 진행한다.

내 경우 일본어 비전공자였음에도 불구하고, 면접에서 좋은 평가를 받았던 이유가 전부 회화 능력 때문이다. 시험점수가 업무능력과 절대 상관관계가 없다는 것은 현장에서 일하는 사람들이라면 잘 알고 있다. 그래서 JPT 점수보다 회화 능력을 채용에서 더 우선시한다. 보람찬 어학연수를 보내고 싶은 여러분들에게 꼭 당부하고 싶은 것은, 어학연수를 회화 능력 상승을 위한 도구로 이용하라는 것이다.

THEME 03. 어떤 학교를 택할까?

자, 여학연수에 대한 목적과 기간이 정해졌으면 이제 학교를 알아보자. 네이버, Daum의 포털 사이트에서 일본 어학연수를 치면 관련 카페와 유학원 사이트가 잔뜩 검색된다. '일준사(Naver)', '동유모(Daum)'는 어학연수 준비를 하며 기본적으로 가입을 하는 카페이다. 이곳에는 많은 정보가 실시간으로 올라오고 있어 1~2주 눈팅을 하다 보면 어느 정도 어학연수에 대한 감이 잡힌다. 대체로 유학원, 유학센터라 되어 있는 사이트는 어학연수의 서류 준비 등을 대행해 주는 업체들이다.

이처럼 카페와 유학원 사이트를 보며 학교에 대한 정보를 수집하는 것이 중요하다. 이때 가장 조심해야 할 것은 카페에는 흔히 말하는 '알바'들이 있어서 특정 학교를 은연중 홍보, 추천을 많이 한다는 것이다. 따라서 이런 홍보성 글과 일반 게시물을 잘 구분하면서 읽는 센스가 필요하다. 유학원 역시 본인들이 다루기 편한 어학교를 적극적으로 추천하기 때문에 자칫 이 사람들의 말만 듣다가는 업체의 실적을 올려주는 꼴이 되니 주의하도록 하자.

학교는 한 번 선택해서 다니게 되면 도중에 옮길 수 없다. 학교가 정말 마음에 들지 않으면 그만두고 귀국하는 수밖에 다른 방법이 없다.

"유학비자 취득자는 학교를 그만둠과 동시에 일본에서 체류할 수 있는 자격이 상실된다는 사실을 잊지 말라구!" 잊지마!

주위에 휩쓸려 학교 선택을 해 버리면 나중에 크게 후회할 일이 생기니, 이 부분만큼은 정신을 똑바로 차리고 꼼꼼히 비교해 보도록 한다.

THEME 04. 학교를 선택할 때 유의해야 할 점은 무엇일까?

01 역사 : 오랜 기간 학생을 양성해 온 학교를 선택할 것

새로 생긴 학교나, 역사가 오래되지 않는 학교는 아무래도 학생에 대한 서포트, 교육 노하우가 미진할 수 있다.

02 학교 성격 : 내게 맞는 학교를 선택할 것

진학형 어학교와 회화형(일반형) 어학교를 구분해 자신의 어학연수에 부합하는 학교를 고르자. 학교에 대한 기초정보는 유학원 사이트 등을 이용하면 금방 확인할 수 있다. 딱히 진학으로 정하지 않았더라도 얌전히 공부를 하고 싶은 사람들은 진학형으로, 여행이나 아르바이트 등 공부 외 활동에 집중하고 싶다면 회화형으로 정하는 편이 좋다.

03 지역 : 어학교가 모여 있는 지역은 '도쿄'와 '오사카'!

너무 시골로 가면 자칫 외국인으로서의 삶이 고달파질 수 있다. 따라서 연수 지역은 도쿄와 오사카 같은 주요도시에서 크게 벗어나지 않도록 한다. 힘들게 어학연수 가서 사슴(?)과 회화를 할 수는 없지 않은가?

04 학비

1년 학비를 65~75만 엔을 예상하는데, 이를 훌쩍 뛰어넘어 너무 비싸거나, 싼 학교는 피하도록 한다. 물가가 비싸다 보니 학비가 싼 학교를 찾는 학생들이 많지만, 학비가 싼 곳은 반드시 그 이유가 있다는 것을 꼭 명심하자.

05 교사, 정원수

적정 클래스 인원은 15인 이하. 보통 수업은 매시간 다른 선생님들이 진행한다. 또, 담당 교사들이 많고, 클래스 인원이 적을수록 학습에 유리하다. 단, 학교 전체의 정원이 적을 경우, 중급 이상의 클래스가 학기마다 통폐합되는 경우가 많으므로, 전체 정원수를 확인하도록 하자.

06 학생 지원 제도

학생 상담, 장학금, 학교와 연계된 시설들, 부동산 보증 같은 학생 지원 제도 등이 잘 꾸려져 있는지 확인하자.

07 외국인 비율

특정 국가 학생이 너무 많은 곳은 피하자. 대부분의 큰 어학교는 한국인 비율이 과반에 육박할 만큼 많다. 한국인들이 많으면 아무래도 일본어를 써야 하는 동기부여가 잘 되지 않아 한국 친구들과 몰려다니며 놀기 쉽다. 그렇다고 한국인 비율이 너무 없는 곳으로 가면 이번에는 각종 이(異) 문화에 부딪친다. 개인적으로는 중국 학생과 영어권 학생이 압도적으로 많은 곳은 피하라고 권하고 싶다. 영어권 학생들은 진도가 늦기 때문에 한국 학생들이 수업에서 손해를 볼 때가 있고, 중국 학생들은 소란스러워 학습 분위기를 망치는 경우가 있다.

08 진학자 지원

진학을 원할 경우, 유학시험 대비반에서 기초 과목 수업을 받을 수 있는지 확인한다.

09 클래스 운영

클래스는 어떻게 나뉘는지, 수업 구성은 어떻게 되어 있는지 확인한다. 클래스 운영의 경우 입학 요강이나 학교 홈페이지 등을 통해 확인할 수 있다.

10 수업시간

어학교는 2부제로 운영되는 학교들이 많다. 말 그대로 오전반과 오후반이 존재해서 학기별로 등교시간이 바뀌게 된다. 대개 초급자 코스가 오후반이다. 학교만 다닌다면 큰 상관이 없으나, 아르바이트를 계획한다면 분명히 신경 쓰이는 부분이 될 수 있다.

어학교 정보와 수속 준비 최적의 수단은?

요즘은 많은 어학교들이 한국어 홈페이지도 제공을 하고 있기 때문에, 관심 있는 학교라면 직접 사이트 검색을 해 보는 것도 좋다. 하지만 이보다 생생하고 상세하게 물어볼 수 있는 곳이 있다.

연수 준비 다음 과정으로, 학교 선택과 본격적인 서류 준비를 위해 유학박람회에 들러보자.

THEME 01. 유학박람회 참가하기

매년 9월 서울과 부산에서 열리는 '일본유학박람회'는 70~80여 대학교와, 50여 개의 어학교들이 부스에서 학생들을 직접 상담하는 박람회이다. 이곳에서 학교의 담당자를 만나 상담을 할 수 있고, 학교 상황 등도 확인할 수 있기에 학교 선정을 할 때 큰 도움이 된다. 특히 일본어 전공자들 중 일본대학교 진학을 생각하는 사람들이 있다면 꼭 참석해 보기 바란다. 어학교도 한국인들이 선호하는 대표적인 어학교들이 거의 다 참석을 하기 때문에 제대로 된 연수를 준비하고 싶다면 가급적 참석해 보는 것을 권한다.

유학박람회장

부스에서 상담중인 학생들

나 역시 어학연수 준비를 하던 초기에 사회복지 전문학교 진학과 관련 업종 취업을 염두에 두고 있었는데, 박람회의 담당자들과 상담하면서 이 꿈은 바로 접었다. 일본에서 전문학교를 나와도 관련 병원이나, 복지시설에서 외국인 채용을 선호하지 않기 때문에 취업이 어렵다는 담당자의 조언이 있었기 때문이다. 이렇듯 박람회 참석은 현실을 직시할 수 있는 좋은 기회였고 덕분에 시간낭비를 줄일 수 있어 다행이라고 생각하고 있다.

만약 단순 어학연수가 아닌 진학이나 취업을 생각하고 있는 사람이라면, 늘 현지 정보에 귀를 쫑긋 세우고 있어야 한다. 막연히 유학을 다녀오면 더 인정을 받겠지, 거기서 어떻게든 되겠지 하는 생각은 상당히 위험하다.

한국 사람이 일본전문학교를 들어가 인정받는 직종이 있는 반면, 그렇지 않은 직종도 많다. 게다가 전문학교를 나와 관련 분야에 취업을 했을 때 외국인에게 불리한 상황이 있을 수 있다는 것. 예를 들면 병원 같은 경우 외국인 채용이 극히 드물어 학과 공부 외에 외국인 제도와도 민감해질 수 있으므로 그 노력이면 한국에서 열심히 하는 편이 훨씬 낫다는 결론에 이르게 된다. 이런 부분들을 직접 담당자들에게 물어볼 수 있으니 기회를 놓치지 않는 것이 좋다.

CHECK

일본유학 정보는 유학박람회에서!

- 일본유학박람회 : www.e-studyjapan.co.kr
- 개최 시기 : 매년 9월
- 주최 : 독립행정법인 일본학생지원기구

THEME 02. 일본전문유학원의 도움을 받을 것

일본어학연수 관련 서류를 모두 혼자 준비해서 신청하기란 결코 만만치 않다. 이로 인해 대부분은 유학원을 통해 어학연수를 준비한다. 일본전문유학원도 인터넷으로 쉽게 찾을 수 있는데, 그중 마음에 드는 곳을 두세 군데 정해서 직접 상담을 받아보자. 어느 유학원이나 학생들의 상담 신청은 대환영이니 부담 없이 방문 가능하다.

덧붙여 유학원은 학생을 어학교에 입학시키고, 어학교로부터 일정액의 수수료를 받는 시스템이기 때문에, 학생에게 수수료를 요구하지 않는다.

01 **어학연수 신청의 흐름**

① 상담 : 두세 군데 유학원에 직접 상담을 받아보자!

② 학교 선정 : 본인에게 알맞은 학교를 정한다.

③ 서류작성 및 관련 증빙 준비 : 수속 시, 선고료(전형료)가 발생함.
　　　　　　　　　　　　　　 번역이 필요한 경우는 유학원의 도움을 받을 수 있다!

④ 입학 서류 신청 : 학교별 마감일에 따라 서류를 접수시킨다.

⑤ 입학 허가 : 학교 측에서 신청 서류를 검토해 입학 허가 통보

⑥ 비자 심사(재류자격심사) : 입학이 허가되면 학교 측에서 출입국 관리소(일본)에
　　　　　　　　　　　　　 재류자격인정증명서(가비자)를 신청한다.

⑦ 비자 발표 : 재류자격인정 증명서 신청 2~3개월 후,
　　　　　　　 출입국 관리소에서 학교 측으로 심사 결과 통보

⑧ 학비 납부 : 학교 측에서 재류자격 결과(증명서)와 학비 청구서를 본인 앞으로 보내온다.

⑨ 비자 취득 : 재류자격인정 증명서, 여권을 가지고
　　　　　　　 일본대사관(한국)에 찾아가 정식 비자를 발급받는다.

⑩ 출국 준비 : 기숙사, 항공편 예약, 환전 등 출발에 관련된 사항을 준비한다.

⑪ 출국 : 대체로 유학원에서 해당 학기 학생들을 데리고 단체로 출국을 한다.

유학원을 두세 군데 방문해서 믿음이 가는 쪽으로 결정을 한 후, 학교 선정까지 끝내면 나머지 서류 준비는 유학원에서 꼼꼼히 챙겨준다. 서류를 준비하고 등록하는 기간 동안 몇 번 유학원을 들리긴 하지만, 그것이 일상생활에 지장을 줄 정도의 횟수는 아니다.

02 **어학교 모집 시기 및 준비 시기**

학기	서류 접수
1월 학기	(전년)7월~9월 중순
4월 학기	(전년)9월~11월 중순
7월 학기	1월~3월 중순
10월 학기	3월~5월 중순

어학교는 3개월씩 4학기제로 운영된다. 일본의 일반 학교들의 신학기는 4월이고, 어학교는 4월과 10월 학기 시작이 일반적이다. 1월과 7월 학기는 신청을 받지 않는 학교가 많다. 준비를 시작한 시점에서 약 6개월 이후에 입학이 가능하다고 생각하면 된다. 지역과 학교에 따라 서류 접수 일정이 각각 다르기 때문에 입학 가능한 학기를 유학원과 상의하는 것이 좋다.

기본서류(본인)	● 최종학교 졸업증명서(고졸, 검정고시 포함) ● 재학증명서 or 휴학증명서(대학생) ● 재직증명서(회사원) ● 반명함판 사진 10매 ● 여권 ● 기본증명서 ● 가족관계 증명서 ● 어학증명서(JLPT, JPT 성적서, 어학원 수강증) ● 경력증명서 ● 성적증명서
기본서류(보증인)	● 재직증명서 및 근로소득원천징수 영수증(재직자) ● 사업자등록증 및 소득금액증명원(사업자) ● 은행 잔고증명서(4,000만 원 이상)

상기 서류가 기본적으로 준비해야 하는 서류이다. 단, 학교에 따라 건강진단서나 출입국 사실증명서 등의 추가 서류가 있을 수 있다.

3개월 미만의 단기어학연수에는 이력서, 여권, 반명함판 사진 정도만 있으면 된다.

숙소를 정하는 일은 학교를 정하는 것만큼이나 중요하다. 장기 체류를 해야 하기 때문에 무조건 가격에 맞추기보다 실리를 따져보는 것이 중요하다. 일본은 집값이 비싸고 월세 (야찡, 家賃)가 일반적이다. 때문에 많은 유학생들은 둘셋씩 모여 Room Share를 한다. 도쿄 내에서 원룸 형태의 집은 아무리 싸게 해도 월 7~8만 엔 이상은 지출해야 하는데, 이 비용을 홀로 감당하기가 만만치 않기 때문이다.

THEME 01. 한국인들이 주로 이용하는 숙소에는 어떤 곳이 있을까?

01 학교기숙사

학교에서 운영하는 기숙사는 학교와 통학 거리 1시간 이내에 위치한다. 저렴한 비용과 학교 측 관리가 있기에 부모님들도 안심하고 자녀를 보낼 수 있다. 학교에 따라서 기숙사가 없거나, 방이 충분치 않을 수 있으므로 미리 공실 여부를 확인하도록 한다.

02 사립기숙사

유학원을 통하거나 홈페이지를 통해 신청이 가능하다. 월 사용료 이외에 보증금, 입실료, 시설료를 별도 부담해야 하고 전기, 가스, 수도 등의 공공요금도 입주자 부담이다. 보증금은 퇴실 시, 돌려받을 수 있다. 사립기숙사의 경우 일본의 오래된 맨션(빌라)을 개조해 렌트하는 형식이 많아서 시설이 노후되거나 지나치게 좁은 곳도 많다. 또 업체 측에서 제공하는 사진에 속지 않도록 하자.

03 임대주택

1개월 단위로 빌릴 수 있는 임대 주택이다. 일본에서는 '위클리 맨션', '먼슬리 맨션'이라고 부르기도 한다. 기숙사보다 가격이 살짝 높지만 2~3명까지 함께 살 수 있다. 이곳은 주로 중심가보다 외곽에 위치해 있으나, 대부분이 조용한 주택가이며 시설도 깨끗해 여학생들에게 인기가 많다. 특히 시키킹, 레이킹, 관리비, 공공요금을 지불하지 않아도 되는 점이 편하지만 비용을 일시불로 지급해야 한다. 일부 업체는 한국에서 직접 계약이 가능하다.

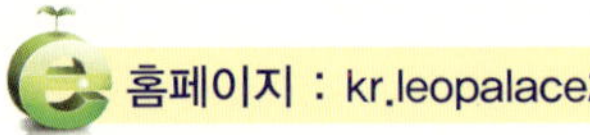
홈페이지 : kr.leopalace21.com

일본 현지에서 독방을 쓴다는 것은 경제적 뒷받침 없이는 곤란한 부분이다. 따라서 함께 살 룸메이트는 어학연수 관련 카페에 들어가면 따로 게시판을 운영하고 있으니 쉽게 구할 수 있다.

숙소를 정할 때 확인할 사항은?

① 학교와의 근접성
② 주위 환경 : 월세가 너무 싸면 유흥가나 모텔촌 가운데 집이 있을 수도 있다.
③ 합리적인 가격 : 월세, 보증금, 시설비, 공공요금, 보험금 등의 내역을 확인한다.
④ 깨끗한 물건 : 너무 오래된 건물은 곰팡이가 생기거나 햇볕이 들지 않는 등의 불편함이 있다.

이런 '플로어링(フローリング)' 형식의 바닥이 생활하기 편리하다. 물론 바닥 난방 같은 건 꿈꾸면 안 된다.

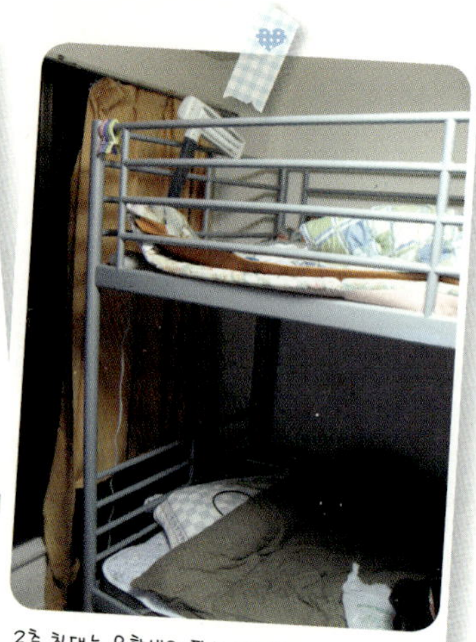
2층 침대는 유학생의 필수 아이템. 이 녀석은 'IKEA'에서 저렴히 구입 가능하다.

04 홈스테이

"일본도 홈스테이가 가능하지?"

이처럼 연수생들이 일본에 홈스테이가 가능한지를 물어보는 경우가 종종 있다. 이에 대한 답을 하자면 하숙같은 개념의 홈스테이는 거의 없다고 봐도 무방하다.

"일본인들이 폐를 끼치기 싫어하는 것 잘 알지? 아마 그래서인 것 같아!"

또 홈스테이와 비슷한 정도의 숙박이라면, 개념은 다르지만 한국교회에서 진행하는 일주일 단기선교 정도일까? 만약 일본에 지인이나 친인척이 있다면 상황은 달라지겠지만 일본은 부모자식이 한집에 살더라도 자식이 부모님께 '야찡(월세)'을 내는 것이 당연한 나라다. 또한 자신의 집안을 타인에게 내보이는 것을 극도로 꺼려하는 것이 일본인인지라, 홈스테이나 하숙 같은 문화가 자리를 잡기 힘든 국가이다.

만약 홈스테이가 하고 싶다면 어학연수 초기보다 중기나 말기에 어느 정도 일본이라는 나라와 문화에 익숙해진 뒤에 하는 것을 권한다.

"어? 인터넷 게시판에 홈스테이를 구한다는 글이 간혹 올라오기도 한다고?"

내 경우에는 일본에 머물던 마지막 2~3주가량을 일본인 친구집에서 신세를 졌다. 부모님도 좋은 분이시고 그 친구도 호주유학을 했던 터라 편하게 생각했다.
너무나도 나를 배려해 주시는 덕분에 들어오고 나갈 때는 반드시 연락해야 했고, 샤워를 하더라도 '저 지금부터 욕실 쓸게요~'와 같은 말씀을 드려야 했다.
물론 냉장고에서 물을 꺼낼 때도 예외는 아니었다.

"저 냉장고 좀 열어도 될까?"

최대한 실례를 하지 않기 위해 주의를 기울여야 했다. 내가 조금만 인기척을 하거나 뭔가를 하려 하면 친구나 부모님들은 항상 이렇게 물어왔다.

"무슨 일이니? 뭔가 불편한 거라도?"
"아…아뇨.(그게 오히려 부담돼요)"
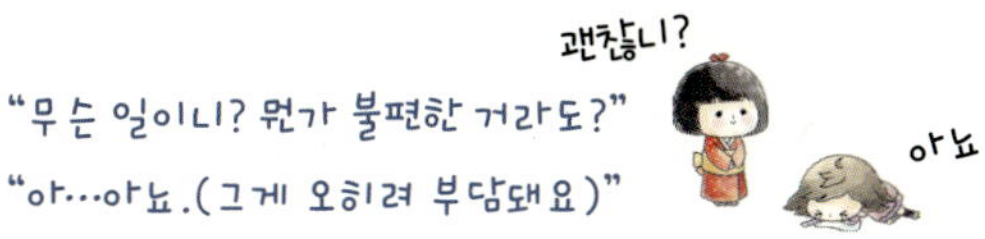

지금 생각해 보면 그분들은 다른 일본 어르신들에 비하면 나를 많이 프리~하게 해 주신 편인데도, 여전히 느껴지는 여운은…

"쫌… 많이 힘들었어…."
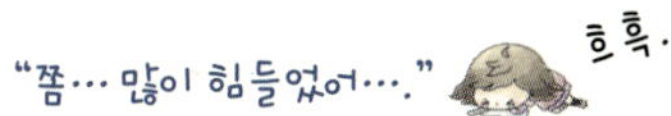

홈스테이 하던 시절 열심히 놀았던 고양이 '사쿠라'와 '토라'들 TV 위에 늘어져 있었더랬지.

주말에 온 가족이 모여 노리마끼(김말이)를 만들어 먹었다. 김에 밥을 넣고 좋아하는 재료들을 넣어서 먹는다.

또 한 번은 일본인 친구가 나에게 이웃 한국인과 있었던 일을 상담(?)해 온 적이 있었다.

"세상에나, 그 한국 여자가 남의 집에 와서 방에 막 문을 열고 들어가질 않나, 목마르면 물 달라 그러면 되지, 냉장고 문을 막 열고 물을 꺼내 마시더라구! 그 사람 진짜 이상하지? 그렇지? 한국 사람들이 다 그런 건 아니지? 내가 뭐라고 말해야 해???"

'지못미….' 크흑.

아… 뭐라 말해 주어야 하는 걸까.
결국 고민에 고민을 거듭하던 나는 일본인 친구에게 해명 아닌 해명을 해야 했다.

"있지? 한국 사람이 친한 사람들 집에 가서 그 집 구경을 하는 것은 일반적인 일이야. 아마도 그 친구는 물을 꺼내 달라 부탁하는 것이 미안해서 직접 꺼내 마셨을 텐데 이게 절대 무례한 행동이 아니거든."

우리네에게는 참으로 당연했던 일을 일본인 친구에게는 일장연설을 늘어놓으며 긴 시간을 투자해 설명해야 했다. 그동안 내 정신은 이미 안드로메다로….

THEME 02. 숙소에서 함께 지낼 룸메이트 구하기

좋은 룸메이트를 만나면 잠드는 시간이 편안하다. 그러나 룸메이트와 트러블이 생기기 시작하면 그것만큼 지옥이 없다. 처음부터 사이가 좋아서 함께 유학을 간 친구들끼리도 싸우고 틀어지는 관계가 많은데, 이는 룸메이트를 가족으로 착각하기 때문이다. 가족은 싸우다가도 화해하지만, 룸메이트는 타인이다. 그러니 룸메이트를 구할 때도 미리 만나서 이야기를 해 보는 것이 중요하다. 그리고 사전에 몇 가지 룰을 정해 두는 것이 편하다. 예를 들면 '흡연 여부', '저녁 불 끄는 시간', '집안일 담당', '공공요금 지출', '식자재 구입비 부담' 등등 사전에 이런 부분들을 구체적으로 이야기해 두는 것이 편안한 생활을 누릴 수 있다.

내 경우 룸메이트와 정한 규칙은 '밤 12시 30분에 무조건 불 끄고 조용히 하기', '식비, 광열비는 반반 부담', '친구 데려올 때는 먼저 양해 구하기', '청소 빨래는 내가, 요리와 설거지는 룸메이트가' 등의 규칙을 정했었다.

"덧붙여 친구 둘이 있으면 수다 떨다가 밤늦게 자기 십상이니 학교나 아르바이트에 지각할 수 있어! 또 시험공부를 못하는 일도 빈번하게 일어나니 주의하는 것이 좋다구!"

일본은 한국보다 겨울이 따뜻하지만 집에 있으면 너무 춥다. 바닥난방 없이 히터만 틀기 때문에 전기장판은 유학생의 필수품. 사진은 히터 주머니로 자기 전 발치에 넣어두면 따뜻하게 잘 수 있다.

THEME 03. 기간별 유학생의 숙소 선택은?

1년 미만의 유학생들에게는 기숙사를 추천하고, 1년 이상 장기체류자에게 추천하는 방법으로는 사립기숙사에 3개월 있으면서 현지의 부동산 등을 통해 직접 이사할 집을 알아보는 것이다. 계약을 위해서는 보증인이 필요한데, 어학교의 출석률이 80% 이상 되면, 일본에서 집을 구할 때 학교장이 보증을 서준다.(보증을 서주지 않는 학교도 있으니, 반드시 사전에 확인하도록 한다.)

처음 내가 들어간 집은 사설기숙사였다. 방 두 칸, 화장실, 주방으로 구성되어 있어서 큰방에는 여학생 3명이, 작은방에는 나와 룸메이트 두 명이 살았다. 한국식으로 하면 20평이 안 되는 작은 빌라(일본에서는 '아파트'라 칭하고 우리나라의 아파트 형태는 '맨션'이라고 부른다.)였는데, 다들 학교와 알바를 오가니, 사실상 집이 작게 느껴지지는 않았다. 그러나 너무 오래된 빌라여서 주방에는 늘 곰팡이로 축축했고, 욕실도 미끌미끌, 맨션 자체가 뭔가 음산하게 느껴져 3개월을 살다가 근처의 다른 곳으로 이사를 나왔다.

유학 초기에는 가지고 있는 여윳돈도 넉넉하지 않았던 터라, 룸메이트와 싼 집을 알아보고 다녔는데, 계약하고 보니 우리 건물 옆이 러브호텔(모텔)이었다. 주택가와 모텔촌의 경계에 있는 맨션이었던 까닭에 집값이 쌌던 것이다. 집은 2층에 남향이라 따뜻하고 깨끗했지만, 아침 등굣길에 나란히 모텔을 나오는 다양한 커플들과 마주치는 것이 과히 즐거운 일은 아니었다.

아는 지인이 깨끗하고 좋은 집이 월세 반값에 나와 바로 계약을 했다. 그러나 살면서 꿈자리가 뒤숭숭하고 뭔가 이상하다 싶어 알아봤더니 계약하기 전, 원래 살던 사람이 집에서 자살을 했다는 것이다. 이처럼 거주자가 자살을 하면 집값이 뚝 떨어져 좀처럼 임대를 하겠다는 사람이 나타나지 않는다.

따라서 자살자와 고독사가 많은 국가, 일본에서는 부동산 방문 시, 전에 살던 사람이 왜 나갔는지 물어보는 것이 좋다.

"이런 집들을 현지 사정을 잘 모르는 유학생에게 빌려주곤 한대!
그러니까 너무 싼 집은 조심하는 게 좋아!"

학교를 선정할 때도 언급했듯이, 일본의 정찰제 문화를 통해 평균 가격보다 너무 싼 것은 일단 의심해 보는 것이 좋다.

비자 발급이 끝나면 출국 준비를 한다. 항공권 발급은 유학원에서 해당 학기 학생들을 대상으로 단체로 진행해 주는데 일본 초행길이라면 이 편을 이용하는 것이 여러모로 안심되고 편리하다. 단체로 입출국 수속은 물론, 숙소 인근까지 이동도 함께 한다. 항공권을 별도로 구매할 경우 이용하는 항공사는 다음과 같다.

구분	항공사	장점	단점
국내 항공사	대한항공(KE) 아시아나항공(OZ)	기내시설 쾌적 기내식 괜찮음 돌발상황 대처 좋음	항공권 비싼 편
일본 항공사	전일본공수(ANA) 일본항공(JAL)	기내시설 보통 항공권 저렴	기내식 허전함
기타 해외 항공사	노스웨스트(NWA) 유나이티드(UA)	기내시설 보통 항공권 저렴	돌발상황 및 시간 변동 어려움 비행편수 적음 수화물 체크 엄격함

비행기 요금이라는 것이 출발하는 요일, 시간대, 성수기, 비성수기 등에 따라 요금 변동이 상당히 크다. 그러나 유학생들이 사용하는 *오픈 티켓(Open Ticket)은 어느 항공사든 가격이 비슷하기 때문에 가급적이면 국내 항공사를 권하고 싶다.

Q. 오픈 티켓(Open Ticket)이란?

A. 출발일은 고정되어 있고, 돌아오는 날을 정해진 기간 내에 지정하는 방식의 왕복 티켓입니다. 티켓은 10일, 3개월, 6개월, 1년짜리까지 다양합니다. 3개월짜리의 오픈 티켓이라면, 출발일로부터 3개월 이내 내가 원하는 때 자유롭게 날짜를 정해 들어올 수 있습니다. 물론, 항공사에 출발일 전에 연락을 한 후 발권 확인을 해야 하겠죠? 유학생들은 언제 들어올지 날짜가 정확치 않기 때문에 1년 Open Ticket을 구매하는 편이 좋습니다.

나는 일본 출장을 자주 다니는 편이기에 항공사는 두루두루 다 이용해 보았다. 비행기를 타는 순간부터 스튜어디스 언니들이 '이랏샤이마세!' 하고 방긋 웃어주는 접대 미소에 홀려 벌써 일본에 도착해 있는 듯한 두근거림으로 인해 처음에는 일본 항공사를 좋아했었으나….

이렇듯 초라한 기내식도 일본으로 향한다는 설렘을 막지 못했다.
그러나 최근에는 늘 국내 항공사를 이용하고 있다. 왠지 모르게 승선감(?)이 편안하고(실제로 의자 간격이나 실내 사이즈가 좀 여유 있는 편), 입출국심사카드 작성 시, 바로 바로 도움을 받을 수 있다는 점이 좋았기 때문이다!

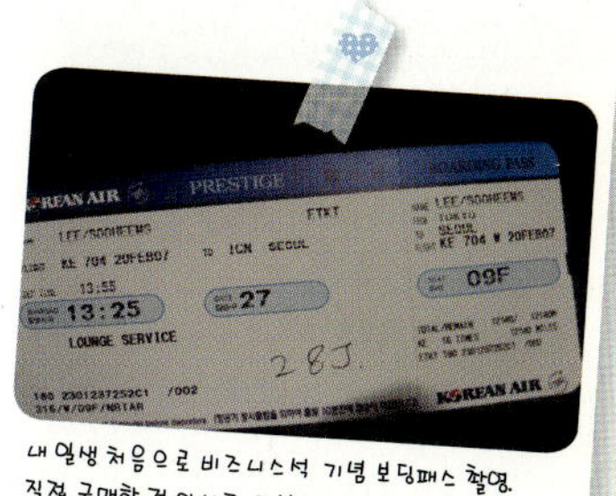

"내 나라 비행기에서 제공되는 아주 만족스러운 기내식과 일정 변경 등의 돌발상황에 빠르게 대처할 수 있어 좋아!"
최오!

해외 항공사는 일정 변경이 까다롭거나, 정말 야멸차게 'NO' 라는 대답을 들은 적이 있어서 싼 맛에 한두 번 타다가 발길을 끊었다.

CHECK

유학 준비에 유용한 사이트

- 외교통상부(여권 안내) : www.passport.go.kr
- 국제교류센터 : www.jpf.go.jp
- 일본유학종합가이드 : www.studyjapan.go.jp
- 주한 일본대사관(비자 발급) : www.kr.emb-japan.go.jp
- 입국관리국(일본) : www.immi-moj.go.jp
- 일본학생지원기구(일본) : www.jasso.go.jp
- 일본어 능력시험(JLPT) : www.jlpt.or.kr
- JPT : exam.ybmsisa.com/jpt
- EJU 일본유학시험 : www.ejutest.com
- 동유모(동경유학생모임) : cafe.daum.net/japantokyo
- 일준사(일본유학 스스로 준비하는 사람들) : cafe.naver.com/eul
- 대한항공 : kr.koreanair.com
- 아시아나항공 : www.flyasiana.com

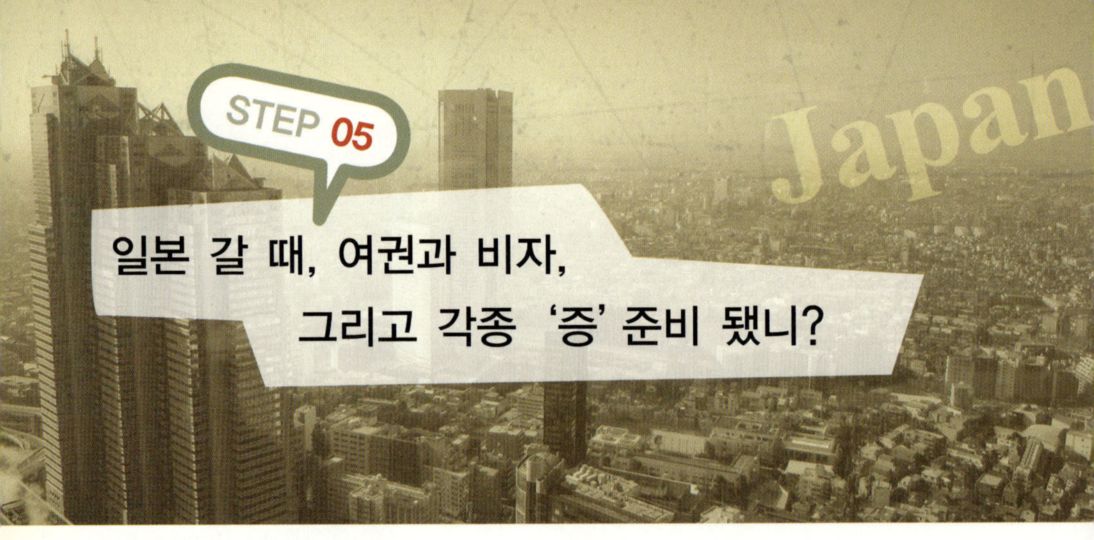

일본 갈 때, 여권과 비자, 그리고 각종 '증' 준비 됐니?

연수 가기 전에 필요한 것들은 이후 체크리스트에서도 다시 다뤄볼 예정이다. 따라서 지금부터는 해외 어디를 가든 기본 중의 기본으로 챙겨야 할 해외 신분증인 여권과 비자 그리고 각종 증과 사진에 대해 알아보도록 한다.

THEME 01. 여권 살펴보기

기존에 다녀왔던 해외여행으로 인해 여권을 이미 가지고 있는 사람도 있을 것이고, 어학연수를 계기로 여권을 만드는 사람도 있을 것이다.

이 여권 발급은 비교적 간단하기 때문에 스스로 가까운 구청이나 시청의 민원여권과에 들러 신청을 하면 된다. 또 여행사나 유학원에 대행을 부탁할 수 있는데 이때는 약간의 수수료가 발생한다.

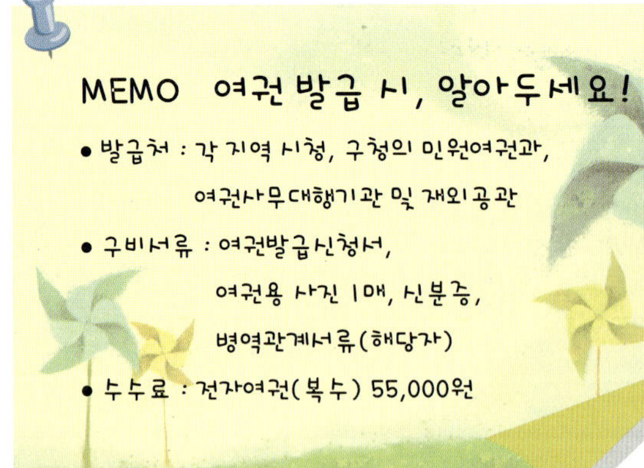

대한민국 여권 커버.

[별지 제1호서식]

(앞 쪽) 전자여권

※ 검은색 펜으로 굵은선 안에만 기재

여 권 (재) 발 급 신 청 서

접수시군

※ 사 진
← 35mm →
·6개월이내 촬영한 천연색 정면사진(귀가 보여야 함)
·흰색 바탕의 무배경 사진
·색안경과 모자 착용 금지
·가로 35mm, 세로 45mm
(얼굴 길이: 25mm~35mm)

접 수 번 호		신원조사접수번호	
접 수 연 월 일		신 원 조 사 회 보 일	
여 권 번 호		신 원 조 사 결 과	
발 급 연 월 일		여 권 유 효 기 간	

여권종류	☐ 일반 ☐ 거주 ☐ 관용 ☐ 외교관 여행증명서(☐ 왕복 ☐ 편도)
여권기간	☐ 10년 ☐ 5년 ☐ 5년미만 ☐ 단수 ☐ 기간연장 재발급

※ 영문성명은 해외에서의 신원확인 기준이 되며 변경이 엄격히 제한되므로 정확하게 기재하시기 바랍니다.

성명	영문 (대문자)	성		※영문성명은 기재하기 전에 반드시 뒷면「영문성명 기재요령」을 참고하시기 바랍니다.
		이 름		
	한 글			※ 남편 성(영문대문자)은 필요시 기재하시기 바랍니다.

주민등록번호		—	

현 주 소 (주민등록표상)	※ 주민등록상의 주소를 번지(아파트 등의 경우 동, 호수)까지 정확하게 기재하시기 바랍니다.

여행 예정국가		여행목적		직장명(직위)		e-mail	
전화번호		휴대전화	- -		혈액형 (ABO)		신장 (cm)

등록기준지(본적지)	

※ 긴급연락처는 해외여행 중 각종 사고 발생 시 재외국민 보호를 위하여 필요합니다.

국내 긴급연락처	성 명		관 계		전 화 (휴대전화)	( )
	주 소				직장(학교)명	

※ 여권명의인의 나이가 만18세 미만인 경우에는 법정대리인(부모·친권자 또는후견인)의 인적사항을 기재하시기 바랍니다.

법정대리인	성 명		관 계
	주민등록번호	—	

이 신청서에 기재한 내용은 사실과 다름이 없으며,「여권법」제9조에 따라 여권발급을 신청합니다.
※ 여권 발급에 필요한 사항을 확인하기 위한 행정정보 공동이용 서비스의 이용에 동의합니다.(예, 아니오)

신청인(여권명의인) 성명(한글)＿＿＿＿＿＿＿ (한자)＿＿＿＿＿＿＿ 서명＿＿＿＿＿＿＿

년   월   일

외 교 통 상 부 장 관 귀 하

※ 해외거주 중 재외공관에서 신청시에는 추가로 아래 사항을 기재하시기 바랍니다.

						(영 수 필 증)		(납 입 필 증)
거주지주소								
영 주 권	번 호		거 주 지	입국 일자		특기사항		
	취득일			체류 자격		심 사 란	접수자 / 심사자 / 발급자	

※ 작성하시기 전에 뒷면에 기재된 유의사항 및 영문성명 기재요령을 읽어보시기 바랍니다. 210mm×297mm(보존용지 120g/㎡)

THEME 02. 유학비자

한국을 떠남과 동시에 우리는 '외국인'이 된다. '외국인'에게 가장 중요한 것은 체류자격(비자)이다. 비자는 해당 국가에 체류할 수 있는 자격을 주는 하나의 허가로, 3개월 단기의 경우 별도의 비자 발급 없이 무비자(90일)로 입국이 가능하나, 그 이상 체류 시에는 별도로 비자를 발급받는다. 이전에는 어학교에 따라 '유학비자'와 '취학비자'가 구분되어 발급되었으나, 2010년 7월부터 '유학비자'로 통합되었다.

현지에 있으면서 진학, 취업으로 인해 체류기간이 연장될 때, 비자도 함께 연장을 해야 하므로, 비자 갱신일을 확인하여 미리미리 갱신해 두도록 한다. 갱신일이 경과해 버리면 바로 출국 명령(강제 퇴거)을 내릴 수 있기 때문이다.

01 일본비자신청서(=입국사증신청)

입학허가서와 재류자격인증서가 발부되면 유학원을 이용하는 학생들의 경우 단체로 유학원에서 비자신청을 도와주기도 하지만 이는 혼자서도 가능한 작업이다. 인터넷상에서 정보를 등록하고 바로 출력할 수 있도록 되어 있으니, 미리 인쇄해서 대사관에 가지고 가면 편리하다. 다음 페이지의 견본은 주한일본대사관에서 신청하는 양식이다.

VISA APPLICATION FORM TO ENTER JAPAN
일본국 입국 사증신청서
日本國入國査証申請書

写 真
(사 진)
(Photo)

approx. 45mm x 45mm

Name in full   영자(英字)   한자(漢字)
신청인성명(申請人姓名)   성姓(Surname)

영자(英字)   한자(漢字)
명名(Given and middle name)

Different name used, if any __________
별 명(別名)

Date and place of birth   월(月)   일(日)   년(年) :   시 (市)   도 (道)   국(国)
생년월일및출생지(生年月日및出生地)   (month)   (day)   (Year)   (City)   (Province)   (Country)

Sex   M(남,男)·F(여,女)   Marital status :   married   single
성별(性別)   혼인여부(婚姻状況)   기혼(既婚)   독신(独身)

Nationality or citizenship __________
국   적(國籍)

Former nationality, if any __________
원 국 적(元国籍)

Purpose of journey to Japan __________
방 일 목 적(訪日目的)

Length of stay in Japan intended __________
재일체재예정기간(在日滞在予定期間)

Route of present journey : Probable date of entry __________
입국노선(入国路線)   입국예정일(入国予定日)

Port of entry into Japan __________ Name of ship or airline __________
입국항(入国港)   이용선박 또는 비행기편명(利用船舶 또는 飛行機便名)

Passport(Refugee or stateless should note the title of Travel Document) __________
여권(旅券)

No. __________ Diplomatic, Official, Ordinary Issued at   on __________ 월(月) __________ 일(日) __________ 년(年) __________
번호(番号)   외교(外交) 관용(公用) 일반(一般) 발급지(発給地) 발급일(発給日)   (Month)   (Day)   (Year)

Issuing authority __________ Valid until __________ 월(月)   일(日)   년(年)
발행기관(発行機関)   여권유효기간(旅券有効満期日)   (Month)   (Day)   (Year)

Criminal record, if any __________
범죄기록 유무(犯罪記録有無)

Home address __________ Tel.자택전화번호(自宅電話)
현 주 소(現住所)

Tel.휴대전화번호(携帯電話)

Profession or occupation __________
직 업(職業)

Name and address of firm or organization to which applicant belongs 직장명(職場名)

직장주소(職場住所) __________ Tel.직장전화번호(職場電話)

Post or rank held at present __________
현 직 위(現職位)

Principal former positions __________
주 요 전 경 력(主要前経歴)

* Partner's Profession/occupation (or Parent's Profession/occupation) __________
배우자 또는 부모의 직업(配偶者 또는 父母의 職業)

Address of hotels or names and addresses of persons with whom applicant intends to stay
재일체재예정장소(在日滞在場所 : hotel名 또는 知人名 및 住所)

Dates and duration of previous stays in Japan __________

전회재일체재일시 및 기간(前回在日滞在日時 및 期間)
Guarantor or reference in Japan성명(회사명)姓名(会社名) ______________________

재일보증인의 연락처(在日保証人의 連絡処)

      Address ______________________   Tel. 전화번호(電話番号) ______________

      주소(住所)

 Relationship 신청인과의 관계(申請人과의 関係) ______________________

* (Remarks) Special circumstances, if any ______________________

비고(備考)   특기사항(特記事項)

I hereby declare that the statement given above is true and correct. I understand that immigration status and period of stay to be granted are decided by the Japanese immigration authorities upon my arrival. I understand that possession of a visa does not entitle the bearer to enter Japan upon arrival at port of entry if he or she is found inadmissible.
상기의 진술은 사실입니다. 그리고 본인이 입국항에서 입국심사관이 부여하는 재류자격 및 재류기간에 이의 없이 따르겠습니다. 본인은 사증을 가지고 있어도, 귀국에 도착한 시점에서 입국자격이 없다고 판명되면 귀국에 입국할 수 없다는데 동의합니다.

Date of application	월(月)	일(日)	년(年)
신 청 일(申請日)	(Month)	(Day)	(Year)

                         Signature of applicant ______________________

                         신청인서명-여권서명과 동일(申請人署名-旅券署名과 同一)

* These items are not essential to be filled
(*) 항목은 반드시 기재할 필요는 없습니다.

THEME 03. 증명사진

여권 발급 시에 사용되는 증명사진은 여분으로 가지고 있는 것이 좋다. 일본에서 여권사진을 찍기는 번거롭고 비싸기 때문이다.

"일본에 입국하면, 학생증, 체류카드, 이력서 등에 증명사진이 사용돼!"

"혁! 사진이 그렇게나 많이 사용된다구?"

따라서 여러 가지 번거로움을 피하기 위해서라도 한국에 있을 때 미리 사진관에서 여권사진(가로 3.5cm, 세로 4.5cm)을 찍으면서, 별도 반명함판 증명사진(가로 3cm, 세로 4cm)도 인화해 두도록 하자.

THEME 04. 국제운전면허증

어학연수를 가서 차를 운전할 일은 별로 없겠지만, 면허증이 있는 사람이라면 국제면허증을 발급받아 사용하도록 한다.

MEMO 국제운전면허증 발급 시, 알아두세요!

- 발급처 : 운전면허 시험장, 경찰서
- 관련 서류 : 국제면허 신청서류, 면허증, 여권, 사진 1매
- 수수료 : 7,000원

THEME 01. 일본(日本)이라는 나라는?

일본은 우리나라와는 역사적으로 대립적 관계에 있으며, 위안부, 독도 등 외교문제가 늘 이슈가 되고 있다. 최근에는 일본 스타일의 의류가 한국에 유행하거나, 일본에 한국 드라마, K-POP 등이 진출함으로써 문화 교류가 활발히 진행되고 있다.

일본이라는 국호의 유래는 신라의 역사서에 "640년 '와고쿠(倭国)'가 '일본(日本)'으로 국호를 변경했다"라는 기록이 있다. 일본은 지형적으로 산이 많아 예로부터 군소국가 간에 전쟁이 빈번했다. 이러한 전국시대를 정리한 것이 도쿠가와 이에야스(德川家康)이다. 그때부터 250년간 지속된 에도시대(江戸時代, 1603~1868)는 일본의 체제가 안정되며 문화가 발달한 시기이기도 하다. 이후 세계 1, 2차 대전을 거치며 패망을 딛고 일어나 1인당 GDP 4만 2325달러로 세계경제대국 3위로 올라섰으나, 1990년대 초반 버블경제가 무너지며 경제적 공황 상태를 맞았다. 그 이후로 지금까지 경제적으로 오랜 정체기에 빠져 있다.

또 일본의 국민성은 서로에게 신세를 지지 않으려는 배려심을 특징으로 한다.

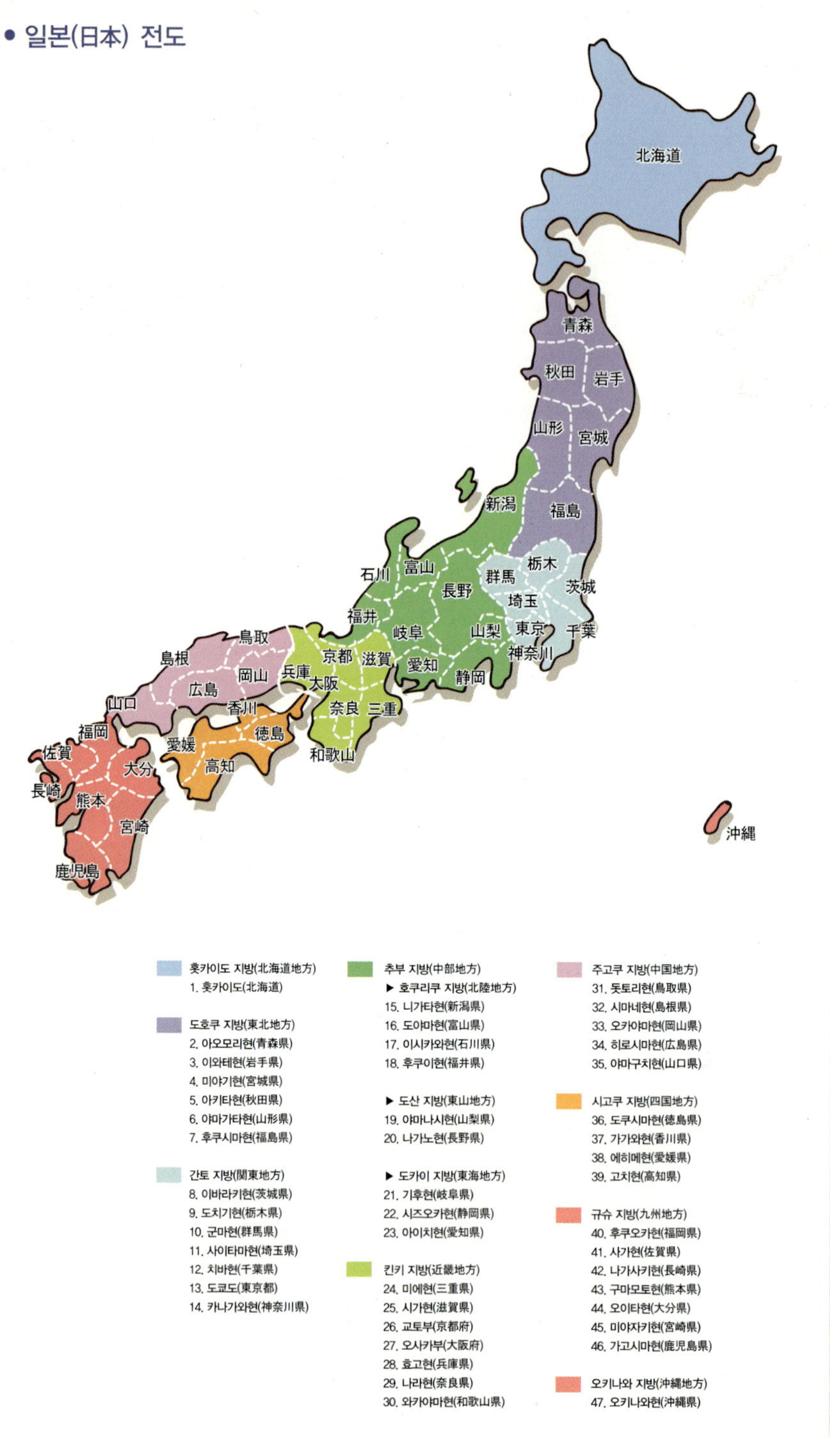

홋카이도 지방(北海道地方)
1. 홋카이도(北海道)

도호쿠 지방(東北地方)
2. 아오모리현(青森県)
3. 이와테현(岩手県)
4. 미야기현(宮城県)
5. 아키타현(秋田県)
6. 야마가타현(山形県)
7. 후쿠시마현(福島県)

간토 지방(関東地方)
8. 이바라키현(茨城県)
9. 도치기현(栃木県)
10. 군마현(群馬県)
11. 사이타마현(埼玉県)
12. 치바현(千葉県)
13. 도쿄도(東京都)
14. 카나가와현(神奈川県)

추부 지방(中部地方)
▶ 호쿠리쿠 지방(北陸地方)
15. 니가타현(新潟県)
16. 도야마현(富山県)
17. 이시카와현(石川県)
18. 후쿠이현(福井県)

▶ 도산 지방(東山地方)
19. 야마나시현(山梨県)
20. 나가노현(長野県)

▶ 도카이 지방(東海地方)
21. 기후현(岐阜県)
22. 시즈오카현(静岡県)
23. 아이치현(愛知県)

킨키 지방(近畿地方)
24. 미에현(三重県)
25. 시가현(滋賀県)
26. 교토부(京都府)
27. 오사카부(大阪府)
28. 효고현(兵庫県)
29. 나라현(奈良県)
30. 와카야마현(和歌山県)

주고쿠 지방(中国地方)
31. 돗토리현(鳥取県)
32. 시마네현(島根県)
33. 오카야마현(岡山県)
34. 히로시마현(広島県)
35. 야마구치현(山口県)

시고쿠 지방(四国地方)
36. 도쿠시마현(徳島県)
37. 가가와현(香川県)
38. 에히메현(愛媛県)
39. 고치현(高知県)

규슈 지방(九州地方)
40. 후쿠오카현(福岡県)
41. 사가현(佐賀県)
42. 나가사키현(長崎県)
43. 구마모토현(熊本県)
44. 오이타현(大分県)
45. 미야자키현(宮崎県)
46. 가고시마현(鹿児島県)

오키나와 지방(沖縄地方)
47. 오키나와현(沖縄県)

도쿄(東京)는 도시의 편리성을 두루 갖추고 있고, 어학원과 학교들이 밀집해 있기 때문에 많은 유학생들이 선호한다. 또 관광객, 유학생, 재일동포, 주재원 등 한국인의 비율이 높고, 지하철역이나 관광명소 곳곳에서 한글 표지판을 쉽게 찾아볼 수 있다. 그러나 도시 특유의 삭막함, 개인주의, 높은 물가, 좁은 주택 등의 불편을 감수해야 한다.

MEMO 도쿄(東京), 간략하게 살펴보기

● 면적 : 2,188㎢
● 인구 : 13,227,730명
● 공식 관광 사이트 : www.gotokyo.org
● 주요 관광 Spot : 황궁, 시부야, 오다이바, 하라주쿠, 아사쿠사,
                   긴자, 야경, 벚꽃, 스카이트리, 디즈니 리조트
● 지역 특색
① '도쿄'(東京)라는 지명은 1868년 지정되어 1969년에 수도가 되었음.
② '교토'의 동쪽(東)에 있다고 해서 도쿄라는 지명이 되었다는 주장이 있다.
③ 총 23개 구로 나뉘어져 있으며 세계 최대의 인구 도시권이다.
   (2위 인도네시아 자카르타, 3위 대한민국 서울)

Q&A

Q. 그럼 교토(京都)는?

A. 지금의 도쿄가 수도로 되기 전 과거의 일본 수도는 교토(京都)였습니다.
   교토와 도쿄에서 쓰이는 교(京)는 수도를 의미합니다.

도쿄 도청

시부야역 앞 스크램블 교차로

THEME 03. 오사카(大阪)

오사카(大阪)는 따뜻한 지역 특성 덕분에 한국인들이 적응하기 쉬운 지역이고, 늘 활기찬 분위기가 매력적이다. 이곳은 '관서 지방 사람들은 먹다가 죽는다' 는 우스갯소리가 있을 정도로 음식이 맛있다.

* 킨키(近畿) 지방(관서 지방) : 교토부(京都府), 오사카부(大阪府), 효고현(兵庫縣). 시가현(滋賀縣), 나라현(奈良縣), 와카야마현(和歌山縣), 미에현(三重縣).

오사카성

교토에서 마신 말차

MEMO 요코하마(橫浜), 간략하게 살펴 보기

- 면적 : 437km²
- 인구 : 3,697,894명
- 공식 관광 사이트 : www.welcome.city.yokohama.jp
- 주요 관광 spot : 미나토미라이21, 외교관의 언덕,
  붉은 벽돌 창고, 중화가, 모토마치
- 지역 특색
  ① 도쿄로부터 30~40km 떨어진 항구도시
  ② 최근 치솟는 땅값과 주민수가 말해주듯 아름다운 항구도시의 경관이 매력적이다.
  ③ 개항(1859년)이 빨라 외국인에 대한 거부감이 거의 없고, 외국인 비율도 높다.
  ④ 특히 '미나토미라이 21' 지역은 대표적인 데이트 코스로 유명하다.

바다에서 바라본 요코하마

MEMO 후쿠오카(福岡), 간략하게 살펴 보기

- 면적 : 341km²
- 인구 : 1,489,953명
- 공식 사이트 : www.city.fukuoka.lg.jp
- 주요 관광 spot : Canal City HAKATA, 쿠시다 진자(櫛田神社),
  하카타카와바타 상점가(博多川端通商店街)
- 지역 특색
  ① 일본에서 가장 아래 지방인 큐슈(九州) 지역의 중심도시.
  ② 부산과 배로 3시간 거리에 위치해 한국과의 근접성이 좋아 한국인들에게 사랑받는 도시.
  ③ 아기자기한 지방도시의 매력을 즐길 수 있다.

바다를 끼고 있는 도시

THEME 01. 비싸다고 좋은 학교인가?

일본 현지에 어학교들이 워낙 많아, 연수희망자들이 학교를 고르는 기준에 학비가 차지하는 비중이 커졌다.

"흠. 그럼 일본에서 연수할 때 드는 일반적인 비용은 얼마로 생각하면 돼?"
"1년 기준 65만 엔~75만 엔이라고 생각해!"

그중 특히 싸거나 비싼 학교들은 피하도록 한다. 무엇보다 어학교에서 배우는 수준은 기초적인 일본어이므로, 교육 방식의 노하우가 가장 중요하다.
싸든 비싸든, 어학교들은 각자의 이유를 대며 자신들의 정당성을 부르짖는데, 굳이 이 평균 가격을 벗어나면서 특출나게 좋은 학교가 있다는 것은 들어본 적이 없다.

"학비가 싸면 학교 운영이나 학생 관리가 소홀한 경우가 대부분이니까 주의하라구!"

THEME 02. 오사카(지방)에 가면 로버트 할리처럼 될까?

어학연수를 가게 되면 다들 '표준어', '서울말'을 배우기 원한다.

"흑. 지방으로 가서 나 사투리 배워오면 어떡해."
"지방말은 뭐 쉽게 배워진다니? 지방말은 일본말 아냐?"

위의 경우처럼 들은 풍월에 지방으로 가면 방언(사투리)을 배우는 것이 아닌가? 내가 로버트 할리처럼 기운차게 '아닌데예~!'라고 말하진 않을까?를 염려해서 수도인 도쿄를 고집하는 연수생들이 많다. 결론부터 현실적으로 말해주면…

따라서 방언 때문에 도쿄를 고집하지는 말기 바란다. 일본어학교에서 고급반까지 올라간다 해도, 학교에서 배우는 말은 표준어이기 때문에 쓸데없는(?) 걱정은 묻어두도록 한다. 실례로 일본에서 오래 살았던 일본어 강사에게 유학 상담을 받은 적이 있었다.

"오사카로 가면 사투리 쓰는 거 아녜요?"
"뭥미? 나 오사카 출신이야!"

실제로 수업시간에 한 번도 그녀의 일본어에서 방언을 느껴본 적이 없었기 때문에 놀라움은 더했다. 이처럼 우리가 어학교에서 배우는 일본어는 일본 어느 지역을 가도 다 동일하다. 생각해 보자. 경상도나 전라도에서 올라오신 분들이 표준어를 모르는 것은 아니지 않은가? 이 경우와 같다고 생각하면 된다. 오히려 학교에서 표준어를 배우고, 일상생활에서 방언에 적응한다면 일석이조가 아닐까 싶다.

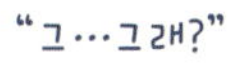

"우씨! 무슨 방언까지 익혀? 표준어 알기도 바빠 죽겠는데."
"왜? 일상생활에서 방언이 얼마나 중요한데? 비즈니스에서는 많은 도움을 준다구!"
"그…그래?"

나 역시 도쿄 지역에서도 어학연수를 했었지만, 친한 친구가 오사카, 고베 지역 출신이어서 그쪽 방언에 익숙한 편이다. 비즈니스로 만나는 대부분의 사람들은 교과서 같은 표준어를 구사하지 않는다. 출신 지역, 연령 등에 따라서 같은 말임에도 전혀 다르게 들릴 때가 많다. 따라서 이런 것에 익숙해지는 것이 중요하다.

"꼭 표준어만 쓰는 서울(수도) 사람들만 비즈니스 하란 법은 없잖아!"

물론, 업무적으로 내 의사전달에는 표준어를 사용해도 큰 문제는 없지만, 기업의 중역쯤 되는 어르신들을 대할 때 못 알아듣는 경우가 생긴다. 이때 한두 마디쯤 알아듣고 Reaction을 하면 상대방이 나에게 갖는 호감도는 급상승한다.

우리도 그렇지 않은가? 로버트 할리가 구수한 사투리(이건 상당히 높은 경지의 레벨이지만)를 사용하면 저도 모르게 외국인이라는 경계가 허물어지기 마련이다. 오히려 그렇게까지 한국어를 사랑해줘서 고마움을 느낄 정도니까 말이다.

THEME 03. 연수 준비는 언제부터 해야 할까?

연수 준비의 경우 들어가고 싶은 학교의 학기가 시작하기 6개월 전부터 하면 된다.
서류를 신청하는 시기가 학교에 따라 조금씩 차이가 있지만, 대체로 일본어학교의 서류
준비를 6개월 전부터 시작한다고 생각하면 편하다.

THEME 04. 출국 전까지는 뭘 하지?

"어차피 일본가면 공부할 텐데, 가기 전까지 놀아보세!"
"Stoooooop!"

위의 경우처럼 일본으로 출국하기 전까지 유흥생활에 몸을 투신하는 학생들이 많다.
하지만! 일본으로 출발 전까지 절대로 놀지 않기를 바란다. 차라리 한국에 있을 때 한 단
어라도 더 보고 외우고 가는 편이 현지 연수에서의 시간낭비를 막을 수 있다.
일반적으로 한국 유학생들은 문법이 강한 대신 어휘가 많이 부족하다. 따라서 유학 준비
를 하는 6개월 동안 하루에 한두 시간씩 꾸준히 일본어를 공부해 두는 것이 어학교에서 상
급반 레벨업에도 큰 도움을 준다.
일본에 가서 하루 종일 앉아 일본어 공부만 할 생각은 하지 말자. 주말이 오면 가까운 곳
에 관광을 가고, 친구들도 사귀는 것은 물론 일본문화에 대해 접해보려면 일본어 능력은
필수다. 따라서 혼자 학교 자습실에서 단어암기에 머리를 쥐어뜯는 일이 없도록 미리미리
공부할 것을 권한다.

"다시 말해두지만 어학연수는 일본어뿐만 아니라 문화도 체험해야 진짜 어학연수지!"

또 하나, 출국 전 시기에 일본어를 공부해 두는 것이 일본에 도착하자마자 아르바이트를
구하는데도 도움이 된다.

"그거 알아? 일본어가 안 되면 한인 식당에서 서빙 밖에 아르바이트 할 곳이 없어.
그러니까 미리미리 공부해 두라구!"

한인 식당에서 일본인을 상대로 서빙한다 해도 일본어 실력은 늘기 어렵다. 기초적인 회
화와 청취 능력을 길러가면 보다 편하고 시급이 높은 사무보조 등도 가능하니 게으름 피
우지 않는 것이 좋다.

THEME 05. 일본어 관련 시험에는 뭐가 있을까?

구분	JLPT	EJU	JPT
주최	국제교류기금 등	일본학생지원기구(JASSO)	YBM시사
신청	[한국] www.jlpt.or.kr [일본] www.jlpt.jp	[한국] www.ejutest.com [일본] www.jasso.go.jp	[한국] appjpt.ybmsisa.com [일본] www.jpt.co.kr/japanese
응시료	[한국] 45,000원(N1~N3) 　　　　40,000원(N4~N5) [일본] 5,500엔	[한국] 43,720원(1과목) 　　　468,720원(2과목 이상) [일본] 6,460엔(1과목) 　　　411,920엔(2과목 이상)	[한국] 41,000원 [일본] 70,000원
마감	매년 4월, 9월	매년 2월, 7월	매월
일시	매년 2회(7월, 12월)	매년 2회 (6월, 11월, 셋째 일요일)	[한국] 매월 1~2회 [일본] 격월
과목	언어지식(문자, 어휘, 문법) 청해 – 단계 : N1(170분), N2(155분), N3(145분), N4(130분), N5(110분) – 각 단계별 180점 만점	일본어(450점/125분) 이과(200점/80분) 종합과목(200점/80분) 수학(200점/80분)	청해 (495점/45분) 독해 (495점/50분)
활용	일본 내 대학교 진학 일본어 능력 평가	일본 내 대학교(학부) 진학	일본어 능력 평가

일본어 능력 검증을 위해 일반적으로 하는 테스트는 JLPT, JPT이다. 이 시험들은 일정 수준의 점수를 취득하는 것이 중요한데, 영어처럼 만점에 도전할 필요는 없다.

앞에서도 밝힌 바 있듯이 일본어 능력을 보는 회사들의 채용 기준은 점수가 아니라 일본어를 실무에 얼마나 활용할 수 있느냐의 여부이므로 일본어로 회화, E-mail, 보고서 작성 등에 익숙하면 좋다.

EJU는 일본에서 진학을 위해 준비하는 시험으로, 진학형 어학교에서는 EJU class를 따로 운영하거나, 방과 후 1~2시간씩 나머지 공부를 시키는 형태로 관리한다. 어학교 선정 시, 진학을 원하는 학생들은 반드시 커리큘럼과 클래스 구성을 확인하도록 하자.

THEME 06. 일본에서 진학은 어때?

	학비	지원 자격	전형
전문학교 Vocational school (2년)	약 1,500,000엔	· 자국에서 12년 이상 정규 교육 수료 · JLPT 2급 · 일본어학원 6개월 이상 수료	서류 면접 작문(소논문)
단기대학 Junior college (2~3년)	[국립] 약 600,000엔 [사립] 약 1,200,000엔	· 자국에서 12년 이상 정규교육 수료 · JLPT 1급	서류 면접 작문(소논문)
대학교 College, University (4년)	[국립] 약 817,800엔 [사립] 약 1,000,000엔	· 자국에서 12년 이상 정규 교육 수료 · JLPT 1급 · EJU *대학입시 센터시험	서류 학교별 전형
대학원 Graduate school (3년~)	[국립] 약 750,000엔 [사립] 약 1,300,000엔	· 자국에서 4년제 대학교육 수료 · JLPT 1급 · EJU	서류 학교별 전형

* 대학입시 센터시험 : 우리나라 '수학능력평가시험' 과 같은 중앙시험이다.

진학은 4가지 학교 유형을 생각해 볼 수 있는데, 대학교와 대학원은 외국인에 대한 장학 제도가 잘 되어 있어, 첫해보다 2~3학년 때의 등록금이 내려가는 경우가 많다. 대신 일정한 지원 자격이 확보되면, 진학 희망 과정에 맞는 전형을 준비해야 한다.

또 학교별 전형이 각기 다르기 때문에 자신에게 맞는 학교를 먼저 찾은 후, 그에 따른 준비를 하는 것이 좋다.

진학을 위해 필수로 여겨지는 EJU(유학시험) 역시 학교별로 반영 여부가 다르므로, 현지에서 최대한 정보를 많이 수집하도록 한다. 연구생, 청강생(학점 인정 안 됨) 등의 제도를 운영하는 학교들도 꽤 있으므로 진학에 관심 있는 사람들은 해당 학교를 방문해 상담을 받아보자.

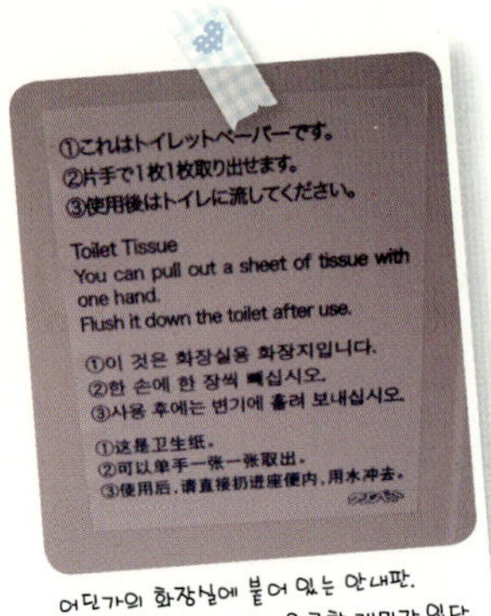

어딘가의 화장실에 붙어 있는 안내판.
한글 안내판 없는 것도 은근한 재미가 있다.

THEME 07. 일본에서의 워킹홀리데이(Working Holiday)란?

워킹홀리데이(Working Holiday)의 일반적인 정의는 국가 간 우호관계 촉진을 위해 양국의 젊은이들로 하여금 여행 중인 방문국에서 취업을 허가해 주는 제도를 말한다.

지원자격은 만 18세~30세의 젊은이를 대상으로 제한하고 해당국에 한하여 비자를 1회만 발급하며 체류기간은 1년이다. 일본에서는 한일 워킹홀리데이 제도가 1999년 처음 실시되어 지금에 이르렀으며 여행경비를 충당하기 위한 노동권이 합법적으로 보장된다.

● 일본 워킹홀리데이 조건을 살펴보자

① 나이 : 만 18세~30세

② 기간 : 비자 발급 후 1년

③ 비자 신청 수수료 : 없음

④ 접수처 : 주한일본대사관(서울), 재부산일본국총영사관(부산), 재제일본국총영사관(제주도)

⑤ 준비서류 : 신청서, 이력서, 진술서(일본어 or 영어), 조사표, 기본증명서, 주민등록증 사본, 병역증명, 재학증명서, 초기 생계 유지금(약 250만 원), 회신용 우편엽서, 일본어 능력입증자료, 여권사본, 출입국사실증명서

⑥ 자격 기준

- 대한민국에 거주하는 대한민국 국민일 것.
- 주된 목적이 휴가를 보내기 위해 일본에 입국할 의도를 가질 것.
- 사증 신청 시점에서 원칙적으로 18세 이상 25세 (부득이한 사정이 있다고 인정되는 경우는 30세) 이하일 것.
- 자녀를 동반하지 않는 자일 것.

- 귀국 시, 비행기표를 구입하기에 충분한 자금 및 일본에서의 체재 초기에 생계를 유지할 수 있을 만큼의 자금을 소지할 것.(약 250만 원)
- 건강할 것.
- 이전에 Working-Holiday 제도를 이용한 적이 없을 것.
- 일본에서 생활하기 위해 필요한 최저한도의 일본어 능력을 갖고 있거나 혹은 습득할 의욕을 가질 것.

※ 사증 신청 시, 및 사증 발급 시에는 한국(국내)에 있어야만 함.

⑦ 취업 조건 : 시간 제한 없음.(단, 풍속업, 유흥업 관련 업조 제외)

⑧ 입국 허가 인원 : 10,000명(매년)

⑨ 선발 시기 : 1월, 4월, 7월, 10월(연 4회)

⑩ 주의 : 워킹홀리데이에 대한 공식기관은 없음. 수속은 혼자서 가능한 부분이나, 대행해 주는 유학원이나 사설기관을 이용하는 것도 가능하다.

최근에는 합법적으로 노동권이 보장되는 워킹홀리데이비자를 선호하는 사람들이 많다. 그 까닭은 이미 고급어학실력을 갖춘 사람이 굳이 다시 어학교에 들어가는 것은 시간낭비일 수 있기 때문에 이 비자를 이용하는 것이 또 다른 방법이 될 수 있기 때문이다.

실제로 워킹홀리데이의 매력은 현지에서 일을 하면서, 직접 일본어를 접하고 배울 수 있다는 것이다. 다만 일본어를 전혀 하지 못하는 사람이 일본어를 배울 수 있다는 욕심이 앞서 신청하는 것은 자제하도록 한다.
일반적으로 워킹홀리데이를 제대로 이용하기 위해서는 일본어 실력이 중상급 이상은 되어야 한다는 사실을 염두에 둬야 한다. 왜냐고?

"초급 일본어로는 단순 업무나 식당일 정도의 일 밖에 할 수 없기 때문에 그래!"

사람의 마음이란 참 이상한 것이, 여행을 가면 그 지역을 속속들이 다 보려는 의욕이 마구 생긴다는 것이다.

"그러다 그 지역에 살게 되면 갑자기 관심도가 급격히 하락하는 이상 기운을 느끼게 된다니까?"

어쨌든, 어학연수로 어떤 장소를 선택해 그 지역의 대표적인 관광지와 동네 명소, 그리고 나만의 아지트 같은 곳을 발견해 놓는 것도 유학생활의 즐거움이다.

"흐흐… 마시쪄♥"
"여행에서 맛난 것만 먹지 말고 여행 갔다온 걸 블로그나 미니홈피, SNS에 기록으로 좀 남겨!"

이렇게 그날 일상에서 있었던 일이나 갔다 왔던 여행기 등을 간략히라도 써 내려가는 취미를 만든다면, 나중에 자신의 1년이 고스란히 담긴 글과 사진들이 무엇보다 큰 재산이 되어준다. 따라서 아르바이트가 없는 주말, 동네 탐험을 떠나보자.

"집에서 TV를 안고 뒹굴거리다가는 금세 한국산 토종 도야지가 되고 만다고!"

따라서 지금부터는 한국산 토종 도야지가 되는 것(?)을 방지하기 위해 도쿄로 어학연수를 가는 사람들을 위한, 도쿄 가이드북 기초편을 특별 페이지로 구성해 미각, 청각, 시각, 후각, 촉각을 넘어 6감을 만족시키는 도쿄 탐방 지역을 각 Part마다 소개하고자 한다.

"육감적인(음?) 도쿄 탐방기를 통해 제대로 즐겨보라구!"

특히 유학 초기는 시간 여유가 많은 편이니, 미리미리 유명한 지역을 관광객 마인드로 돌아보도록 하자.

THEME 01. 신주쿠(新宿)는 어떤 곳?

명동이나 서면을 연상시키는 번화가로 쇼핑, 식사, 음주가 가능한 지역이다. 특히, 백화점, 전자상가, 드럭스토어, 명품매장, 로드샵들이 밀집되어 있어 아이쇼핑에는 더할 나위 없이 좋다. 상점들이 9시를 전후로 폐점한 이후에는 이자카야가 환하게 불을 밝힌다. 또 교통이 편리한 지역이라 친구들과 모임 장소를 잡기도 좋다.
신주쿠 동쪽 출구와 이어진 유흥의 거리 '가부키초(歌舞伎町)'는 일본에서도 유명한 클럽 밀집 지역이다.

신주쿠 동쪽 출구로 나오면 백화점과 상점가가 밀집해 있는 거리가 있다. 또 일요일과 휴일은 차량 제한이 있다.

동쪽 출구에서 만남의 장소로 자주 이용 되는 스튜디오 ALTA.

THEME 02. 가는 법

전철·지하철	하차역	출구
JR 山手線	新宿駅	西口
東京メトロ　丸の内腺	新宿三丁目駅	A1, A2, B2 B3, B4
都営地下鉄　新宿腺	新宿三丁目駅	

THEME 03. 신주쿠(新宿)에서 무엇을 볼까?

도쿄도청 전망대에서 바라본 도쿄

● 도쿄도청 전망대

신주쿠 서쪽 출구에서 도보로 15분 거리에 있는 도쿄도청의 전망대. 구름 없는 날은 멀리 후지산까지 또렷이 보인다. 일본의 전망대들은 대부분 유료이나, 이곳 전망대는 무료로 개방을 하고 있다.

THEME 04. 쇼핑

- 백화점 : 마루이(丸井, MARUI), 이세탄(伊勢丹, ISETAN),
  다카시마야(高島屋, TAKASHIMAYA), 게이오(京王, KEIO),
  오다큐(小田急, ODAKYU)
- 종합쇼핑몰 : 루미네(LUMINE) 1, 2, MY CITY
- 거리 쇼핑 : 기노쿠니야(紀伊国屋) 서점, 타워 레코드(TOWER Record),
  츠타야(THUTAYA), 드럭스토어, COMME CA, 돈키호테(ドンキホーテ),
  빅카메라(ビックカメラ), 사쿠라야(サクラヤ), ABC 마트, GAP, 베네통,
  MUJI, 유니클로 등
- 도큐핸즈(TOKYU HANDS) : 각종 DIY 제품부터 문구류, 이벤트 제품,
  스포츠 용품, 주방용품 등 없는 것 빼고 다 있다.

신주쿠역 남쪽 출구에 있는
다카시마야 백화점과 도큐핸즈

THEME 05. 신주쿠(新宿)에서 무얼 먹을까?

타르트의 모양도 맛도 예술!

- 〈Café〉 comme ca

계절별로 바뀌는 모든 타르트를 강추한다!
일단 타르트 진열대를 보는 순간 행복지수
급상승.(단, 실내에서 사진을 찍으면 점원에게
혼난다.)
이곳은 보는 즐거움과 맛의 즐거움이 기다리
고 있으나 무뚝뚝한 점원들과 비싼 가격이 단
점이다.

MEMO　comme ca, 간략하게 살펴보기

- 가격대 : 1,000~2,000엔
- 위치 : 신주쿠 동쪽 출구로 나와서 오른쪽으로 돌면 요도바시 카메라
  (ヨドバシカメラ)와 베네통 사이에 'comme ca' 매장 5층에 위치한다.
- 영업시간 : 오전 12:00~오후 10:30
- 추천 메뉴 : 각 계절별 과일을 이용한 타르트
- 홈페이지 : www.cafe-commeca.co.jp

● 〈이자카야〉 츠키노 시즈쿠(月の雫)

가난한 유학생들이 저렴한 가격으로 식사와 음주을 해결할 수 있는 곳으로, 자리 안내를 받은 이후에는 테이블 위에 있는 모니터를 터치해서 주문한다. 물론 한글로도 주문 가능하다. 먼저 각 카테고리에서 메뉴를 고르고 '주문(Order)' 버튼을 클릭하면 된다. 전반적으로 저렴한 가격으로 이것저것 먹어보고 싶을 때 괜찮은 곳으로, 일행이 2인 이상일 때 추천하는 곳이다.

조금씩 여러가지를 시킬 수 있는 곳.
가격이 싸서 가끔 찾게 됨.

단, '맛있다~'라고는 할 수 없지만 '이 정도 가격에 조용히 먹어야지' 하는 곳을 찾는다면 필히 들러야 할 곳이다. 또 자리에 앉자마자 가져다주는 간단한 음식은 '오토시(お通し)'라고 부르는 것으로 무료로 서비스된다.

MEMO　츠키노 시즈쿠(月の雫), 간략하게 살펴보기

- 가격대 : 전 메뉴 270엔
- 위치 : 신주쿠 메인거리 마츠모토 키요시 옆 건물 'AOKI' 4층에 위치한다.
- 영업시간 : 오후 05:00~오후 11:30
- 추천 메뉴 : 명란계란말이, 시샤모(병어), 야키토리 등
- 홈페이지 : www.tsukino-shizuku.com

THEME 01. 하라주쿠(原宿)는 어떤 곳?

하라주쿠(原宿)는 외국 관광객들에게 일본의 상징과도 같은 거리로 알려져 있다. 특히 외국인들과 독특한 일본의 10대들이 넘실대는 다케시다거리(竹下通り), 패션에 관심이 있는 사람들이 모이는 우라하라(うらはら), 쟈니스 엔터테인먼트의 기념품샵은 꼭 들러야 할 곳이다. 근처의 요요기공원과 NHK홀 인근에서 플리마켓도 자주 벌어지니, 인터넷으로 일정을 미리 알아보고 간다면 더욱 좋다.

저렴하고 예쁜 옷들이 많다

예견의 모습을 간직한 하라주쿠역

THEME 02. 가는 법

전철·지하철	하차역	출구
JR 山手線	原宿駅	表参道口, 竹下口
東京メトロ 千代田線	明治神宮前駅	4, 5, 6

THEME 03. 하라주쿠(原宿)에서 무엇을 볼까?

● 쟈니스 샵(JOHNNY'S SHOP)

SMAP에서 비롯해 TOKIO, KinKi-Kids, V6, 嵐(ARASHI), 타키 앤 츠바사, NEWS, 칸쟈니8, KAT-TUN, Hey! Say! JUMP 등 국내에서도 이미 유명해질 대로 유명해진 쟈니스 엔터테인먼트의 기념품샵이다. 이곳에서는 소속 아이돌들의 사진이며 기념품들을 구입할 수 있는 기회가 있으며 쟈니스 엔터테인먼트의 아티스트를 좋아하는 사람들에게는 일종의 '방앗간' 이라 할 수 있다. 자고로 방앗간은 들리라고 있는 곳이니 들러주도록 하자.

CHECK

쟈니스 샵 가는 길

위치는 GAP을 등지고 왼쪽으로 조금 걸으면 삼거리가 나옵니다. 그 삼거리에서 왼쪽(아래쪽)으로 10~20m쯤 걸으면 'PLAY HOUSE' 라는 샵이 있고 그 골목으로 들어가면, 왼편에 'johnnys' 라는 영문이 큼지막하게 새겨진 샵이 있습니다. 단, 샵 외관 및 내관에서 사진을 찍는 것은 금지되어 있으니 명심하세요!

● 다케시다거리(竹下通り)

우리나라 동대문처럼 유행 중인 옷들이 저렴한 가격에 판매되고 있는 이곳에서는 브랜드가 없는 의류가 대부분이다. 옷의 질을 따지자면 한 시즌 입고 걸레로 써야 하는 것들이 많으나, 왠지 모르게 여기서 뭔가를 사게 된다.(흠. 터가 이상한가?)

또 고스, 롤리타 스타일의 샵들도 꽤 많이 있고, 실제로 그런 옷을 입고 돌아다니는 아이들도 많아서 거리를 돌아다니는 것만으로도 즐겁다. 하지만 아이돌들의 파파라치 사진을 파는 샵들도 많이 모여 있어 주의가 필요하다. 왜냐고?

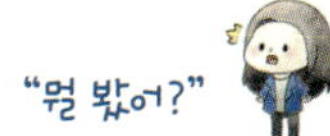

저렇듯 마음 한 가득 팬심이 충만한 상태로 가면 지름신이 강림하여 이것저것 구매하라는 계시(?)를 통해 바로 지갑이 거덜난다.

주말에는 사람에 쓸려 다녀야 하는 다케시다거리

아이돌들의 파파라치 사진을 파는 샵들이 모여있다.

● 우라하라(Urahara)

다케시다거리가 10대들을 위한 거리라 한다면, 우라하라는 패션에 관심이 많은 20대를 위한 거리이다. 특히 우라하라에는 남성 캐주얼이나 모자 전문샵 등이 많아서 연예인들도 자주 모습을 보인다.

조용하게 걸으며 쇼핑을 즐길 수 있는 우라하라.

● 오모테산도 힐스(表参道ヒルズ)

과거에 오모테산도 힐스(表参道ヒルズ)는 오래된 공방들이 늘어서 있던 예술가의 거리였으나, 지금은 호화 쇼핑몰이 입점해 있다. 이곳에는 비싼 브랜드가 많기 때문에 쇼핑을 하는 사람은 눈에 잘 띄지 않으나, 화려한 쇼핑몰 자체는 볼만하다.

THEME 04. 하라주쿠(原宿)에서 무엇을 먹을까?

● 〈회전초밥〉 헤이로쿠 스시(平禄寿司)

이곳은 혼자 가서 먹기 편한 것은 물론이고 외국인 손님이 워낙 많아 일본어 실력이 부족해도 괜찮다. 무엇보다 신선한 스시를 먹고 싶다면 레일 위를 돌아다니는 녀석들보다, 메뉴판을 보고 손가락질(음?)해서 주문하는 것이 현명하다. 또 너도 나도 카메라를 들고 있어 사진 찍는 것에 대한 부담도 없는 곳이다.

MEMO 헤이로쿠 스시(平禄寿司), 간략하게 살펴보기
● 가격대 : 1,000~3,000엔
● 위치 : 하라주쿠 오모테산도힐스 맞은편
● 영업시간 : 오전 11:00~오후 09:00
● 홈페이지 : www.heiroku.jp

● 〈Café〉 초코크로(CHOCO CRO)

피곤함을 달래며 달다구리를 섭취해야 할 때 필수 코스로 들러야 하는 곳이 바로 〈Café〉 초코크로(CHOCO CRO)다. 특히 초콜릿바가 들어간 크로와상을 따끈한 채로 먹는 것은 이루 말할 수 없는 감동의 쓰나미를 안겨준다. 이뿐이랴? 중독성도 강해서 또 찾게 되는 곳이라는….

MEMO 쵸쿄크로(CHOCO CRO), 간략하게 살펴 보기

- 가격대 : 200~500엔
- 위치 : 하라주쿠역 정면 GAP을 보고 오른쪽으로 도보 3분
- 영업시간 : 오전 08:00~오후 10:00
- 추천 메뉴 : 쵸쿄 크로와상(チョコクロ) 160엔

• 〈거리음식〉 마리온 크레페(MARION CREPES)

하라주쿠에 가면 크레페를 꼭 먹어야 하는 것이 마치 어떤 규정과 같이 되어버려서, 여기저기 인증 샷도 많이 올라오지만, 딱히 놀라울 만한 맛은 아니다. 그래도! 워낙 유명해진 곳이기 때문에 빼놓을 수 없어 소개하지만, 굳이 먹어보라고 추천하지는 않는 음식이다.

하라주쿠에는 크레페를 파는 곳이 몇 군데 있는데 맛은 다 비슷하다.

MEMO 마리온 크레페(MARION CREPES), 간략하게 살펴 보기

- 가격대 : 200~500엔
- 위치 : 타케시다 도오리 중간
- 홈페이지 : www.marion.co.jp

• 〈라면〉 큐슈 장가라(九州じゃんがら)

돈코츠(豚骨)라 불리는 돼지뼈 국물을 베이스로 하는 라면 체인점, 큐슈 장가라(九州じゃんがら)는 도쿄 시내 7개의 점포를 가지고 있다. 이곳의 진하고 고소한 라면 국물은 특히나 매력적이며, 토핑으로 올라오는 재료는 선택할 수 있다. 그중에서 카쿠니(角肉, 양념한 돼지고기)나 명란을 추천한다.

진한 국물 맛은 한국에 돌아와서도 잊혀지지 않는다.

MEMO 큐뉴 장가라(九州じゃんがら), 간략하게 살펴 보기

- 가격대 : 700~1,500엔
- 위치 : 하라주쿠역 앞 GAP을 끼고 왼편으로 돌면 바로 위치한다.
- 홈페이지 : www.kyusyujangara.co.jp
- 영업시간 : 오전 10:45 ~ 새벽 01:00(단, 토·일은 오전 10:00부터)

일본 추천 어학교 및 일본어 학습법
MEYAYOK
Japan
JAPAN

일본 추천 어학교 및 일본어 학습법

STEP 01. 미쓰리가 추천하는 일본 대표 어학교

STEP 02. 일본어 공부, 난 이렇게 해서 성공했다!

STEP 03. 전혀 반갑지 않은 손님, 슬럼프

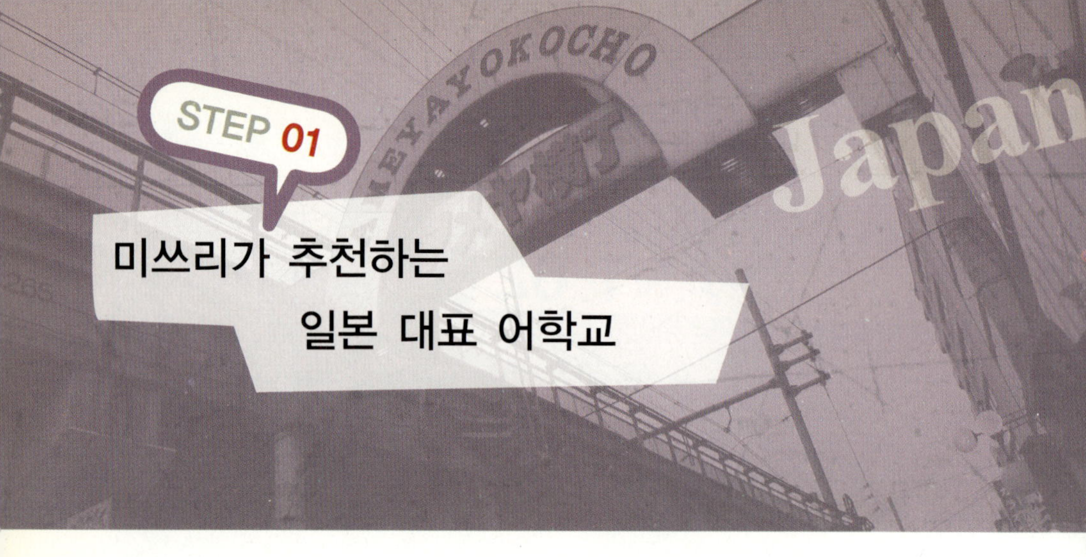

• 일본 대표 어학교

학교명	기치죠지 외국어학교 吉祥寺外国語学校 KICHIJOJI LANGUAGE SCHOOL		
주소	[도쿄도 무사시노시] 東京都武蔵野市吉祥寺南町 2-3-15-701	구분	유한회사
홈페이지	www.klschool.com	전화번호	81-422-47-7390
구분	진학, 회화	개교	1983년
교직원(전임)	16(4)명	수용인원	94명
학비(1년 기준)	695,000엔	교통	JR 기치죠지역 도보 1분
학기운영	1월, 4월, 7월, 10월, 단기	유학시험반	기간별 운영
기숙사 유무	무	기숙사 비용	–
기타	● 한국 사무실(www.klschool.co.kr) : 서울시 종로구 종로 2가 84-6호 고려빌딩 7층 　　TEL.02-732-1101 ● 클래스 구성 : 초급(1, 2), 중급(1), 중급(2, 3), 상급(1, 2, 3) ● 1:1 개별 레슨 가능 ● 일본어 능력시험대책반 운영 ● 기업 위탁 코스 운영 ● 일본 젊은이들이 살고 싶은 지역으로 인기 높은 기치죠지에 입지 ● 아시아계 학생이 60% 서양권 학생이 40%로 서양 학생의 비율이 높은 편		

학교명	관서외어전문학교 関西外語専門学校 日語教育部日本語学科 KANSAI COLLEGE OF BUSINESS & LANGUAGES DEPARTMENT OF JAPANESE STUDIES		
주소	[오사카시] 大阪府大阪市阿倍野区松崎町 2-9-36	구분	학교법인
홈페이지	www.tg-group.ac.jp/nihongo	전화번호	81-6-6621-8115
구분	진학, 회화	개교	1967년
교직원(전임)	40(7)명	수용인원	418명
학비(1년 기준)	705,000엔	교통	JR 텐노지역 도보 3분
학기운영	4월, 10월	유학시험반	운영
기숙사 유무	유	기숙사 비용	22,000~39,000엔/월
기타	● 한글 홈페이지 : www.kansai.or.kr ● 1967년 설립된 비즈니스 전문학교 ● 1989년부터 외국 유학생을 대상으로 일본어 과정 설치 ● 다양한 장학금 혜택		

학교명	동경일본어문화학교 東京日本語文化学校 TOKYO JAPANESE LANGUAGE & CULTURE COLLEGE		
주소	[도쿄도 나가노구] 東京都中野区東中野 3-10-13	구분	학교법인
홈페이지	www.tjlc.ac.jp	전화번호	81-3-3360-4771
구분	회화	개교	2001년
교직원(전임)	21(4)명	수용인원	232명
학비(1년 기준)	730,000엔	교통	JR 히가시나카노역 도보 5분
학기운영	4월, 10월, 단기	유학시험반	운영
기숙사 유무	무	기숙사 비용	–
기타	● 한국 사무실(www.tjlc.co.kr) : 서울시 서초구 서초동 1328-11 도씨에빛 2, 1520호 　　　TEL.02-732-6588 ● 클래스 구성 : 초급(1, 2), 초중급(1), 중급(1, 2), 중상급, 상급(1, 2), 　　　입시대책반, 비즈니스 클래스 ● 시험대책반, 일본어스킬 향상반, 일본문화반 등 선택수업 실시		

학교명	메로스 언어학원 メロス言語学院 MEROS LANGUAGE SCHOOL		
주소	[도쿄도 토시마구] 東京都豊島区東池袋 2-45-7 メロス学園ビル	구분	주식회사
홈페이지	www.meros.jp	전화번호	81-3-3980-0068
구분	진학	개교	1984년
교직원(전임)	55(12)명	수용인원	680명
학비(1년 기준)	703,500엔	교통	JR 이케부쿠로역 도보 10분
학기운영	1월, 4월, 7월, 10월, 단기	유학시험반	운영
기숙사 유무	유	기숙사 비용	50,000엔/월
기타	● 진학, 일본어 능력시험에 따른 다양한 선택수업 실시 ● 개별레슨 및 그룹 레슨 선택 가능(수업료 별도) ● 클래스 구성 : 초급(1, 2), 중급(1, 2), 상급(1, 2, 3, 4, 5, 6)		

학교명	수림일본어학교 秀林日本語学校 SHURIN JAPANESE SCHOOL		
주소	[도쿄도 스미다구] 東京都墨田区両国 1-2-3	구분	학교법인
홈페이지	www.shurin.ac.jp	전화번호	81-3-3632-1071
구분	진학	개교	2001년
교직원(전임)	15(5)명	수용인원	280명
학비(1년 기준)	660,000엔	교통	JR 료코쿠역 도보 7분
학기운영	1월, 4월, 7월, 10월, 단기	유학시험반	기간별 운영
기숙사 유무	유	기숙사 비용	57,000엔/월
기타	● 한국 사무실(www.shurincollege.co.kr) : 서울시 종로구 관철동 43-8 대한방직협회빌딩 803호 TEL.02-732-5465~6 ● 클래스 구성 ① 일본어 코스(1월, 4월, 7월, 10월) : 초급(Ⅰ, Ⅱ), 중급(Ⅰ, Ⅱ), 상급(Ⅰ, Ⅱ), 일본어대책반 ② 대학진학 코스(4월 10월) : 대학입시대책반		

학교명	이스트웨스트일본어 학교 イーストウエスト日本語学校 EAST WEST JAPANESE LANGUAGE INSTITUTE		
주소	[도쿄도 나가노구] 東京都中野区中央 2-36-9	구분	학교법인
홈페이지	eastwest.ac.jp/eastwest	전화번호	81-3-3366-4717
구분	진학	개교	1986년
교직원(전임)	26(5)명	수용인원	426명
학비(1년 기준)	685,000엔	교통	JR 히가시나가노역 도보 12분
학기운영	4월, 10월, 단기	유학시험반	운영
기숙사 유무	유	기숙사 비용	40,000엔/월
기타	● 클래스 구성 : 초급, 초중급, 중급, 상급, 일본어 능력시험반 ● 입시지도 : 소논문 지도, 연구계획서 지도 ● 각종 시험 및 진학에 관련된 커리큘럼 충실		

학교명	인터컬트 일본어학교 インターカルト日本語学校 INTERCULTURAL INSTITUTE OF JAPAN		
주소	[도쿄도 다이토구] 東京都台東区台東 2-20-9	구분	주식회사
홈페이지	www.incul.com	전화번호	81-3-5816-4861
구분	진학, 회화	개교	1977년
교직원(전임)	75(8)명	수용인원	720명
학비(1년 기준)	788,000엔	교통	JR 오카치마치역 도보 8분
학기운영	1월, 4월, 7월, 10월, 단기	유학시험반	운영
기숙사 유무	유	기숙사 비용	48,000엔/월
기타	● 한국 사무실(www.inter-cult.co.kr) : 서울시 서초구 서초동 1319-11 두산 701호 TEL.02-552-1010 ● 한국 학생들의 선호도가 높은 어학교 ● 진학, 비즈니스, 레귤러, 3가지의 수업을 선택하여 들을 수 있음 ● 클래스 구성 : 초급, 초중급, 중급, 상급 ● 홈스테이 코스 별도 운영		

학교명	메릭일본어학교 メリック日本語学校 MERIC JAPANESE LANGUAGE SCHOOL		
주소	[오사카시] 大阪府大阪市浪速区日本橋東 1-10-6	구분	주식회사
홈페이지	www.meric.co.jp	전화번호	81-6-6646-0330
구분	진학	개교	1992년
교직원(전임)	48(11)명	수용인원	660명
학비(1년 기준)	690,000엔	교통	난바역 도보 12분
학기운영	1월, 4월, 7월, 10월, 단기	유학시험반	운영
기숙사 유무	유	기숙사 비용	30,000엔/월
기타	● 한국 사무실(www.meric.co.kr) : 서초구 서초동 1307-7 센터프라자빌딩 201호 TEL.02-3478-0411 ● 클래스 운영 : 초급, 중급, 상급(Ⅰ, Ⅱ), 대학원진학 코스		

학교명	오하라 일본어학교 大原日本語学院 OHARA JAPANESE LANGUAGE SCHOOL		
주소	[도쿄도 치요다구] 東京都千代田区飯田橋 4-4-6	구분	학교법인
홈페이지	jls.o-hara.ac.jp	전화번호	81-3-3262-0390
구분	진학	개교	2003년
교직원(전임)	23(8)명	수용인원	320명
학비(1년 기준)	670,000엔	교통	JR 이다바시역 도보 3분
학기운영	4월, 10월	유학시험반	운영
기숙사 유무	유	기숙사 비용	42,000엔/월
기타	● 학교법인 오하라 전문학교 재단 일본어학교 ● 클래스 구성 : 초급(전, 후) 중급(전1, 전2, 후1, 후2), 상급(전1, 전2, 후1, 후2) ● 유학능력시험반, 연구논문 지도반 등 대학/대학원 입시관련 선택과목		

학교명	아오야마 스쿨 青山スクールオブジャパニーズ AOYAMA SCHOOL OF JAPANESE		
주소	[도쿄도 시부야구] 東京都渋谷区富ケ谷 1-5-5	구분	주식회사
홈페이지	www.aoyamaschool.com	전화번호	81-3-3465-9577
구분	진학	개교	1976년
교직원(전임)	20(3)명	수용인원	180명
학비(1년 기준)	661,800엔	교통	JR 하라주쿠역 도보 10분
학기운영	1월, 4월, 7월, 10월, 단기	유학시험반	운영, 비운영
기숙사 유무	유	기숙사 비용	50,000엔/월
기타	● 한국 카페 : cafe.naver.com/aoyamaschool ● 클래스 구성 : 초급(1, 2, 3), 중급(1, 2), 상급 개별 레슨 가능 ● 하라주쿠역 인근에 위치		

학교명	와세다 외어전문학교 早稲田外語専門学校 WASEDA FOREIGN LANGUAGE COLLEGE		
주소	[도쿄도 신주쿠구] 東京都新宿区高田馬場 1-23-9	구분	학교법인
홈페이지	www.waseda-flc.ac.jp	전화번호	81-3-3208-8801
구분	진학	개교	2000년
교직원(전임)	16(3)명	수용인원	160명
학비(1년 기준)	710,000엔	교통	JR 타카다노바바역 도보 2분
학기운영	4월, 10월	유학시험반	비운영
기숙사 유무	유	기숙사 비용	60,000엔/월
기타	● 클래스 구성 : 초급, 중급, 상급 ● 일본어과 졸업 후 종합영어과에 일본인 학생으로 진학 가능		

학교명	트라이덴트 외국어 · 호텔 전문학교 トライデント外国語・ホテル専門学校 TRIDENT COLLEGE OF LANGUAGES AND HOTEL		
주소	[나고야시] 愛知県名古屋市中村区名駅 4-1-11	구분	학교법인
홈페이지	www.kawai-juku.ac.jp/j-lang	전화번호	81-52-582-1775
구분	진학, 회화	개교	1968년
교직원(전임)	25(5)명	수용인원	220명
학비(1년 기준)	880,000엔	교통	JR 나고야역 도보 8분
학기운영	1월, 4월, 7월, 9월, 단기	유학시험반	비운영
기숙사 유무	유	기숙사 비용	43,000엔/월
기타	● 클래스 구성 : 초급(Ⅰ, Ⅱ), 중급(Ⅰ, Ⅱ), 상급(Ⅰ, Ⅱ)		

학교명	랭귀지 아트 아카데미 アカデミー・オブ・ランゲージ・アーツ ACADEMY OF LANGUAGE ARTS		
주소	[도쿄도 신주쿠구] 東京都新宿区揚場町 2-16 第二東文堂ビル	구분	주식회사
홈페이지	www.ala-japan.com	전화번호	81-3-3235-0071
구분	회화	개교	1984년
교직원(전임)	31(5)명	수용인원	222명
학비(1년 기준)	702,000엔	교통	JR 이다바시역 도보 3분
학기운영	1월, 4월, 7월, 10월, 단기	유학시험반	비운영
기숙사 유무	무	기숙사 비용	–
기타	● 클래스 구성 : 초급(B1, B2), 중급(I1~I3), 상급(A1~A4) 개별레슨 가능 ● 비즈니스 커뮤니케이션 종합연구 코스		

학교명	JET 일본어 학교 ジェット日本語学校 JET ACADEMY		
주소	[도쿄도 키타구] 東京都北区滝野川 7-8-9	구분	학교법인
홈페이지	jet.ac.jp	전화번호	81-3-3916-2101
구분	진학, 회화	개교	1988년
교직원(전임)	16(4)명	수용인원	150명
학비(1년 기준)	700,000엔	교통	JR 이다바시역 정면
학기운영	4월, 10월	유학시험반	운영
기숙사 유무	유	기숙사 비용	50,000엔/월
기타	● 클래스 구성 : 초급, 중급, 중상급, 상급, 진학반 ● 대만, 말레이시아, 한국, 홍콩 등 동아시아 학생 비율이 높음		

학교명	미츠미네 캐리어 아카데미(MCA) ミツミネキャリアアカデミー MITSUMINE CAREER ACADEMY JAPANESE LANGUAGE COURSE		
주소	[도쿄도 신주쿠구] 東京都新宿区北新宿 4-1-1 第3山廣ビル 2~7F	구분	주식회사
홈페이지	www.mcaschool.jp	전화번호	81-3-5332-9332
구분	진학	개교	1988년
교직원(전임)	27(12)명	수용인원	540명
학비(1년 기준)	690,000엔	교통	JR 신오쿠보역 4분
학기운영	4월, 10월	유학시험반	운영
기숙사 유무	유	기숙사 비용	50,000엔/월
기타	● 클래스 구성 : 초급(Ⅰ,Ⅱ), 중급(Ⅰ,Ⅱ,Ⅲ), 중상급, 상급(Ⅰ,Ⅱ,Ⅲ) ● 일본어반, 대학진학반, 대학원진학반으로 구분하여 선택수업		

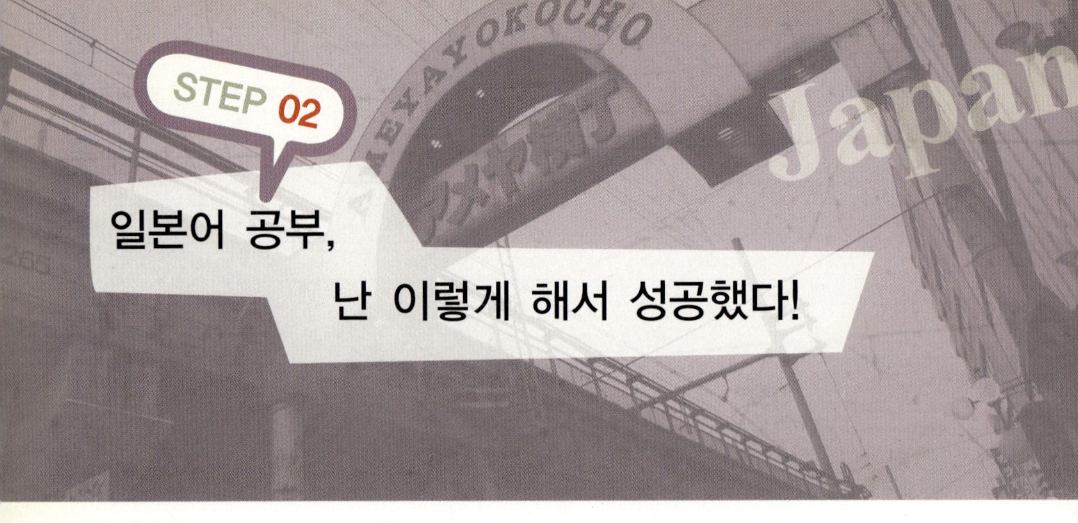

어학연수를 다녀오면 당연히 어학 실력이 성장해야 하는데, 성장은커녕 실력이 그대로인 학생들이 생각보다 많다. 특히 출발 당시 어학 실력이 출중한 학생일수록 그런 모습들이 자주 보인다.

무엇이 문제일까? 답은 하나다. 바로 하나라도 더 배우려는 의지보다…

"내가 알고 있는 선에서 해결하려는 안이함이 바로 문제!"

따라서 지금부터는 일본어 실력을 보다 효율적으로 상승시킬 수 있는 방법을 몇 가지 소개하고자 한다.

THEME 01. 분야별로 나의 장단점을 파악하라

우선 본인의 일본어 실력 가운데서 어휘, 청취, 독해, 문법, 회화 중 가장 취약한 부분과 강한 부분을 찾아낸다. 이렇듯 현재 본인의 일본어 실력의 정확한(?) 상태 파악이 되면 다음부터 어떤 수업시간에 더 집중해서 들어야 할지, 무엇을 더 반복학습 해야할지가 보인다.

나 같은 경우, 비전공자였기 때문에 어휘 부분, 그중에서도 한자가 특히 힘들었다. 일본어학연수를 떠나면 비전공자수보다 일본어과, 일문과, 관광일문과 등 전공자들이 많기 때문에 이들과 있다 보면 내 자신의 보잘것없는 어휘력이 상당한 스트레스였다.

더욱이 학교에서는 매일 아침, 단어 테스트를 했는데 이것이 나의 스트레스를 배가시켜 주었다.

"2C. 매일 매일이 전쟁이야."

어떻게 극복했냐고? 외우는데 무슨 왕도가 있나.

그저 학교 가기 전후로 자꾸 써보는 수밖에 없었다. 다행스러운 것은 어휘는 한만큼 결과가 반드시 따라온다는 것이다. 일본의 초등학생들이 6년간 공부하는 한자의 수는 1,006자, 중학생은 939자의 한자를 배운다. 일본은 중학교까지가 의무교육이니 초등학교와 중학교를 합쳐 약 2,000자의 한자 어휘가 기본 어휘인 셈이다.

문법 공부는 내가 보기 편한 문법책을 한 권 사서 반복하는 것이 가장 좋다. 문법책을 많이 사면 심리적으로는 공부를 많이 하고 있다는 만족감을 느낄 수 있으나 실력이 함께 늘지는 않는다. 출국 전 내 레벨에 맞는 문법책 한 권을 사두자. 문법책에 익숙해지고 나면 어학교에서 나누어 주는 책과 비교하며 문법책을 보는 것도 좋다. 또는 일본 서점에서 외국인들이 공부하는 일본어 문법책을 사서 비교하며 보는 것도 재미있다. 이 밖에 일본의 초등학생이나 중학생들 교과서나 참고서도 쉽게 구할 수 있으니 일본 학생들이 보는 참고서를 보는 것도 많은 도움이 된다.

● 일본어 전공생들을 위한 몇 가지 조언

가끔 일본어 전공생들이 수업에서 문법에 약한 모습을 보인다. 대학에서 일본어를 배우다 왔는데, 왜 문법을 못하는 걸까? 이유는 의외로 간단했다. 한국어 문법을 잘 몰랐기 때문이다. 한국어와 일본어는 문법이 매우 유사하다. 한국인이 가장 배우기 쉬운 언어가 일본어인 까닭이 바로 이 문법 때문이다.

"장난해? 난 근데 왜 자꾸 틀리냐고?"
"흠. 혹시 국어 문법 체계를 잘못 잡고 있는 거 아냐?"

그렇다. 이처럼 전공생들의 대부분이 국어 문법 체계가 잘못 잡혀 있어, 거기에 일본어를 덧씌우려니 오류가 발생하는 것이다.

예를 들어 국어에서 사용되는 조사의 쓰임 '은/는/이/가/을/를' 의 구별이 정확히 되지 않으면, 일본어의 조사 쓰임은 마냥 애매하기만 한다. 그러니 국어와 비교해 어떤 부분이 일치하고, 어떤 부분이 달라지는지를 정확히 인지하며 문법 공부를 해야한다. 우리나라의 쓰임과 다른 경우는 한 번씩 더 확인을 해야 실수를 막을 수 있다.

"일본어 공부를 할 때는 우선 일본어 공부도 좋지만, 스스로의 국어 실력도 점검해 보는 것이 좋아!"

독해의 경우 어휘처럼 열심히 공부한다고 눈에 확 띄게 좋아지는 것이 아니라, 차츰차츰 느린 속도로 실력이 향상된다.

"그…그렇게 언어가 느는 거야?"
"그럼. 한순간에 실력이 늘면 언어 공부가 왜 어렵겠어!"

일본어를 공부할 때는 일본어를 눈에 익히면서 읽는 습관이 중요한데, 처음에는 잡지 같이 흥미 위주의 책을 자주 읽도록 하고, 익숙해질수록 단편 소설, 장편 소설 같은 장르에 도전하는 것을 권한다.

"초급자들이 잡지를 자주 보면 가타카나에 강해진다구!"

또, 왠지 술술 읽힌다라는 생각이 드는 시점에서 단계를 하나씩 올려놓지 않으면 독해 실력은 쉽게 향상되지 않는다.

청취와 회화 실력을 높이기 위해서는 늘 귀를 쫑긋 세우는 습관이 중요하다. 일본인들이 말하는 자연스러운 일상 일본어를 듣고 따라해 보는 것이 가장 빠르다. 일본 드라마, 특히 홈 드라마 같이 일상 언어가 많이 나오는 드라마를 자막 없이 반복해서 듣고 발음과 억양을 따라해 보는 것이 중요하다.
일본어는 억양이 있는 언어이다. 한국 억양에 일본어 문장을 붙여서 말하는 것은 한국 학생들이 가장 잘하는 실수다. 아무래도 일본어 문법이 한국과 비슷하기 때문에 긴장감을 상실하게 되기 때문은 아닐까 생각하는데, 어쨌든 이런 사실을 염두에 두고 공부할 것을 당부한다.

"일본어는 다른 나라 말이라는 사실!"

정확한 억양으로 자연스런 일본어를 구사하는 것이 어려운 어휘를 많이 사용하는 것보다 상대에게 훨씬 좋은 인상을 주는 것은 물론이요, 향후 기업 면접에서도 빛을 발하게 되니 자연스런 억양을 꼭 익히도록 한다.

또한, 일본식 표현 방법에 익숙해지는 것도 중요하다. 예를 들면 "~ダメですか?", "~じゃないですか?"는 한국어로 '~안 되나요?' 라는 뜻이다. 한국어로는 아무 문제가 없다. 즉, 일본어로 표현할 때는 문법상으로 틀리지 않으나, 문제는 일본인들이 문장을 이렇게 부정형으로 끝내는 것을 꺼려한다는 것이다. 오히려 "~どうでしょうか?(~어떤가요?)" 라고 물어보는 것이 자연스런 표현이다. 이 한국식 일본어 습관을 버리기 위해서는 무엇보다 주의 깊게 듣고 따라 하는 습관이 중요하다.

참, 일본어 청취를 하겠다고 애니메이션, 만화, 야동(야구 동영상 아닌거 아시죠?)을 보는 건 전혀 도움되지 않으니 애당초 이런 생각은 버리자!

"왜냐고? 애니메이션이나 만화에서 사용하는 언어는 일상생활과는 거리가 멀어서 별 도움이 되지 않는다구!"

단, 일본어에 거부감이 있는 사람이 일본어에 익숙해지기 위한 초기 단계에 사용하는 것이라면 말리지 않겠다. 덧붙여… 야동은 특정 몇 개 단어만 반복되니 일본어와는 전혀 상관없다.

THEME 02. 일본어를 자주 사용할 수 있는 환경을 만들자

어학연수라는 것은 보통 1년, 길어야 2년이다. 처음 유학생활을 시작하면 환경에 적응하는 것도 힘들고, 일본어도 힘들다. 그러다가 자연히 같은 반의 한국 아이들과 한인타운을 돌아다니기 시작한다.

"흐흑… 나 한국으로 돌아가고 싶어. 우울증 있는 것 같아…."

위의 경우처럼 정말로 돌아가고 싶어서 우울증에 걸릴 지경이라면, 그냥 접고 돌아가는 쪽을 선택한다. 굳이 비싼 돈을 지불해 가며 일본까지 와서 한인타운을 전전해 봐야, 시간과 돈의 낭비일 뿐이니 그런 사람들은 한국에서 학원을 다니는 편이 본인의 정신건강에도 좋다.

주어진 1년이라는 짧은 시간에 최대한 일본어 실력을 끌어 올리는 것이 우리의 목표인 만큼 생활 환경부터 바꿀 것을 권한다.

"지금부터는 그 방법에 대해서 알려 줄 거야!"
"2C. 진작 좀 알려주지."

01 일본 현지인 친구들을 만들자

먼저 자신이 좋아하는 취미가 무엇인지 생각한다. 가수 팬클럽도 좋고, 여행이나 사진 동아리도 좋다. 이를 이용해 일본인들과 어울릴 수 있는 자리에 얼굴을 내밀고, 한 번 연을 맺은 친구들과는 돈독한 관계를 유지해 나가는 것이 중요하다. 또 아르바이트를 함께 하는 일본인들과 친해지는 것도 중요하다. 일본인들은 적당히 거리를 두는 것을 좋아하므로, 아주 친해지기 전까지 사생활에 대한 질문은 가급적 삼가도록 한다.

"안녕? 혹시 남자친구 있니?"
"…"
"잠깐! 초반에 나이를 묻거나 이성 친구 유무를 물어보는 것은 실례라구!"

02 한국 식당 아르바이트는 일본어 공부에 별 도움이 되지 않는다

돈도 벌고 공부도 할 수 있는 현지 아르바이트 가운데서 식당 아르바이트는 다시 한 번 생각해 보기를 권한다. 단도직입적으로 말해 식당 아르바이트는 일본어 공부에 전혀! 도움되지 않는다는 사실을 미리 밝혀둔다. 일본 손님을 상대하면 일본어로 조금씩은 말해야 하기 때문에 실력이 늘 것 같지만 아니라는 사실! 왜냐고? 주문과 서비스에 대한 몇 가지 문장만을 되풀이할 수 밖에 없기 때문에 일본어가 쉽사리 늘지 않는다. 게다가 함께 아르바이트를 하는 동료들도 죄다 한국인일 때가 많다. 설마… 손님을 상대로 일본어를 공부한답시고 작업 멘트식 말투를 건네는 분들은… 없을 것이라 생각한다.

03 집에서 TV를 틀어놓고 그때 그때 이슈를 파악하자

드라마뿐 아니라, 아침 정보 방송이나, 퀴즈 프로그램도 어휘력을 늘리고(여기에 일본 현지에 대한 풍부한 정보까지 주니 상식은 덤으로 챙길 수 있다.) 일본어에 익숙해지게 한다.

04 모르는 부분이 있다면 무조건 다시 물어본다

만약 일본인과 대화하고 있거나 모르는 부분이 생겼다면 이렇게 외쳐라!

기본적으로 일본인들은 먼저 물어보지 않는 한 알아서 가르쳐 주는 법은 드물다. 손을 들기 쑥스럽고, 물어보기 부끄럽더라도 용기를 내보자. 모르는 것을 해결하면 훗날 본인에게 귀중한 보물과 재산이 되어준다.

05 역사 공부를 하자

일본어를 이해하기 위해서는 일본인에 대한 이해가 필요하고, 일본인을 이해하기 위해서는 이들의 문화를 알아야 한다. 그리고 이 문화는 역사를 통해서 배울 수 있다.

THEME 03. 일본식 영어

'和製英語(일제영어)'라는 말이 있다. 이것은 영어 표현을 일본식으로 바꾸어 사용하고 있는 표현들이다.

우리나라도 영어에 대해 치료법 없는 국민 울렁증을 앓고 있지만, 일본도 크게 다르지 않다. 특히 언어에 대한 부분은 폐쇄성이 상당하다. 예를 들어 세계적으로 통용되는 문서들은 대부분 영어와 자국어를 기반으로 만들어지는데, 일본은 일본어만을 기반으로 할 때가 많다. 업무적으로 가장 곤란한 경우가 이런 경우이다. 일본어로 된 문서가 아니면 그 어떤 문서도 접수를 하지 않으려 하기 때문이다. 우리나라는 한글 외에도 공식인증기관에서 발급된 영문 문서를 증빙 자료로 곧잘 받아들이는데 비해, 일본은 아직 그런 면에서 폐쇄적이다.

일본도 우리나라 못지않게 영어에 대한 울렁증이 큰 나라이다 보니, 몇몇의 소수를 제외하고 영어를 대하는 태도가 몹시 소극적이다.
일본 여행 시, "스미마센~"이라고 말을 걸으면 누구나 친절하게 뒤돌아보지만, "Excuse me."라고 말을 거는 순간!
다들 호호 웃으면서 도망간다.

결국 이런 영어 울렁증은 영어를 일본식으로 끼워 맞춰 사용하고, 이것이 발전하여 일제영어(和製英語)라는 표현을 써서 공식화하고 있으니 어찌 보면 더 우스울 따름이다. 문제는 일제영어가 우리나라에도 건너와 우리들도 익숙하게 사용하고 있다는 사실이다.

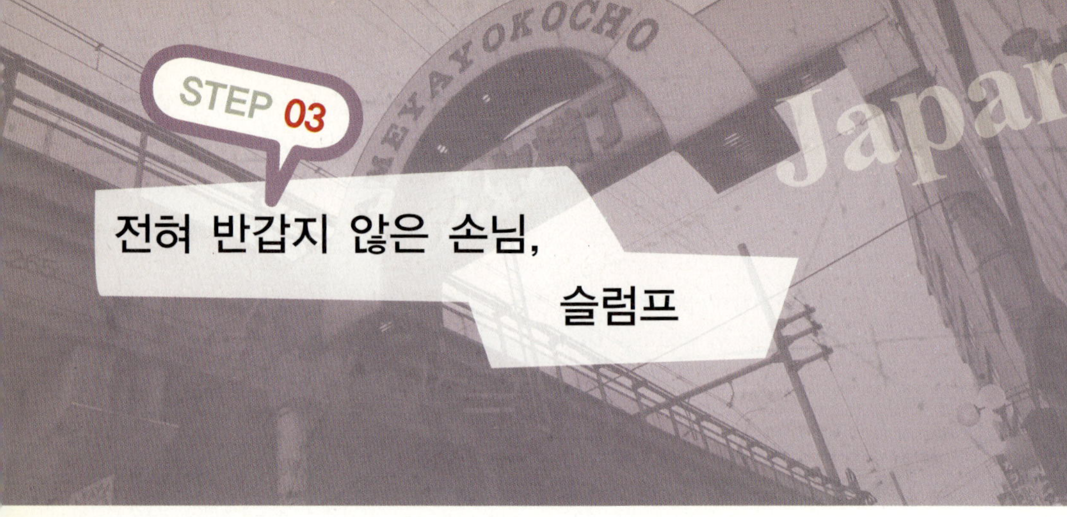

전혀 반갑지 않은 손님, 슬럼프

우리나라에서도 살면서 슬럼프에 빠지기 마련인데, 하물며 환경이 다른 나라에 가서 생활할 때 슬럼프에 빠지지 않는 사람이 몇이나 있으랴?

특히 말이 잘 통하지 않는 어학연수 초기에는 언어적인 답답함까지 더해 향수병에 빠지는 이들도 적지 않다. 마음이 아프면 몸도 따라 아프기 마련이라 점점 상황이 악순환되다가 짐을 챙겨 귀국하는 최악의 상황이 되기도 한다.

"뭐야? 그럼 슬럼프를 겪으면 무조건 짐 싸야 해?"
"아니아니. 그래서 지금부터 슬럼프를 극복하는 방법을 함께 생각해 보려구!"

THEME 01. 나만의 스트레스 해소법을 찾을 것

성격이 외향적인 사람이라면 야외 활동을 하면서 땀을 흘리고, 사람들을 만나 수다를 떠는 것이 스트레스 해소에 도움이 될 것이다. 반대로 내성적인 사람은 집에서 조용히 쉬고, 잠을 충분히 자고 맛있는 것을 먹는 것만으로도 기분이 좋아질 수 있다.

중요한 것은 나의 성향이 어떤지 잘 생각해 보는 것이다.

내성적인 사람이 쌓인 스트레스를 푼다고, 만나는 것조차 부담스러운 사람들과 함께 이야기를 하면서 스트레스를 해소한다는 것은 오히려 증상을 악화시키는 꼴이 된다. 이처럼 뭔가 스트레스를 받을 때는 본인에게 적합한 방법을 찾아 실행해 보는 것이 중요하다.

"나는 하루 정도 집에서 먹고 자고 딩굴딩굴 거렸지비. 간혹 햇볕 아래 가까운 곳을 산책하면서 기분을 다스리기도 했어!"
"난 먹는 걸로. 흐흐♥"

THEME 02. 구체적인 계획을 세워볼 것

1년은 생각보다 짧기 때문에 매번 한 달이 새롭게 시작될 때마다 목표나 계획을 세워보자. 이런 계획들은 구체적이고 작은 것일수록 좋다.

"땡땡이 치고 하루 종일 디즈니 씨 놀러 가기, 하루 종일 일본 요리 두 가지 만들어 보기♥♥, 하루 종일 아키하바라 다녀와서 블로그에 올리기!"

위와 같이 본인이 할 수 있는 흥미로운 계획들을 세워본다.

"근데, 너 어학교 출석률 80%는 유지하고 있는 거야?"
"또혁!"
"일본어 단어 10개 외우기 같은 공부와 관련된 사항을 잊지 말고 넣어야지! 계획에는 노는 것만 써 있잖아!"

THEME 03. 가족, 친구들과 연락해 볼 것

일반적으로 자신이 겪고 있는 일에 대해 하소연할 상대가 없으면 점점 마음이 답답해진다. 이럴 때는 인터넷 전화, 스마트폰을 이용해 가족, 친구들과 수다를 한 번 떨어보자.

"수다로 접시를 깨보자♪"

또 블로그나 SNS를 통해 소통하며 내가 혼자가 아니라는 사실과 많은 이들이 날 응원해 주고 있다는 사실을 잊지 않는 것이 중요하다.

THEME 04. 취미생활을 즐겨 볼 것

학교와 아르바이트만을 왔다갔다하는 단조로운 생활을 하면 당연히 '내가 지금 무엇을 하고 있나' 하는 생각이 들기 마련이다. 좋아하는 아이돌의 콘서트, 이벤트를 가거나, 자전거를 탄다거나, 사진을 찍으러 다닌다거나, 취미생활을 한두 개쯤 가지고 비슷한 취미를 가진 친구들과 어울리는 것도 도움이 많이 된다.

"동인녀의 세계에 온 걸 환영해♥ 숨겨왔던 너의 그 수줍은 망상들을 모두 유감없이 풀어봐♥"
"흐흐. 츄릅♥"

THEME 05. 나는 일본에 영원히 있는 것이 아니라는 사실 기억하기

보통 어학연수는 1년 남짓이다. 슬럼프에 빠지는 것은 이 힘든 시간이 언제까지고 계속될 것이라는 착각에서 비롯될 때가 많다. 1년이란 시간은 절대 긴 시간이 아니다. 매달, 매주 무엇을 할까 계획을 세우다 보면, 1개월, 3개월이 금방 획획 지나간다.

가족이나 친구가 보고 싶어 너무 힘들다거나, 일본생활이 고통스러워 그만하고 싶을 때, 정 견디기 힘들다면 돌아가면 그만이다.

일정 기간 동안 '절대 돌아가면 안 된다' 라고 자신을 옭아매지는 말자. 외국생활이 정말 안 맞는 사람이 있을 수 있고 그게 본인일 수 있다. 만약 하루하루를 눈물로 보내게 된다면, 굳이 일본에 있을 필요가 없다. 우리나라로 돌아가서 스스로 좀 더 행복하게 일본어 공부를 할 수 있는 방법을 찾으면 된다. 그러니 너무 마음의 부담을 갖지 말자.

THEME 06. 일본어는 한 번에 실력이 늘지 않는다

내가 어학교를 다니던 초기에 가장 힘들었던 것은 클래스의 다른 친구들과 월등히 차이가 나는 어휘력이었다. 한자를 잘 모르니 손으로 쓰는 작문시간이 되면 그 한 시간이 어찌나 느리게 가던지. 집에 돌아와서도 다른 아이들과 나를 비교하면서 스스로를 한심하게 생각했다. 내가 여기까지 와서 돈낭비와 시간낭비를 하는 게 아닌가 싶어서 좌절이 되기도 했다.

어학교에는 다양한 실력의 학생들이 모여 있다. 그러니 비교가 되는 것은 당연하고, 나의 못하는 부분들이 더 크게 다가오는 것도 당연하다. 잘하는 아이들과 비교하며 자학만 한다면 고통스럽기만할 뿐이다. 그 아이들과 레벨을 맞추려고 갑자기 학습량을 늘려봐야 실력이 그렇게 쑥쑥 늘지도 않는다.

일본어 공부가 싫어질 때, 억지로 정해진 분량을 하려고 하지 말자.
너무 공부가 하기 싫어 며칠 손을 놓아버리는 것보다, 하루 학습량을 줄이는 편이 낫다. 어학이라는 것이 며칠을 통째로 놀면 실력이 주저앉아 버린다. 하기 싫은 날은 그냥 TV의 개그 방송이나, 드라마를 보는 선에서 그날 공부를 대신하는 것도 좋다. 따라서 감을 잃지 않는 선에서 학습량을 줄여 공부의 부담을 줄이도록 하자.

내 일본어 실력은 스스로가 가장 잘 알고 있다. 어떤 부분을 얼마만큼 보강해야 하는지도 내가 가장 잘 알고 있으니, 스스로가 계획한 대로 한 계단씩 밟아 나가도록 하자.

많이 힘들다고 해서, 집안에 틀어박혀 인터넷만 들여다보고 있지 않은가? 취미 삼아 하는 것은 괜찮지만, 모니터와의 대화보다 직접 사람들을 만나서 대화를 하도록 하자. 인터넷 상에서는 뭔가를 많이 하는 사람인 것 같은데, 정작 실상은 그렇지 않은 사람들이 있다. 인터넷 사용은 하루 이용시간을 정해 두는 편이 좋다. 가상의 공간에서 나를 꾸미지 말고, 현실 세계에서 지금 즐길 수 있는 것들을 즐기도록 하자.

THEME 08. 가장 중요한 것은 몸과 마음의 건강

아프면 아무것도 할 수 없다. 우울증에 가장 좋은 약은 햇볕이란 말이 있듯이, 규칙적으로 운동하는 습관을 만들자. 원래 운동을 좋아하는 사람이라면 가까운 구립 체육관이나 스포츠센터를 알아보는 것도 좋다.

일본 현지에서는 저렴하게 운동시설을 즐길 수 있다. 죽어도 몸을 쓰는 것을 좋아하지 않는 사람이라면, 가까운 곳에 산책이라도 자주 나가도록 한다. 또 가끔 집에서 음식을 만들어 먹어 보는 것도 좋다. 인스턴트보다 한결 속이 편안해지고, 소화가 잘 되는 것을 느낄 것이다.

어학연수를 다녀온 경험자로서 내가 독자들에게 이야기해 줄 수 있는 슬럼프 극복 방법은 이 정도이다. 그러나 분명 이것보다 더 많은 방법들이 있을 것이고, 독자들마다 자신에게 딱 맞는 슬럼프 극복법은 제각각 다를 것이다. 나는 무엇을 좋아하고, 무엇을 할 때가 행복한지, 나 자신의 소리에 귀를 기울여 보자.

어학연수를 가든, 무엇을 하든 남과 나를 비교해서 남에게 나를 맞추려는 생각은 버려야 한다. 내가 잘하는 것, 나만 할 수 있는 것을 키우고 발전시키는 것이 어학연수뿐만 아니라, 사회에 나와서도 가장 큰 무기가 되기 때문이다.

THEME 01. 시부야(渋谷)는 어떤 곳?

시부야역 광장을 지키고 있는 하치코 동상

시부야(渋谷)는 우리나라의 명동, 서면과 비슷한 분위기로, 신주쿠와도 사뭇 분위기가 닮아있지만, 신주쿠를 이용하는 층이 살짝 연배(?)가 느껴지는 분들까지 있다 셈치면, 이곳은 20대가 중심이 된 거리라 할 수 있다. 이곳 역시 쇼핑타운이 많은데, '세이부(西武)백화점' 과 '109', 'PARCO' 는 쇼핑을 좋아하는 사람들에게는 필수 코스라 하겠다. 또, 이제는 우리나라에서 볼 수 없는 거대 음반 매장인 타워레코드와 도쿄 핸즈 같은 곳들 역시 한 번쯤은 들러보아야 할 포인트.

THEME 02. 가는 법

전철·지하철	하차역	출구
JR 山手線	渋谷駅	ハチ公口
JR 埼京線	渋谷駅	ハチ公口
JR 湘南新宿ライン	渋谷駅	
東京メトロ　銀座線	渋谷駅	1～8
東京メトロ　半蔵門線	渋谷駅	
東京急行電鉄　東横線	渋谷駅	ハチ公口

THEME 03. 시부야(渋谷)에서 무엇을 볼까?

● 시부야 109

패션에 관심 있는 사람들의 필수코스

시부야역에서 하치코 출구(ハチ公出口)로 나오면 광장으로 연결된다. 왼편에 '109' 라 간판이 보이는 것이 '이치마루큐' 라는 이름으로 유명한 패션의 메카이다. 시부야역에서 '109' 를 보는 구도는 드라마나 만화에서도 종종 등장하면서 시부야를 상징하게 되었다. 입구를 들어서면서 우렁차게 '이랏샤이마세~(어서 오세요)' 를 외치는 화려한 복장의 언니들의 목소리에 화들짝 한 번 놀라고, 화려한 의상들에 눈은 팽글팽글 돌지도 모른다.

"뜨헉… 초미니♥ 메이드 복♥"
"어허! 그 불순한 눈, 어디다 두냐?"

시부야의 109는 '갸루 패션의 메카'라고도 할 수 있는데, 점원 언니들의 의상에서 범상치 않은 포스가 흘러 넘친다. 어쨌든 옷을 사든 안 사든 보는 재미가 가득한 곳으로, 패션을 사랑하는 사람들이라면 꼭 들려보자.

● PARCO

109가 갸루 패션의 원조라 한다면 파르코(PARCO)는 비교적 무난한 스타일을 원하는 사람에게 추천한다. 위치는 시부야역 스타벅스를 지나 세이부백화점 쪽으로 직진한다. 그 다음 세이부백화점을 지난 후 나오는 첫 번째 블록(마루이 CITY가 정면에 보이면 바로 그 앞)에서 좌회전한 후 쭉 오르막길을 올라가면 된다. 오르막을 오르기 전에는 PARCO 건물이 잘 보이지 않으니, 정면에 마루이 CITY 건물이 보이면 주저 말고 좌회전하자. 언덕을 오르다 보면 왼편에 'LOFT'라는 생활잡화점, GAP 매장도 큼지막하게 있고, 길 건너 오른편에는 ABC 마트가 있다.

비교적 무난한 옷들이 많음

● 타워레코드

요즘 우리나라의 거리에서 CD Shop 보기가 정말 힘들게 되어 버렸지만, 일본은 아직 음반 시장이 움직이고 있다. 따라서 좀처럼 구하기 힘든 해외 희귀 음반과 일본의 각종 한정 음반을 체크하고 싶다면 들러보는 것을 권한다.

한정음반 사러 가자

THEME 04. 시부야(渋谷)에서 무엇을 먹을까?
● 〈PUB〉 인간관계(人間関係)

이름이 독특하다 여겨지는 이곳은 카페이자 간단한 식사가 가능한 PUB이다. 솔직히 시부야에서 가볍게 들어가 맛있게 식사할 곳이 참 마땅치 않지만 이곳은 비교적 조용하고, 음식도 여러 가지를 고를 수 있어 잠시 쉬어가기에 괜찮은 듯하다.

MEMO   인간관계(人間関係), 간략하게 살펴보기

- 가격대 : 1,000~2,000엔
- 위치 : 시부야 BERSHKA 골목 안에 위치한다.
- 영업시간 : 오전 09:00 ~ 오후 11:30
- 추천 메뉴(일본어) :
  칠리 포테이토(チリポテト) 300엔
  흑돼지의 매운 토마토 스튜
  (黒バラのピリ辛トマト煮込み) 500엔
  오리엔탈로코모코(オリエンタルロコモコ) 880엔
  오므라이스토마토사와크림소스
  (オムライストマトサワークリームソースがけ) 880엔

아기자기한 인간관계

● ⟨이자카야⟩ 토리요시(鳥良)

강추하는 이자카야 프렌차이즈로, 이곳은 시부야뿐만 아니라, 신주쿠, 오모테산도 등의 번화가라면 어딘가에 자리하고 있다. 메뉴판은 다 사진으로 되어 있으니 보기 쉽다는 점도 가게의 장점이자 센스! 이곳의 꼬치 종류, 테바사키(닭다리), 새우마요네즈, 디저트 류는 골라도 절대 후회 없을 메뉴라는 사실!

MEMO   토리요시(鳥良), 간략하게 살펴보기

- 가격대 : 2,000~4,000엔
- 위치 : 도쿄매트로 시부야역 1번 출구 앞
  도보 1분, 로얄호스트 건물 6층에 위치한다.
- 영업시간 : 오후 05:00~새벽 04:30
- 추천 메뉴(일본어) :
  닭날개구이(手羽先) 480엔
  야키토리 셋트(串打ち焼き盛り合わせ) 1,080엔
  새우마요네즈(海老プリマヨネーズ) 680엔
  크렘뷜레(クレームブリュレ) 490엔
- 홈페이지 : www.samukawa.co.jp/toriyoshi

닭염굴꼬치, 토리요시는 지역별로 지점이 많아 편리하다.

THEME 01. 우에노(上野)는 어떤 곳?

우에노(上野)는 신칸센이 머무는 교통의 요지이자, 유명한 우에노온시공원, 미술관, 재래시장 등이 있는 곳이다.

봄가을에 예쁜 우에노온시공원

아메요코시장 입구

THEME 02. 가는 법

전철 · 지하철	하차역	출구
JR 山手腺	上野駅	広小路口, 公園口, 不忍口, 正面玄関口
JR 京浜東北線	上野駅	
JR 宇都宮線	上野駅	
JR 高崎線	上野駅	
JR 高崎線特急	上野駅	
東京メトロ　銀座線	上野駅	8, 7, 5a, 5b
東京メトロ　日比谷線	上野駅	

THEME 03. 우에노(上野)에서 무엇을 볼까?

● 우에노온시공원(上野恩賜公園)

봄의 벚꽃과 가을의 단풍이 아름다운 곳, 우에노온시공원(上野恩賜公園)은 동물원, 도쿄국립박물관, 국립서양미술관 등 둘러볼 곳이 많다. 한적하게 가서 걷다 오고 싶은 날, 이곳을 들러보는 것을 추천한다.

● 아메야요코초시장(アメヤ横丁)

우에노역 정면 맞은편에 보이는 재래시장으로, 아메요코(アメ横)라 불린다. 시장은 400m에 달하는 거리에 400여개의 다양한 상가들이 늘어서 있다. 무엇보다도 이곳에서는 1,000엔에 과자를 비닐봉투 가득 채워주는 가게가 있으니 한 바퀴 돌아보는 재미도 쏠쏠하다.

1,000엔 한 장을 내면 봉지 가득 과자를 담아주는 곳

일본 어학연수, 한 번 떠나 볼까?
Japan
廣瀬無線
ASSASSINS CREED BROTHERHOOD
1/26 ON SALE
ray & DVD
GAME
BIG APPLE
徒歩30秒!!
DUTY FREE SHOP
JAPAN
NANA
P

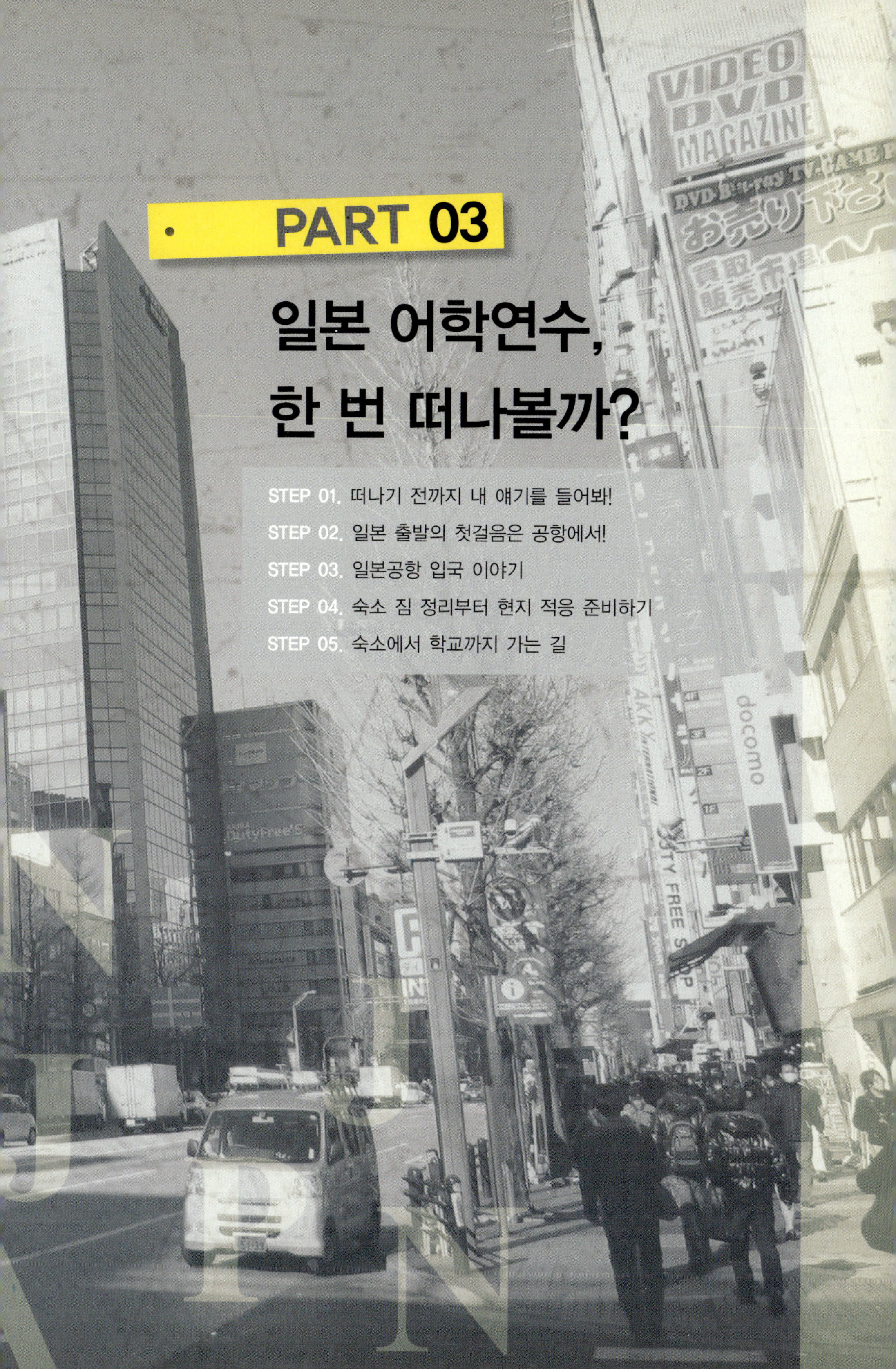

PART 03

일본 어학연수,
한 번 떠나볼까?

사장님께 회사가 문 닫을 것이라는 통보를 듣고 두어 달간 많은 일들이 있었다.
일주일간은 앞으로 무엇을 해야 하나 고민을 했고, 일본으로 어학연수를 결심하고 한동안
은 자료를 수집했으며, 부모님께 허락을 받은 이후 본격적인 일본 어학연수 준비에 돌입
하기 시작했다.

"자! 이제 불타는 나의 열정을 학업에 태워 보겠어!(기다려요 ♥ 타쿠야 옵하!)"
(흠… 공부해야 할 텐데 큰일이라는….)

THEME 01. 연수를 떠나기 위한 사전 몸 풀기
먼저 일본전문 어학연수를 도와주는 유학원들 가운데 나에게 적합한 유학원 두 군데를 찾
아 상담을 받았고, 그중 종로에 있는 유학원에서 수속을 준비하기로 했다. 유학 준비를 시
작했을 때가 한여름이라, 입학 가능한 학기는 다음해 1월 학기였다.

유학원은 학교 상담할 때 한 번, 서류 작성할 때 한 번, 출국 전 오리엔테이션까지 총 4~5
번 방문했고, 9월에 열렸던 유학박람회에 가서 어학교들을 둘러보기도 했다. 인터넷으로
봤던 학교 분위기와, 부스에서 직접 보는 학교의 분위기가 다른 것을 보니 새삼스럽게 이
런 생각을 하게 되더라는 거다.

"학교 선정할 때는 역시 인러넷만으로는 역부족이구나…."

서울에 사무소를 가진 대형 어학교의 사무실도 방문했다. 대체로 어느 정도 규모가 있는
어학교들은 서울이나 부산에 작은 오피스텔 규모로 입학 사무실을 직접 운영한다. 이쪽
사무실로 직접 컨택을 하면 굳이 유학원을 거칠 필요가 없다.

학교를 정한 후, 그 다음부터는 크게 고민할 것 없이 한국에 있는 동안 일본어에만 매진하기로 했다. 내 경우 일본어 공부를 하기 위해 이렇게 준비했다.

1월 학기 입학을 두고, 3~4개월 전부터는 백수였던 터라, 하루 3~4시간 일본어를 공부하고, 1~2시간은 일본유학 카페에서 최신 정보나, 10월학기생들이 현지에 정착하는 글들을 읽으면서 나름 준비해야 할 것들을 적어나가기 시작했다.

일본어 교재와 가이드북

사실은… 그저 일본 드라마가 재미있어서 열심히 봤을 뿐… 그러다가 내가 너무 아이돌에 열을 올린다 싶은 양심의 가책이 생기면, 자막을 끄고 같은 드라마를 반복 청취하는 정도로 일본어 적응력(?)을 높였다.

THEME 02. 떠나기 전, 컨디션 Check와 학비 지불은?

참, 병원에 가서 몸 컨디션을 확인하는 것도 필요하다. 내 경우는 유학을 앞두고 겸사겸사 치과치료를 다 끝냈다. 거액이 지출되기는 했으나 어차피 치료해야 할 부분이었고….

또, 해외에서 병원을 가는 것보다 우리나라에서 가는 것이 훨씬 저렴하고 편안하므로, 병원은 미리 가는 것이 좋다.

가급적 한 푼이라도 모아야 현지에 가서 여유가 있을 것 같고, 생활비는 최대한 절약하면서, 단기 아르바이트도 조금씩 병행하고 현금을 확보한 것이 나중에 도움이 되었는데 학원비와 차비, 병원비 외에는 딱히 지출이 없었을 정도였다.

목표가 하나로 집중되니 오히려 잡생각이 나지 않아 좋았다. 그러면서 어학원 합격 통지, 비자 통지, 학비 지급, 기숙사 비용 납부 등의 순서를 거쳐 항공권을 예매하니 아… 진짜 떠나는구나 싶었다.

덧붙여 학비는 목돈을 갖고 있으면(사람 마음이란 것이 워낙에 간사한지라) 중간에 쓸 것 같아 1년치를 일시불로 납입했고 사설기숙사비로 3개월치만 냈다. 1년 이상 있을 것이었기 때문에 제대로 된 집(?)은 현지에서 구하고 싶었다.

THEME 03. 일본 연수 갈 때, 이렇게 꾸렸다!

본격적으로 연수에 떠나기 2~3주 전부터 짐을 챙길 준비를 시작했다. 나는 건망증이 심한 편이라 조금 넉넉한 시간을 두고 왔다 갔다 하면서 생각날 때마다 하나씩 방구석(?)에 짐들을 쌓기 시작했다.

01 비행기 기내와 수화물 허용 무게

먼저 비행기에 가지고 탈 수 있는 짐은 약 30~50kg 정도이다.

● **기내 반입** : 기내용 트렁크나 숄더백을 이용하면 10kg 정도 반입 가능

　(단, 100ml 넘는 액체류, 눈썹칼, 커터칼, 일회용 라이터, 압축가스 스프레이 등은 불가)

● **수화물** : 일반 수화물 20kg까지. 단체 항공권(유학원, 여행사) 이용 시, 40kg까지 가능.

CHECK

기내반입 금지 품목

① 총기류 : 압력총, BB권총, 섬광총 등 폭발에 의해 발사되는 모든 무기
② 칼 : 위험하다고 판단되는 군도, 검, 사냥칼, 기타 도검류
　　　　(다용도 칼, 커터칼은 수화물로 발송 가능)
③ 곤봉류 : 경찰봉, 가죽으로 싼 곤봉 또는 유사품
④ 폭발물 및 탄약 : 판매용 또는 사제폭발물, 탄약, 기타혼합제품
⑤ 인화물질 : 폭발 또는 발화가 가능한 인화물품, 기타 혼합물품
　　　　　　(헤어 스프레이, 살충제, 딱성냥, 일회용 라이터 등은 NG)
⑥ 가스및 화학물질 : 최루탄, 신경가스, 기타 화학가스, 유독성물질
⑦ 기타 위해물품 : 가위, 면도날, 얼음송곳 등 무기로 사용 가능한 물품
　　　　　　(모형 무기 또는 폭발물 포함)
⑧ 액체류 : 용기 1개당 100ml 이상, 1인당 1L 이상 반입 불가

---

02 챙길 짐의 종류는?

짐을 싸는 가방은 총 3가지이다.

- **숄더백** : 항공권이나 서류 등을 챙김
- **기내용 캐리어** : 비행기 안에 가져가야 하므로, 가벼운 옷가지, 생필품 등을 챙긴다.
- **수화물용 이민가방(혹은 캐리어)** : 나머지

기내용 트렁크나 이민가방은 인터넷을 이용해 저렴하게 살 수 있다. 가급적 검정색이나 어두운 색은 피하고 화려하고 눈에 띄는 디자인을 선택하는 것이 나중에 자신의 짐이 공항에서 섞이는 것을 막을 수 있다. 그리고 본인의 트렁크나 이민가방에는 반드시 이름과 연락처, 주소가 적힌 Name Tag을 달아놓는다.

CHECK

초과되는 무게의 짐은 소포로 보내자!

짐을 챙기다 넘칠 것 같다 싶으면 EMS 등을 이용해 소포로 보낼 수 있으니, 전부 다 안고 가려고 무리하지 마세요.(10kg = 40,100원 소요, 3~4일 내외) 또 계절용품들은 EMS로 받는 것이 오히려 수월합니다. 인터넷을 보면 모든 짐을 전부 들고 가려고 아등바등하는 글들이 많은데, 당장 가서 사용할 짐 위주로 챙기고, 그다지 필요하다는 생각이 들지 않을 때는 과감히 포기하세요.

03 짐 싸기 : 체크리스트 (○= 중요, △= 있으면 좋고, X = 현지 구입)

구분	제품	필요도	체크	구분	제품	필요도	체크
문서	여권(비자)	○		생활 용품	샴푸, 린스, 샤워젤 등	X	
	항공권	○			슬리퍼	○	
	신용카드	○			빗	○	
	재류자격인정서	○			거울	○	
	입학확인서	○			가방	△	
	증명사진	○			두루말이 휴지	△	
	국제운전면허	△			우산	X	
	현금	○			동전지갑	○	
	도장	△		식품	고추장, 된장	○	
	기숙사 입실증	○			캔	X	
	국제현금카드	△			조미료	△	
생활 용품	속옷	○			김	△	
	겉옷	○			믹스커피	X	
	이불	○			라면	X	
	선글라스	△		전자 용품	카메라	○	
	반짇고리	○			노트북(넷북)	△	
	손톱깎기	○			충전기	○	
	면봉(귀이개)	X			드라이기, 매직기	X	
	화장품	○			변압기	X	
	생리대	△			전기장판	○	
	콘택트렌즈, 안경	○			전기면도기	△	
	칫솔, 치약	○			플러그	○	
	상비약	○			인터넷 전화기	△	
	수저	△			USB	○	
	그릇	X		기타	참고서	○	
	냄비	X			가이드북	○	
	때수건	△			문구류	○	
	타올	○			전자사전	○	

04 짐 챙기는 노하우 전수

● 서류와 도장 챙기기

짐을 챙길 때 반드시 가져가야 하는 서류 종류는 파일에 차곡차곡 모아 놓는다. 여권번호
는 메모지에 따로 적어 보관하는 것이 좋다. 그리고 아직까지 일본은 서류에 도장을 찍는
문화가 남아 있어 한자 이름이 새겨진 도장을 하나 준비하는 것도 좋다.

● 출금용 현금카드 챙기기

될 수 있으면 현지에서 카드를 사용하지 않는 편이 좋으나 하나 정도는 비상용으로 챙기
도록 하자. 현금카드의 경우 해당 은행 ATM기에서 사용이 가능하지만 ATM 기기가 생각
보다 많지 않으므로 출금할 때 불편은 감수해야 한다. 그러나 유학 중 학비나 용돈을 송금
받을 때 수수료가 적게 드는 편이라 준비하는 것이 좋다.

● 비닐 압축팩과 옷 챙기기

옷과 이불류는 홈쇼핑이나 인터넷에서 판매하는 비닐 압축팩을 이용하여 압축하면 부피
가 1/3로 줄어든다. 이불은 가볍고 따뜻한 소재가 좋고, 추위를 많이 타는 사람은 얇은 이
불을 하나 더 가져가는 것이 좋다. 옷 가격은 한국과 비슷하니, 굳이 이것저것 넣을 필요
는 없다. 여름 속옷은 가급적 많이 챙기는 것이 좋다. 왜 이렇게 속옷(응?)을 많이 챙기는
가 하니….

또 겨울에는 영하로 내려가는 날씨가 적으나 바람이 많이 부는 관계로 코트 안에 덧입는
스웨터나 카디건 등을 챙기는 것이 좋다. 일본 여성들의 사이즈가 한국보다 한두 치수 적
은 것을 감안해 키나 등빨(?)이 조금 있는 분들은 옷을 조금 더 챙기는 것이 좋다. 특히 골
반이 작은 일본인들의 특성상, 하의들이 말도 안 되는 사이즈일 때가 있다.

그리고 실제 내가 일본에 가서 곤란했던 것 역시 사이즈… 때문이었다.

아무렇지도 않게 친절하고 순수한 눈망울을 한 직원의 말에 차마 화도 내지 못한 본인은
그렇게 바지 사는데도 진땀을 빼야했고… 이 가운데서 나를 경악스럽게 만들었던 것은….

일본에서 'L' 사이즈 치마를 입어야 했던 친구의 우울한 모습을 보니 가슴이 짜르르한 것이 남의 일 같지가 않더라는 것이다. 충격 카운터 펀치는 여기서 끝이 아니었으니….
메가톤급 충격 핵폭탄은 그 뒤에 있었다.

일본 남자들의 경우, 바지가 발목까지 오는 초스키니를 즐겨 입는다는 것이다. 한 번은 슬림한 보디를 자랑하는 아는 (여자)친구에게 입어보라 권했더니….

속옷이나 기본 셔츠는 색상과 사이즈가 다양하고 저렴한 유니클로에서 많이 구입한다.

녀석이 입은 모습을 보아하니… 들어가긴 했는데… 엉덩이 부분이… 살포시… 찢어져 있는 것이 아닌가?(녀석은… 우리나라에서 나름 44 입었는데…) 뭐… 일본에서는 이런 초미니 사이즈를 입다보니 한국 연수생들은 가급적 자신의 사이즈에 맞는 면바지나 청바지를 여벌로 챙겨오는 것이 좋겠다.

"일본 남자들은 골반도 작고 어깨도 참 좁고… 크흑…."

● 화장품과 기타 세면도구, 그리고 상비약은?

화장품, 샴푸, 린스, 세제, 세면도구 등은 한국과 가격이 별반 차이가 없다. 도착해서 사용할 며칠분의 제품만 샘플로 챙기고, 현지에서 구매를 하는 편이 짐의 무게를 줄일 수 있다. 상비약은 꼭 챙겨야 하는 부분으로, 유학생 중에는 이른바 '물갈이'를 하거나, 음식이 안 맞아 고생을 하는 경우가 꽤 많다.

Q&A

Q. 일본에서의 물갈이?

A. 환경이 완전히 바뀌는 지역으로 여행을 갈 때, '물이 안 맞는다'라는 표현을 하는데, 이유 없이 소화가 안 되거나, 두드러기 같은 알레르기가 생기는 증상을 말합니다. 이는 모두 바뀌는 환경에 적응을 못해 생기는 증상들입니다. 이 증상은 시간이 지나면 조금씩 회복되니 걱정하지 마세요.

게다가 환경이 갑자기 바뀌는 터라 감기도 잘 걸린다. 일본에서 건강보험에 가입한다 하더라도 병원비, 약값이 비싼 편이기에 상비약은 꼭 챙기도록 하고, 겨울에 출발하는 사람들은 인플루엔자 예방접종을 반드시 하도록 하자. 타지에서 아픈 것만큼 서럽고 힘든 것이 없다.

● 가장 중요한 먹을거리는?

식품류는 고민이 되는 부분인데 도착해서 일주일 정도는 밥을 해 먹을 정신이 없을 수 있다는 것도 염두에 두자. 기본적으로 고추장, 된장, 조미료 등을 챙겨가고 오래 두고 먹을 수 있는 밑반찬도 챙기는 편이 좋다. 식재료는 동네 슈퍼에서 구입이 가능하고, 된장이나 고추장 등도 한인타운 혹은 조금 큰 규모의 슈퍼에 다 들어와 있다. 단, 가격은 조금 비싸다.

캔제품, 인스턴트 식품류는 일본에도 있고 무게가 많이 나갈 수 있기 때문에 급하지 않으면 나중에 EMS 등으로 받는 것이 나을 수 있다. 또 포장김을 챙겨두면 반찬 대용으로 유용하게 먹을 수 있으며, 평소 즐겨 먹던 라면이나 즉석 요리류도 있으면 든든하다.
만약 조리도구인 칼을 가져갈 경우, 기내 반입이 안 되므로, 케이스가 있는 작은 사이즈의 칼을 수화물로 보내도록 한다.

● 전자제품 챙겨가기

전자제품 중 가장 중요한 것은 '돼지코(110V 플러그)'로, 2~3개 여분으로 준비하자. 한 가지 경악할만한 사실은 우리 동네 철물점에서 하나에 300원~500원 정도로 흔하게 구할 수 있는 돼지코가 일본에서는 몇 배 이상의 가격을 줘야 구입이 가능하고, 파는 곳도 많지 않다는 것이다. 또 카메라나 면도기의 충전기는 반드시 110V/220V 겸용인지 확인해야 한다.

우리 동네에서 두 개 500원 하는 것이 일본에서는 귀하신 몸이라고?

전기장판은 일본에서 겨울을 나기 위한 필수품이다. 일본은 바닥난방이 아니라 전부 히터로 난방을 하기 때문에 난방기를 켜면 금방 훈훈해지지만, 끄는 순간 뼈에 스미는 한기에 몸이 다 떨린다. 온돌 문화에 익숙한 우리는 바닥이 차가운 일본의 겨울이 무엇보다 견디기 힘들다. 일본의 겨울은 영하로 내려가는 날이 잘 없음에도 불구하고, 유학생들이 하나같이 '겨울이 너무 춥다'라고 하는 것은 이와 같은 난방 문제 때문이다. 따라서 질 좋은 국산 전기장판은 110V /220V 겸용을 확인한 후 하나 구매하도록 한다.
드라이기, 면도기 등의 소형가전은 110V 겸용이 아니라면, 굳이 가져가지 말고 현지에서 저렴한 제품을 사는 편이 낫다. 변압기 역시 마찬가지다. 예전에는 휴대용 변압기를 가져가는 학생들이 많았으나, 요즘 가전은 거의 현지에서 구입을 하게 되므로 굳이 가방에 넣지 않기를 바란다.

● 전화기와 일본어 교재는?

인터넷 전화기는 가족, 친구들과의 연락에 이용되므로 한국에서 구입하되, 각 통신사별로 저렴한 상품을 내놓고 있으니 꼭 가격비교를 해 보도록 하자. 최근 스마트폰의 보급으로 'Skype'도 많이 이용하고 있다.

어쨌든 오랜 시간 타지에 있다 보면, 가족과 친구의 목소리가 참 그립기 때문에 비용 부담 없이 전화 한 통 하는 것은 향수병 예방에도 도움이 된다.

일본어 교재는 어학교에서 사용하는 것이 있지만, 상세한 설명이 담긴 한글 교재를 한 권 챙겨 두는 것이 편하다. 수업이 전부 일본어라 간혹 못 알아듣거나, 이해가 안 되는 부분은 한글 교재에서 도움을 받을 수 있기 때문이다. 또한 연습장, 필기용 노트 그리고 필기도구는 국내제품이 저렴하면서도 질이 좋기 때문에 한두 권 여분으로 챙겨두는 것이 좋다.

● 일본 지역 가이드북은?

어학연수 가는 지역의 가이드북도 한 권 챙겨 보는 것은 어떨까?

본래 현지 어학연수의 진정한 의미는 살아있는 언어를 익히는 것이다. 이 언어를 익히는 것에는 단순히 방콕한 상태로 어학교, 집, 어학교, 집만을 왕복하며 공부하는 것이 아니라 현지의 여기저기를 다니면서 생생한 문화를 보고 듣고 체험하는 것이다.

05 환전은 어떻게?

우스갯소리지만… 일본 현지에서 우리나라 '원' 을 주고 물건을 구입하는 '용자' 는 없으리라 생각한다. 때문에 일본 현지에서 사용할 돈을 위해서는 환전을 해야 한다.

이때는 일본 내의 은행보다 국내 외환은행이나 국민은행 등을 이용하는 것이 환율이나 수수료에서 유리하다. 특히 주거래 은행이 있는 사람들은 수수료 추가 혜택을 받을 수 있어 주거래 은행에서 환전할 것을 권한다.

환전을 할 때는 '현금을 얼마나 가지고 갈 것인가?' 의 점도 염두에 둬야 한다.

가급적이면 3개월치 생활비를 환전하는 것이 정답이다. 도착해서 바로 아르바이트를 한다고 해도 그것이 가능할지는 직접 부딪쳐 봐야 하는 일이고, 아르바이트를 위해서는 '자격외활동허가서' 를 신청하고, 은행 계좌를 만드는 등의 절차도 필요하다. 무엇보다 도착해서 짐 정리, 학교 입학식 등 현지생활에 적응하려면 아무래도 시간이 걸린다.

CHECK

일본에서 지출되는 비용은?

크게 3가지를 생각할 수 있겠습니다. 지출 내역은 바로 학비와 집세, 생활비 부문에 해당됩니다. 학비는 한국에서 일정 부분 지불을 하고, 집세도 3개월 정도는 미리 정산을 하는 것이 좋아요. 생활비는 개별 차이는 있겠으나 1개월에 대략 5~7만 엔 사이입니다. 대신, 첫 달에 짐 정리를 하면서 생각지 못한 지출이 생길 수 있으므로, 현금으로 20만 엔 정도 준비해 두는 것이 좋겠습니다.

미니북 한일상식 – 일본화폐편

- 지폐 : 1,000엔, 2,000엔, 5,000엔, 10,000엔(총 4종)
- 동전 : 1엔, 5엔, 10엔, 50엔, 100엔, 500엔(총 6종)

2,000년 밀레니엄을 기념하여 만들어진 '2,000엔' 지폐는 현재 거의 사용되지 않고 있습니다. 또 일본 동전은 그 종류가 무려 6종이나 되기 때문에 칸이 분리된 동전지갑을 사용하는 것이 유용합니다. 일본에서 처음 생활할 때는 동전이 너무 많아 물건을 사러 편의점에 가서 한참 버벅거린 경험이 있습니다. 이렇게 일본 동전에 대해서 한국 유학생들끼리는 500엔이 500원으로 보이면 일본 화폐에 드디어! 적응한 것이라는 우스갯소리도 있습니다.

하루 만에 지갑을 배불뚝이로 만들어 버리는 일본의 동전들

이렇게 짐을 하나씩 챙기고 나니 시간이 흘러 출발 전날이 되자 부모님께서 참 속상해 하셨다. 남들처럼 전폭적인 지원을 해 줄 수 없다는 것에 어머니는 눈물을 보이기도 했다. 아마도 부모님 마음에는 뭔가 해 주고 싶으셨던 것이리라. 그리고 이 기억은 일본에 연수를 가서도 여운처럼 남아 더 열심히 공부를 하게 했던 원동력이 되어 주었다.

"나 잘 갔다 올게!!!!!!" 

드디어, 출발하는 날 이른 아침.
나를 배웅하기 위해 멀리서 일부러 새벽걸음을 하신
이모님, 그리고 부모님과 함께 공항으로 출발했다.
자신의 딸도 멀리 유학 보낸 이모님은 자식이 떠난
후 허전한 부모의 마음을 위로하고 싶으셨는지, 감사
하게도 부모님 곁에서 이런저런 이야기를 해 주셨다.
또 내게 몰래 용돈을 주시기까지 해서 얼마나 감사했
는지 모른다. 어른들께서 쥐어주신 용돈이 그만큼 큰
부담이자, 열심히 하라는 당부로 느껴졌다.

짐이 많으니 자가용을 이용해 공항을 가는 것이 편
하다. 그렇지 않다면 홍대역에서 출발하는 공항철도
를 이용해 보는 것도 좋다.

공항에서 괜히 눈시울이 따끈해졌지만, 울면 부모님을 더 걱정시켜 드릴 것 같아 기운차
게 웃으며 손을 흔들었다.

THEME 01. 공항의 출발 지점에 서서…

공항 출발 라운지로 들어서면 A열부터 주르륵 항공사별 탑승수속을 위한 카운터가 나열되
어 있다. 김포국제공항이나 김해국제공항은 출발 카운터가 작아서 금방 해당 항공사의 카
운터를 찾을 수 있다. 하지만 인천국제공항의 경우, 그 방대한 규모로 인해 허둥대기 십상
이다. 때문에 출발 카운터가 광활(?)하다고 당황하지 말고 중앙에 있는 전광판, 안내판, 혹
은 안내데스크에 직접 물어보도록 하자.

체크인 카운터에 도착해서 전자항공권과 여권을 제시하면 그때부터 일사천리로 수속이 진
행되고 담당자가 수화물 발송과 탑승권 발권 주의사항들을 알려준다. 단체수속을 하지 않
고 개인적으로 항공권을 예매한 사람은 왼쪽(A, B열) 창가자리를 달라고 해 보자. 내릴 때
쯤 하늘에서 후지산의 절경을 감상할 수 있다.

짐을 보낸 후 가벼운 마음과 함께 출국장으로 향하자. 세관신고, 보안검색, 출국심사까지 마치면 눈앞에 펼쳐지는 면세점의 절경(?)에 잠시 눈이 부시다. 화장품이나 가방, 전자제품들이 눈에 아주 쏙쏙 들어오기에 잠시 녀석들에게 위로를 받아보는 것도 좋다는….

인천공항 출발로비. 너무 넓어서 매번 헤매게 된다.

국내공항 출국순서 한눈에 살펴보기

① 탑승수속 : 전자항공권과 여권 확인 후 전자항공권은 탑승권(보딩패스)으로 바꿔준다.
  - 준비 : 전자항공권(e-tiket), 여권
  - 체크인 카운터 : 항공사별 체크인 카운터는 전광판을 확인
  - 수화물 발송 : 다시 한 번 가방 안에 금지 물품이 없는지 확인
  - 국제선 탑승수속시간 : 출발시간 2시간 전부터 수속을 시작하고, 출발 40분 전에 마감
                여유 있게 2시간 전에 도착하는 것이 좋다.
② 세관신고(해당자) : 여행경비 1만 불 이상 지참 시, 지정거래 외국환 은행장의 확인
③ 보안검색 : 휴대품 X-Ray 검사, 문형탐지기 통과
④ 출국심사 : 여권, 탑승권 제시
⑤ 탑승

THEME 02. 일본 입국신고서 작성하기

출발 30분 전, 탑승 게이트 앞에서 탑승이 이루어진다. 새벽잠을 설친 탓인지 자리에 앉자마자 피로와 함께 졸음이 밀려왔다.
일단 기내식이 나오기 전에 '일본출입국신고서'와 '세관신고서'를 작성해 두고 쉬도록 하자. 신고서는 스튜어디스들이 한국인용, 외국인용을 구분해서 나누어 준다.

탑승 게이트 앞.

 외국인출입국신청서(견본)

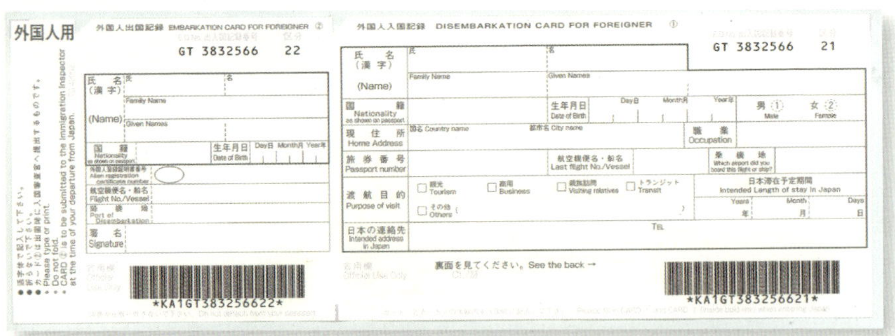

 외국인입국 기록(앞면) 예시

이름 (한자)	성 洪	이름	吉童		
	성(영문) Hong	이름(영문)	Gil-Dong		
국적	Korea	생년월일	24(일)/12(월)/80(년)	남 V 여 □	
주소지	국가명 KOREA(韓国)　도시명 SEOUL(ソウル)			직업	Student (学生)
여권번호	●●●	항공기편명	●●●		
도항목적	□관광 □상용 □친족방문 □환승 V기타(長期語学研修 장기어학연수)		일본체재예정기간		
			년　월　일		
일본연락처	일본어학원명 語学学校　　전화번호 000 - 000 - 000				

외국인입국 기록(뒷면) 예시

이하의 질문에 해당하는 란에 체크를 넣어주십시오.

1. 당신은 일본에서 퇴거강제, 출국명령에 의해 출국 혹은 일본 상륙을 거부당한 일이 있습니까?
　□ 예 yes　　∨ 아니오 No

2. 당신은 일본 및 일본 외의 나라에서 형사사건에 유죄판결을 받은 적이 있습니까?
　□ 예 yes　　∨ 아니오 No

3. 당신은 현재, 마약, 대마, 아편, 각성제 등이나 기제약물, 총검류, 화약류 등을 소지하고 있습니까?
　□ 예 yes　　∨ 아니오 No

4. 당신은 현재 현금을 어느 정도 소지하고 있습니까?
　＿＿＿＿●●●＿＿＿＿ (엔, 달러, 원 기타)

이상의 기재내용은 사실과 같습니다.

서명 ＿＿＿＿＿＿ (본인서명) ＿＿＿＿＿＿

03 외국인출국 기록 예시

이름(한자)	성 이름　洪吉童		
	성(영문) Hong		
	이름(영문) Gil-Dong		
국적	韓国	생년월일	24(일) 12(월) 80(년)
항공기편명	●●●		
서명	(본인서명)		

(A면)

일본국세관
세관 양식 C 제 5360-C호

휴대품·별송품 신고서

하기 및 뒷면의 사항을 기입하여 세관직원에게 제출하여 주시기 바랍니다.
가족이 동시에 검사를 받을 경우에는 대표자가 1장 제출하여 주시기 바랍니다.

탑승기편명 (선박명)		출발지	
입국 일 자	년	월	일
성 명 (영문)	성 (Surname)	이름 (Given Name)	
현 주 소 (일본국내 체류지)			
	전화번호	( )	
국 적		직 업	
생년월일	년	월	일
여권번호			
동반가족	20 세 이상	6 세 ~ 20 세 미만	6 세 미만
	명	명	명

※아래 질문에 대하여 해당하는 □ 에 "✓"표시를 하여 주시기 바랍니다.

1. 다음 물품을 가지고 있습니까?

	있음	없음
① 일본으로 반입이 금지되어 있는 물품 또는 제한되어 있는 물품 (B면을 참조).	□	□
② 면세 범위 (B면을 참조)를 초과하는 물품 등.	□	□
③ 상업성 화물·상품 견본품.	□	□
④ 다른사람의 부탁으로 대리 운반하는 물품.	□	□

* 상기 항목에서 「있음」을 선택한 분은 B면에 입국시에 휴대반입할 물품을 기입하여 주시기 바랍니다.

2. 100만엔 상당액을 초과하는 현금 또는 유가증권 등을 가지고 있습니까? 있음 □ 없음 □

* 「있음」을 선택한 분은 별도로 「지불수단 등의 휴대 수출·수입신고서」를 제출하여 주시기 바랍니다.

3. 별송품 입국할 때 휴대하지 않고 택배 등의 방법을 이용하여 별도로 보낸 짐 (이삿짐을 포함)등이 있습니까?

□ 있음 (개) □ 없음

* 「있음」을 선택한 분은 입국시에 휴대반입할 물품을 B면에 기입한 후 이 신고서를 2장 세관에 제출하여 세관직원의 확인을 받아 주시기 바랍니다. (입국후 6개월이내에 수입할 물품에 한함)
세관에서 확인을 받은 신고서는 별송품을 통관시킬 때 필요합니다.

《주의사항》

해외에서 구입한 물품, 다른사람의 부탁으로 운반하는 물품 등 일본으로 반입하려고 하는 휴대품·별송품에 대해서는 법률에 의거하여 세관에 신고하여 필요한 검사를 받아야 합니다.
또한 신고 누락, 허위 신고 등 부정한 행위가 있으면 일본 관세법에 따라 처벌을 받을 수 있습니다.

이 신고서 기재내용은 사실과 같습니다.

서 명

(B면)

※입국시에 휴대반입할 물품을 하기 표에 기입하여 주시기 바랍니다. (A면 1 및 3에서 다 「없음」을 선택한 분은 기입할 필요가 없습니다.)

* (주의)「기타품명」란에는 개인적으로 사용할 물품에 한하여 1 품목당 해외 시가의 합계액이 1만엔 이하인 경우에는 기입할 필요가 없습니다.
또한, 일본으로 별도로 보낸 물품 내용도 기입할 필요가 없습니다.

주 류			병	＊세관 기입란
담 배	궐 련		개비	
	엽궐련		개비	
	기타		그램	
향 수			온스	
기타 품명	수 량	가 격		

＊세관 기입란

엔

◎ 일본으로 반입이 금지되어 있는 물품
① 마약, 향정신성의약품, 대마, 아편, 히로뽕, MDMA 등.
② 권총 등의 총포, 총포탄, 권총부품.
③ 폭발물, 화약류, 화학 병기의 원재료.탄저균 등의 병원체 등.
④ 지폐, 화폐, 유가증권, 신용카드 등의 위조품.
⑤ 음란잡지, 음란DVD, 아동포르노 등.
⑥ 가짜명품, 해적판 등의 지적 재산권을 침해하는 물품.

◎ 일본으로 반입이 제한되어 있는 물품
① 엽총, 공기총 및 도검류.
② 워싱턴 조약에 따라서 수입이 제한되어 있는 동식물 및 이들로 만든제품(악어·뱀·땅거북·상아·사향·선인장 등).
③ 사전에 검역 확인이 필요한 살아있는 동식물, 육제품 (소시지 햄·말린 쇠고기를 포함함), 채소, 과일, 쌀 등.
＊사전에 동식물검역카운터에서 확인할 필요가 있습니다.

◎ 면세범위 (승무원은 제외함)
• 주류 3 병 (1 병당 760ml 정도)
• 궐련.외국제 및 일본제 각각 200개비.
  (비거주자인 경우 각각 2배가 됩니다.)
  * 단, 2 0 세살 미만인 경우 주류 와 담배가 면세되지 않습니다.
• 향수 2 온스 (1 온스 약 2 8 ml)
• 해외 시가의 합계액이 2 0 만 엔을 넘지 않는 물품.
  (입국자가 개인적으로 사용할 물품에 한함)
  * 「해외 시가」는 해외에서 구입한 가격을 말합니다.
  * 한개에 2 0 만엔을 초과하는 물품의 경우에는 전액에 대하여 과세됩니다.
  * 6 세 미만의 어린이는 장난감 등 본인이 사용할 것 이외의 물품은 면세 대상에서 제외됩니다.

일본으로 입국 (귀국) 하는 모든 분들은 법률에 의거하여 이 신고서를 세관직원에게 제출할 필요가 있습니다.

스튜어디스에게 한국어라고 하면 한글신고서를 준다.

작성을 마치고 나면 출입국신고서와 세관신고서(휴대품별송품신고서)는 여권에 끼워 넣는다.

신고서 작성을 위해 주요사항을 메모하자!

신고서를 작성하려면, 항공권이나 여권, 혹은 학교 주소록과 같은 주요 서류들을 찾기 위해 본인이 가져온 가방이나 짐을 모조리 뒤져야(?) 하는 번거로움이 있습니다. 때문에 메모지에 미리 해당 사항을 적어두세요. 적어놓은 사항들 – 집주소나 학교 주소, 여권번호, 같은 사항 – 비행기에서뿐만 아니라 앞으로도 여러 곳에서 작성이 필요하니, 미리 한 곳에 메모해 두도록 합니다.

이제 모든 작성을 마쳤다면 스튜어디스들이 나눠주는 기내식을 먹고 편안히 잠드는 일만 남았다.

"식사를 마치니… 나의 몸을 부드럽게(음?) 만져주는 요놈의 잠들…." 졸려~

(흠… 먹은 기내식… 다 살로 가면 안 되는데…)

기내식.
이거 먹으면 폭풍 같은 졸음이 쏟아진다니까?

날씨 좋은 날은 비행기에서 후지산이 보인다.

여권 커버는 어떤 것이 좋을까?

한동안 모양이 예쁜 여권 커버가 유행했었는데요. 출입국심사 시에는 커버를 전부 제거하고 여권만을 제출해야 합니다. 따라서 여권을 감싸는 스타일의 커버보다는 여권과 탑승권, 바우처 등이 들어가는 다소 여유가 있는 장지갑 스타일의 커버를 이용하는 것이 편리합니다.

출입국신고서, 세관신고서

신고서 작성을 위해 주요사항들을 미리 메모해 두고, 비행기 안에서 나눠주는 신고서를 미리 작성해 여권 사이에 끼워두세요!

비행기내 면세점

환율이 상승곡선에 있다면 기내면세점을 이용하는 것도 괜찮습니다. 기내 면세점은 한 달에 한 번씩 환율이 갱신되어 전달 환율이 적용되므로 여러모로 유익한 것이 많습니다. 비록 제품군은 다양하지 않지만 어지간한 스테디셀러들은 다 구비되어 있습니다.

THEME 01. 공항 내 입국심사

비행기에서 내리면 소독약이 뿌려진 카펫과, 열카메라 앞을 지나면 검역이 끝이다. 입국심사대까지 가는 중간에 환승하는 승객들과 구분이 되는 곳이 있는데, 넋 놓고 있다가 따라가지 않도록 주의해야 한다.

CHECK

일본공항에서 입국 절차 한눈에 살펴보기

① 검역 : 소독약이 뿌려진 카펫과 열카메라 앞을 지납니다.
② 입국심사
  ● 준비 : 출입국신고서, 여권(비자)
③ 수화물 픽업 : 입국심사장을 나오면 보이는 대형 전광판에 비행기편명과
              해당 픽업 장소가 표시됩니다.
④ 세관검사
  ● 준비 : 휴대품별송품신고서, 여권
⑤ 도착 로비

입국심사대에서는?

① 입국심사대에서 출입국신고서와 비자가 부착된 여권을 제시하세요.
② 심사 시, 지문 등록과 사진 촬영이 있습니다.
③ 제시했던 출입국신고서 중 입국신고서는 가져가고, 출국신고서는 여권에 붙여줍니다.
④ 상륙허가 스티커를 여권에 붙여줍니다.
⑤ *체류카드(在留カード)를 발급해 줍니다.
⑥ 유학비자를 가지고 있으면 별다른 질문 없이 여권을 돌려주고 통과시켜 줍니다.

Q. 체류카드란?

A. 외국인용 신분증으로, 유학비자를 사전에 교부 받는 3개월 이상의 중장기 유학생들에게 교부됩니다. 나리타, 하네다, 주부, 간사이공항 입국자에 한하며 기타 입국자는 추후 교부합니다.
이 제도는 2012년 7월 9일부터 실시되었으며, 그 이전에는 '외국인등록증' 이라는 이름으로 유학생들이 거주지의 시, 구청 등에서 신청했었습니다. 체류카드에는 거주지 등록이 되어있지 않으므로, 입국 2주 이내 인근 구청(区役所)에서 거주지 신고를 해야 합니다.

입국심사장을 나오면 전광판에 비행기편명과 수화물이 나오는 위치를 알려주는 전광판이 있으니 짐을 찾아 세관구역을 통과한다. 세관원에게 여권과 휴대품별송신고서를 보여주면 바로 통과시켜 준다. 도착 로비로 나오면 그때부터가 본격적인 패닉의 시작이다.

하네다공항 도착 로비.
새로 오픈한지 얼마 되지 않아서 깨끗하다.

THEME 02. 숙소까지 이동, 어떻게 하지?

유학원과 단체출국하는 유학생들은 인솔자를 따라 숙소까지 이동이 가능하지만, 개별 출국하는 이들은 혼자 움직여야 하기 때문에 도착 로비에서 어디로 가야할지 당황하기 마련이다. 이 도착 로비라는 녀석은 처음이나 여러 번이나 도착하는 순간부터 연수생들을 패닉 속에 빠트리는 기가 막힌 놈이다.

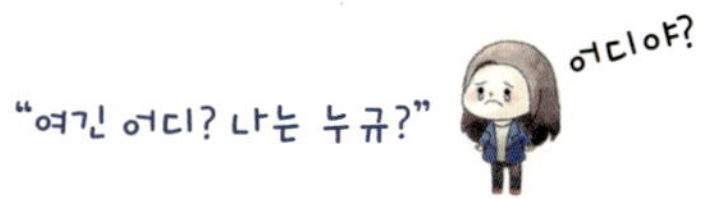

짐이 많기 때문에, 이동은 리무진 버스나 고속전철(나리타 익스프레스, 스카이 라이너 등)을 이용해 도심까지 이동하도록 한다.
사설기숙사를 신청한 경우, 기숙사 측에서 리무진 버스 정류장이나 역 앞까지 마중을 나와 준다. 인터넷에서 룸메이트 게시물로 방을 예약한 사람들은 자세한 약도 등을 받아 두는 것이 좋다.

공항에서 주요도심까지 이동수단(한글 지원 홈페이지)

- 나리타 익스프레스 : www.jreast.co.jp/nex
- 스카이 라이너(KEISEI 전철) : www.keisei.co.jp
- 리무진 버스 : www.limousinebus.co.jp
- 간사이공항 리무진 버스 : www.kate.co.jp

출발	도착	이동수단	비용(JYP)	시간	승차장
나리타공항	신주쿠역	리무진 버스	3,000	84~145분	도착 로비 1층
나리타공항	신주쿠역	나리타 익스프레스(N'EX)	3,110	83분	공항 제2빌딩역
나리타공항	우에노역	스카이 라이너	2,400	60분	공항 제2빌딩역
하네다공항	신주쿠역	리무진 버스	1,200	35~75분	도착 로비 1층
간사이공항	오사카역	리무진 버스	1,500	50~60분	도착 로비 1층

리무진 버스는 도착 로비에 티켓 판매소가 있고, 영어, 한국어로 대응이 가능하다. 1층 정류장에서 버스를 기다리는 동안, 직원들이 내 짐에 표식을 붙이며 목적지를 확인한다.
이제 버스를 타고 현지에서 생활해야 할 도시의 모습을 감상하며….
잠시 졸도록 하자.

나리타공항 도착 로비.
정면에 리무진 버스 티켓구매처와 나리타 익스프레스 티켓구매처가 보인다.(한글OK)

나리타 익스프레스 도착

숙소 짐 정리부터 현지 적응 준비하기

숙소에 도착했다면 안내받은 본인의 방에서 짐 풀 곳을 확인한다.

"흠… 2층 침대, 작은 책상, TV, 옷장, 서랍장이 있군."

위에 갖춰져 있는 가구(?)들이 기숙사 방의 기본적인 비치 물품이다. 방을 한 번 훑어봤다면 이제는 짐을 꺼내 정리를 하고, 본인에게 필요한 물품을 사러 나가자.

"먼저! 간편하게 이용할 수 있는 Shop으로 가 보는 거야!"

THEME 01. 초반 현지생활을 도와줄 생필품 가게

01 100엔샵(100円ショップ)

우리나라에 런칭되어 익숙한 DAISO를 비롯 '100엔샵' 이라는 타이틀을 갖춘 잡화점이 동네 곳곳에 포진되어 있다. 이곳에는 생활잡화, 문구류, 과자류까지 없는 것이 없고, 요즘 같은 고물가 시대에 100엔(세금 포함 105엔)으로 구매할 수 있도록 도와주는 착한 가게가 아닐 수 없다.

다이소

"지저스 크라이스트! 105엔에 생필품 구입이 가능하다고?"

특히나 이곳에서는 플라스틱 제품부터 타올, 발수건(?) 등 작은 아이템을 구입하기 좋다.

돈키호테, 밤 늦게까지 좋은 24시간
영업하는 곳이 많아 편리하다.

02 돈키호테(ドンキホーテ)

대형 마트인 돈키호테는 제품들이 천장까지 쌓여있는 어지러
운 진열대가 인상적이다.
무엇보다 특이한 것은…

"돈~돈~돈~ 돈키~호테~"

이게 뭐냐고? 바로 돈키호테 가게 안에서 흘러나오는 특이하
면서도 중독성 강한 가게 배경음악(?)이다.(가게에 들어가서
깜짝 놀라지 마시라!)
이곳은 가격이 팍팍! 할인된다고는 할 수 없지만, 저렴한 제품
들이 많아서 부담 없는 곳으로, 인스턴트식품, 전자제품, 이불
등을 쉽게 살 수 있다.

03 무지루시(無印良品)

국내에도 이미 런칭되어 있는 'MUJI', 비교적 가격이 저렴하고 튼튼한 가구나 작은 공간까지 활용
하게 해 주는 수납 박스들이 주 상품이다.

실용적인 디자인이 많은 IKEA.
가구 좋아하는 사람이라면 아이쇼핑도 강추.

04 IKEA

초기에 원룸을 얻어 바로 가구를 구매해야 하는 경우, DIY 전
문 브랜드 IKEA를 이용해 보자. 쇼룸이 치바, 사이타마 등 외
곽에 있긴 하지만, 실용적이면서 감각적인 디자인의 가구를
저렴한 가격에 구매할 수 있다. IKEA의 가구들은 직접 조립할
수 있게 만들어져 있으며, 추가 요금을 지불하면, 배송 및 조
립 등의 서비스를 받을 수 있다.

05 Drug Sotre(약국)

일본의 약국은 화장품, 건강음료, 생필품 등도 함께 판다. '다이코쿠 드럭(ダイコクドラッグ)', '마츠
모토 키요시(Mastumoto Kyoshi)', '선 드럭(サンドラッグ)' 등이 대표적인 약국 브랜드다. 의외로 일
본약국에는 샴푸, 린스, 왁스 등의 헤어 제품, 목욕용품, 의약품, 잡화, 화장품, 음료 등이 다양한 브
랜드와 기능별로 구비되어 있으니 그 다양함에 놀라지 마시라! 또 가격도 저렴한 편이고, 행사도 자
주 하기 때문에 한 번씩 들려보는 것도 나쁘지 않다!

대표적인 드러그스토어 마츠모토 키요시. 노란간판이 인상적이다.

목욕용품, 화장품, 헤어제품은 종류가 많아 쇼핑이 즐겁다.

다양한 얼굴 팩이 있다. 일본인들은 '콜라겐'이나 '히알루론산' 성분이 들어간 제품을 좋아한다.

기숙사 담당이나, 룸메이트에게 근처에 쇼핑이 가능한 장소를 물어보면 대략 뭐는 어디서 사라는 식으로 알려줄 것이다. 이런 소품들을 사다 나르고 짐 정리를 시작하면 이틀간은 밥 해 먹을 시간도 없다.

"한국인은 밥심! 밥심으로 사는 한국인이 먹지 않으면 정리할 힘도 안 생겨! 일단, 공부도 현지 적응도 힘이 있어야 하지! 열심히 챙겨 먹으며 정리하자!" 밥콜!

THEME 02. 배고프고 시간 없을 때는 뭘 먹을까?

01 편의점

일본은 편의점 천국이다. 정말 다양한 종류의 도시락, 샐러드, 디저트들이 편의점 한 켠을 꽉꽉 채우고 있고, 싼 가격에 비해 맛도 좋다는 것. 시간이 없을 때는 오니기리(삼각김밥) 한두 개와 컵라면으로도 든든하다.

삼각 김밥과 샐러드

편의점 디저트. 한 번씩은 다 먹어봐야지 ♥

02 도시락집

'오리진 벤또(オリジン弁当)', '홋카홋카 테이(ほっかほっか亭)' 같은 도시락 전문점이 역 앞이나 정류소 앞에 자리한 경우가 많으므로, 원하는 반찬들을 담아 계산하면 된다.

03 덮밥집

요시노야(吉野家), 마츠야(松家), 스키야(すき家) 등에서는 일본인들이 좋아하는 덮밥을 아주 저렴한 가격(300~500엔)에 배불리 먹을 수 있다. 가게에서의 주문은 점포 내에 있는 자판기에서 식권을 구입한 후 테이블에 앉아 점원에게 식권을 건네면 된다.

규동(牛丼, 소고기 덮밥)이 유명한 요시노야(吉野家)

규동, 함박스테이크 같이 다양한 종류와 메뉴를 즐길 수 있는 마츠야(松家). 앞구 자판기에서 식권을 구입한다.

미니북 한일상식 – 정찰제와 소비세

우리나라는 제품 표시 가격 안에 소비세(消費稅, 10%)가 포함되어 있으나, 일본은 따로 표기가 되어 있습니다.

"100엔짜리 볼펜을 살 때는, 카운터에서 계산할 때 105엔을 내야 해요!"

소비세는 일괄되게 5%로, 잔돈이 늘어나기 때문에 처음 쇼핑할 때는 가장 귀찮고 번거로웠던 부분이었습니다.(그래서 꼭 동전지갑이 필요했죠.)
또 일본은 정찰제가 일반화되어 있습니다. 1년에 두 번 정도 있는 세일기간을 제외하고, 제품의 가격을 깎아주는 일은 좀처럼 없죠. 대신 세일기간에는 확실하게 50%~70%씩 할인을 하고, 세일 대상 제외품목도 적은 편입니다. 옷이나 가방 같은 의류를 구입할 때는 가급적 세일기간을 이용하는 것이 좋습니다.

THEME 03. 집의 바닥, 다다미(畳)에 적응하기

다다미(畳)는 일본 전통의 바닥 재료로, 왕골이나 짚을 이용해 가로 180cm, 세로 90cm의 판을 이어 붙여 만들어진다. 보통 집의 크기나 방의 크기를 이야기할 때, '3조(3畳)', '5조(5畳)' 처럼 다다미가 몇 장 깔렸느냐를 단위로 사용하기도 한다. 유학생들이 사용하는 기숙사나 원룸의 크기는 보통 4~6조 정도로, 습한 날씨에 환기를 못 시키면, '다니(壁蝨)' 라고 하는 진드기가 생겨 알레르기나 재채기 등을 유발한다.

다다미 바닥

"참, 다다미에 물걸레질을 하면 안 돼! 왜냐고? 곰팡이가 피기 쉬워져! 따라서 다다미가 있는 방에서 생활한다면… 물걸레질 말고 슈퍼에서 다니를 죽이는 살충제를 구입해 한 번씩 바닥에 꼭 뿌리자!"

입학식을 3~4일 앞두고 입국을 했으나, 짐 정리를 하고, 한숨 돌린 후 날짜를 한 번 살펴보라.

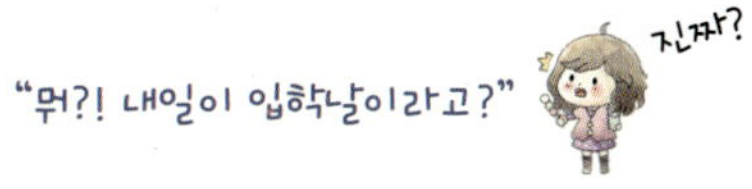

"뭐?! 내일이 입학날이라고?"

일본어라는 외국어를 쓰는 나라에서 장을 보며 물건을 사 나르는 것은 생각보다 피곤한 일이었다. 밥을 사 먹는 문제도 뭔가 편치 않고, 잠드는 순간도 낯설기 짝이 없었다.

"잠 드는 순간도 낯설고, 눕자마자 멘붕·기절 상태였다는…."

학교 가기 전날이 되어 가방을 꾸리면서 새삼스런 감정이 뭉클 샘솟는 것이 아닌가?

"아… 여기 한국 아니지? 나 진짜 어학연수 왔구나."

우선 학교로 가는 약도를 프린트했는데, 한 번도 타 본 적 없는 전철을 타고 처음 보는 역에서 내려 학교에 무사히 도착할 수 있을지 걱정이 앞섰다. 어디서 전철을 타고 내리는지 역은 봐 두었지만 영 자신이 없는 상태로 다음날이 밝았다. 내가 다닌 학교는 전철역 1정거장 사이에 두 개로 나누어진 학교였다. 어느 역에 내리든 약도상에는(!) 큰 차이가 없어 보였고, 일단 타카다노바바(高田馬場)역에서 내리긴 했는데… 이런! 어느 출구로 나가야 할지 약도에 써 있지 않는 거다. 결국… 예상 시간보다 한 시간이나 먼저 도착했음에도 불구하고, 주변을 빙빙 돌다가 더는 안 되겠다 싶어 파출소('KoBang' 이라고 쓰여 있음)로 약도를 들고 무작정 들어갔다.

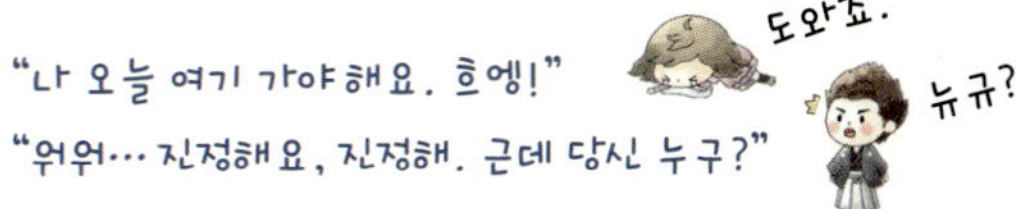

"나 오늘 여기 가야 해요. 흐엥!"
"워워… 진정해요, 진정해. 근데 당신 누구?"

주저앉아 훌쩍거리는 내가 딱해 보였던지 약도를 보며 곤란해하던 경찰은 그래도 친절히 안내해 주더라는 거다.

아저씨가 구체적으로 뭐라고 했는지 솔직히 당시 내 일본어로 이해를 할 수준이 아니었다. 단지 遠い(멀다), 大丈夫?(괜찮아?), 右(왼쪽), 左(오른쪽), 右(왼쪽) 정도의 말만 알아들었다.

찬바람 쌩쌩 부는 1월 초의 어느 날, 길거리를 헤맨 끝에 입학식에 무사히 참석할 수 있었다. 학교에 도착해 한숨 돌리고 있자니, 나보다 늦게 도착하는 애들이 하나둘씩 계속 들어오는 것이 아닌가! 입학식이 끝날 때까지도 헉헉대며 들어오는 애들이 있었다. 그러니 학교 가기 전날 정확한 약도와 가는 법을 숙지하자. 시간이 된다면 하루 먼저 가서 학교 주변을 둘러보는 것도 좋다. 입학식은 학교장의 인사와 선생님들 소개 정도로 교실에서 간단히 이루어졌다. 그리고 학교생활에 필요한 출결석 제도라던가, 아르바이트를 하려면 자격외활동허가서를 써야 한다던가와 같은 오리엔테이션에 이어 그 자리에서 레벨 테스트가 시작되었다.(두둥!)

5지선다형 문제와 작문, 듣기평가로 구성되어 있던 테스트를 끝내고 나니, 산 넘어 산이라고 이번에는 선생님 한 명과 개별 말하기 테스트가 있는 것이 아닌가?

등등… 꼼꼼을 넘어 깐깐하게 하나하나 체크하더니 내일 오전에 학교에 오면 게시판에 반편성이 되어 있을 거라고 얘기해 주셨다. 9시에 학교에 도착해 모든 일정이 끝나고 나니 12시가 다 되어 있었다. 그 이후 집에 오니…

테스트 후 긴장이 풀린 덕분에 오늘 내게 무슨 일들이 있었는지 전혀 기억이 나지 않는 거다. 아마 학교 교재를 보며 편의점에서 사온 도시락이며 간식을 룸메이트와 축내고 잠들었으리라. 이렇게 나의 일본 어학연수는 시작되었다.

THEME 01. 황거(皇居)는 어떤 곳?

지금도 국왕 일가가 살고 있는 '황거'는 본래 도쿠가와(德川) 가문이 살던 에도성(江戸城)이었다. 후에 국왕이 교토(京都)에서 도쿄(東京)로 거처를 옮기게 되면서 이곳을 도쿄성(東京城, 1868)이라 명했다 한다. 이후 역사적 사건들을 통해 '황성(皇城, 1869)', '궁성(宮城, 1879)'을 거쳐 지금은 '황거(皇居, 1948)'라고 부르고 있다.

니쥬바시(二重橋)

히가시교엔(皇居東御苑)

THEME 02. 가는 법

전철 · 지하철	하차역	출구
JR 山手線	東京駅	丸の内中央口
JR 中央線	東京駅	丸の内中央口
東京メトロ　東西線	竹橋駅	1a
東京メトロ　千代田線	二重橋前駅	2
東京メトロ　東西線	大手町駅	C10, D2, C14, C15
東京メトロ　有楽町線	桜田門駅	D1, D2, D3, D4, D5, D6

THEME 03. 황거(皇居)에서 무엇을 볼까?

왕족 일가가 살고 있는 일부 지역은 출입이 엄격히 통제되고 있지만, 히가시교엔(동쪽정원, 皇居東御苑) 등의 일부 지역은 일반인들을 위해서 공개해 놓고 있다.

보통 관광객들의 코스라 하면, 니쥬바시(二重橋)라고 불리는 정문 쪽에 있는 다리와, 그 앞 광장이다. 어느새 관광 버스로부터 내린 관광객들은 니쥬바시를 배경으로 기념사진을 찍어댄다. 이곳은 왕족들의 아주 특별한 공식행사나 국빈 방문 시 외에는 사용되는 일이 없다고 한다. 독특한 것으로는 우리나라에서는 잘 볼 수 없는 건축 형태를 들 수 있는데 그중 하나를 이야기한다면 적의 침입을 막기 위해 성벽의 주변에 호리(堀)라고 하는 인공 호수를 축조한 것이다.

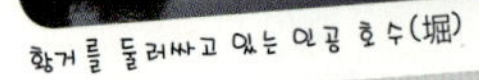
황거를 둘러싸고 있는 인공 호수(堀)

히가시 교엔

THEME 04. 황거(皇居)에서 무엇을 먹을까?

● 〈Café〉 Café 1894

2010년에 오픈한 미츠비시 이치고칸미술관(三菱一号館美術館) 안에 있는 이곳은 런치세트가 유명하다. 여기 카페의 런치 메뉴는 4가지 기본 음식+샤베트가 나오는 'Weekly Lunch'가 메인으로, 여기에 300엔을 더하면 커피나 녹차를 추가할 수 있다. 맛은 헤비하지 않고 상큼한 편에 양도 많다. 또 카운터 옆에 마련된 커다란 에스프레소 머신에서 바로 뽑아주는 진한 커피 한 잔은 정신을 번쩍 깨워준다.

보는 것부터 즐거워지는 런치세트

MEMO Café 1894, 간략하게 살펴보기
● 가격대 : 1,500~1,800엔
● 위치 : 미츠비시 이치고칸 미술관(三菱一号館美術館) 1층
● 영업시간 : 오전 11:00~새벽 01:00
● 추천 메뉴(일본어) : 런치세트 메뉴
● 홈페이지 : www.mimt.jp/cafe1894

● 〈식당〉 타이메이켄(たいめいけん)

1931년에 창업한 오래된 오므라이스 전문점인 타이메이
켄(たいめいけん)은 그 유명세로 인해 음식을 먹기까지
30분 기다리는 정도는 애교로 봐주어야 한다. 무엇보다
꼬들꼬들한 밥과, 반숙 계란의 조화는 가게를 다시 찾게
만들어주는 작은 요소들이다. 또 일본인들이 왜 이렇게
오므라이스에 열광을 하는지 이 집에서 먹어보면 이해할
수 있을 듯하다. 가격은 다소 비싸지만, 충분히 도전해
볼 만한 맛집.

MEMO 타이메이켄(たいめいけん), 간략하게 살펴보기

● 가격대 : 1,500~2,000엔
● 위치 : 니혼바시역(日本橋駅) C5번 출구 나와서 직진(東京都中央区日本橋 1-12-10)
   하는 곳에 위치한다.
● 영업시간 : 오전 11:00~오후 09:00
● 추천 메뉴(일본어)
   탄포포 오므라이스(タンポポオムライス) 1,850엔
   오무하야시(オムハヤシ) 1,850엔
● 홈페이지 : www.taimeiken.co.jp

THEME 01. 아키하바라(秋葉原)는 어떤 곳?

아키하바라(秋葉原)는 오타쿠(オタク)들의 성지로 알려져 있으며 영화 '전차남'을 떠올리면 쉽게 이해되는 곳이다. 이곳은 우리나라의 용산 전자상가와도 비슷한 분위기를 내며 수많은 일본 전자제품의 최신형 모델을 테스트해 볼 수 있고, 희귀한 제품들도 쉽게 구할 수 있다.

얼리어답터라면 아키하바라역 주변을 중심으로 들어선 대형 전자상가를, 코어유저라면 아키하바라역 앞의 철길 아래쪽에 있는 자그만 전파사들을 공략해 볼 것을 권한다. 또한 역 앞에는 만화에서 튀어나온 듯한 메이드 복장의 아가씨들이 전단지를 나누어주며 카페로 놀러 오라고 권하기도 한다.

전자상가와 게임상가가 모여있는 아키하바라

THEME 02. 가는 법

전철 · 지하철	하차역	출구
JR 山手腺	秋葉原駅	中央改札口

THEME 03. 아키하바라(秋葉原)에서 무엇을 볼까?

● 아키하바라 라디오 회관(秋葉原ラジオ会館)

중앙개찰구 왼편에 위치하는 아키하바라 라디오 회관(秋葉原ラジオ会館)은 가전부터 컴퓨터 부품, 장난감, 서적, DVD까지 신품, 중고품이 다양하게 갖추어져 있다.

- **요도바시 카메라 멀티미디어 Akiba(ヨドバシカメラマルチメディアAkiba)**

중앙개찰구 A3 출구와 바로 연결되어 있는 곳으로 대형 전자상가라고 보면 된다.

- **AKB48극장(AKB48劇場)**

아키하바라 중앙 출구에 위치하며 더 정확히는 대형 슈퍼인 돈키호테 건물 8층에 자리 잡고 있다. 이곳은 일본에서 활동 중인 아이돌 'AKB48'의 멤버가 매일 공연을 하는 라이브 하우스다.

- **아키바 토끼 신사(アキバのうさぎ神社)**

토끼 옷을 입은 점원이 온통 토끼로 가득한 아이템을 판매하는 곳으로, 이곳에서 커피나 케이크 같은 간식부터 가벼운 식사도 가능하다.

定期券・きっぷ・Suica(ご購入・チャージ)
Commuter Pass Ticket Buy a New Suica / Charge
11
12
13
14
Suica
Japan
일본 현지생활, 신청이 기본이다!

PART 04

일본 현지생활, 신청이 기본이다!

STEP 01. 왜 일본에 오면 '신청'부터 해야 할까?
STEP 02. 다양한 종류의 '증' 신청하기

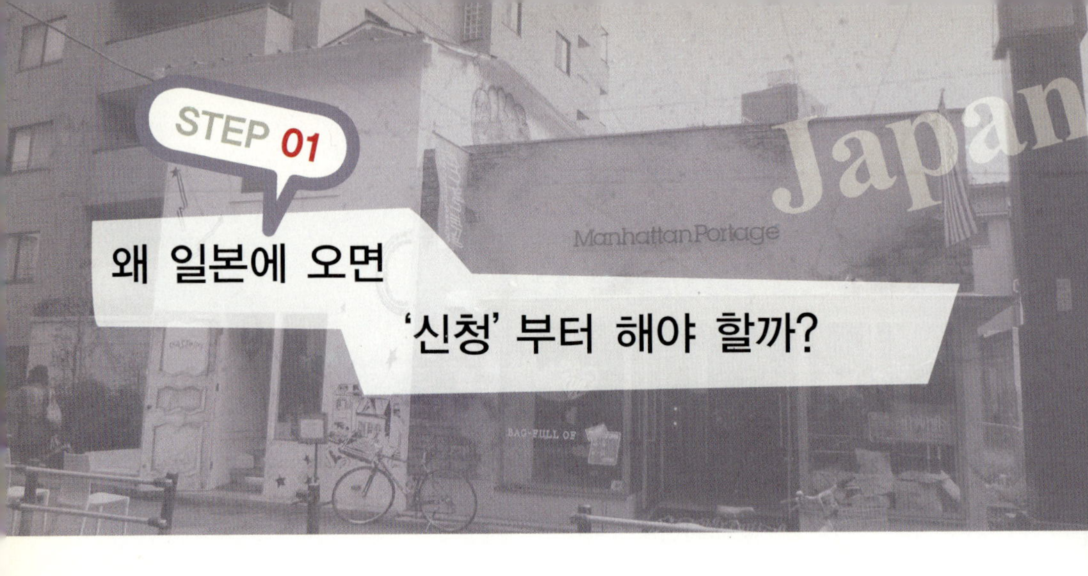

왜 일본에 오면
'신청' 부터 해야 할까?

일본에 연수를 갔다왔고 또 일본과 일을 해 오고 있는 지금까지도 가장 신경 쓰이는 부분은 '문서', '사전확인', '신청' 등의 단어이다.

일본은 모든 절차의 문서화를 우선시하는 문화적 특성이 강해 전산망을 이용하여 쉽게 처리할 수 있는 부분들도 일일이 수기로 신청서를 써서 제출하는 경우가 많다.

현지에서 신청이라는 부분이 일본생활 초기에는 상당히 어렵고 귀찮은 일이라는 것은 부정할 수 없는 사실이다. 번거로운 일임에도 미리미리 '신청' 해 두는 편이 나중에 닥쳐서 당황하는 것보다 낫다. 또 직접 돌아다니며 신청을 하다 보면 현지 적응이 빨라지기도 한다.

각종 신청서를 작성할 때는 본인 이름(영어, 일본어), 현주소, 학교주소, 한국주소, 체류카드번호 등을 사용한다. 신청서 작성을 위해 일본 내의 주소들을 일본어(한자, 후리가나)로 따로 메모해 두면 작성 시, 편리하다.

지금부터 설명하는 등록이나 건강보험 등은 일본 입국 1~2주 안에 처리해 두자.

참, 한 가지 중요한 것은 신청 전에 확인해야 할 사항이 있다는 것이다. 일본은 서기가 아닌 일본력을 공공문서에 주로 표기한다.

"자신의 생일과 올해를 일본력으로 어떻게 표현하는지 꼭 확인하는 것이 포인트!"
(*일본력 앞에 붙는 메이지(明治), 쇼와(昭和), 헤이세이(平成)는 일본 국왕의 연호이다.)

● 일본력과 서기 비교

메이지(明治) 1868년~1912년

다이쇼(大正) 1912년~1926년

쇼와(昭和) 1926년 ~ 1989년(총 64년)							
昭和1年	1926년	昭和18年	1943년	昭和35年	1960년	昭和52年	1977년
昭和2年	1927년	昭和19年	1944년	昭和36年	1961년	昭和53年	1978년
昭和3年	1928년	昭和20年	1945년	昭和37年	1962년	昭和54年	1979년
昭和4年	1929년	昭和21年	1946년	昭和38年	1963년	昭和55年	1980년
昭和5年	1930년	昭和22年	1947년	昭和39年	1964년	昭和56年	1981년
昭和6年	1931년	昭和23年	1948년	昭和40年	1965년	昭和57年	1982년
昭和7年	1932년	昭和24年	1949년	昭和41年	1966년	昭和58年	1983년
昭和8年	1933년	昭和25年	1950년	昭和42年	1967년	昭和59年	1984년
昭和9年	1934년	昭和26年	1951년	昭和43年	1968년	昭和60年	1985년
昭和10年	1935년	昭和27年	1952년	昭和44年	1969년	昭和61年	1986년
昭和11年	1936년	昭和28年	1953년	昭和45年	1970년	昭和62年	1987년
昭和12年	1937년	昭和29年	1954년	昭和46年	1971년	昭和63年	1988년
昭和13年	1938년	昭和30年	1955년	昭和47年	1972년	昭和64年	1989년
昭和14年	1939년	昭和31年	1956년	昭和48年	1973년		
昭和15年	1940년	昭和32年	1957년	昭和49年	1974년		
昭和16年	1941년	昭和33年	1958년	昭和50年	1975년		
昭和17年	1942년	昭和34年	1959년	昭和51年	1976년		

헤이세이(平成) : 1989년 ~ 현재					
平成 1年	1989년	平成 10年	1998년	平成 19年	2007년
平成 2年	1990년	平成 11年	1999년	平成 20年	2008년
平成 3年	1991년	平成 12年	2000년	平成 21年	2009년
平成 4年	1992년	平成 13年	2001년	平成 22年	2010년
平成 5年	1993년	平成 14年	2002년	平成 23年	2011년
平成 6年	1994년	平成 15年	2003년	平成 24年	2012년
平成 7年	1995년	平成 16年	2004년	平成 25年	2013년
平成 8年	1996년	平成 17年	2004년	平成 26年	2014년
平成 9年	1997년	平成 18年	2006년		

일본력은 국왕이 집권하는 해를 1년으로 계산한다. 국왕이 사망하고 다음 왕으로 집권체제가 넘어가기 때문에 쇼와 64년과 헤이세이 1년은 동일한 1989년이다.

다양한 종류의 '증' 신청하기

THEME 01. 학생증

학교에서는 단체로 담임 선생님이 신청서를 나눠주고 함께 작성을 하기 때문에 학생증의 신청은 비교적 간편하다. 이 학생증은 학교에서 신분증용으로 발급하지만 법적 효력은 미미하다.

MEMO 학생증은?

- 용도 : 신분증
- 신청 : 각 학교별 양식에 따름
- 준비 : 증명사진

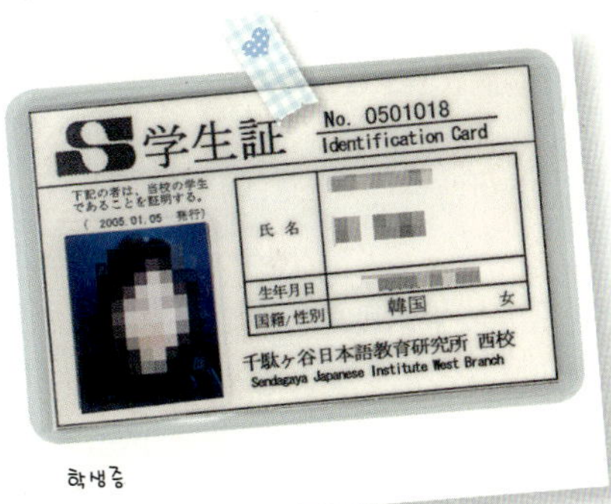

학생증

THEME 02. 체류카드(在留カード)

2012년 7월 9일부터 '외국인 등록증' 제도가 폐지되고 새롭게 '체류관리제도' 가 도입되었다. 가장 크게 달라진 점은 유학 중 일시 귀국 시, 매번 입국관리국에서 재입국허가신청을 받아야 하는 절차가 사라지고, 체류기간 상한이 5년까지로 연장된 것이다. 지금 어학연수를 준비하는 사람들에게는 무엇이 바뀌었나를 확인하는 것보다, 이런 정도의 규정이 있다고 알고 넘어가는 것이 중요하다.

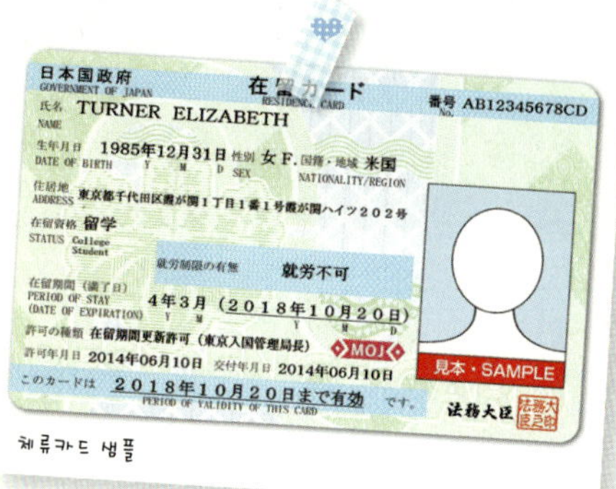

체류카드 샘플

유학비자로 입국하는 학생들에게는 입국수속 시, 체류카드가 발급된다. 카드 뒷면의 거주지 부분이 공란으로 처리되어 있으므로, 일본 입국 14일 이내 거주지 관할 시청(市役所), 구청(区役所)에 들러 거주지 등록을 한다. 각 시·구청의 1층 안내데스크로 가면 외국인용 부스를 따로 운영을 하는 경우가 많다. 번호표를 뽑고 기다리면 담당 직원들이 천천히 설명해 주니 너무 겁먹지 말고 한글 설명서가 비치된 곳도 많으니 일단 찾아가자.

MEMO 체류카드는?

- 용도 : 한국의 주민등록증과 같은 용도로 신분증 역할을 한다.
  이건 '외국인등록증'이 2012년 7월 9일부터 '체류카드'로 변경됨.
- 체류기간 : 최소 3개월부터 최장 5년까지 체류기간 신청이 가능하다.
- 발급 : 입국수속 시, 교부(유학비자 해당자)
- 추가 거주지 등록 : 입국일로부터 14일 이내, 관할 시청(市役所),
  구청(区役所)을 방문해 거주지 등록이 필요.
- 준비 : 여권, 학생증

체류카드는 외국인에게 가장 중요한 신분증이다. 분실 시에 반드시 재발급을 받아야 하며, 혹시 문제가 있을 때 체류카드가 없으면 그 자리에서 강제퇴거를 당할 수 있다.

가끔 '불법체류자 단속기간' 같은 시기에 신주쿠나 한인타운 같은 외국인이 많은 지역에서 무작위로 신분증을 확인한다.

유학을 떠난 그 순간부터 우리는 일본에서 '외국인' 이다. '외국인' 이란 쉽게 말해 일본 정부가 언제든 '퇴거' 나 '추방' 시킬 수 있다는 뜻으로, 언제나 '비자' 와 '체류카드' 는 꼭꼭 챙겨두는 것이 좋다.

CHECK

체류카드, 잊지 말고 반납하자!

체류카드는 어학연수가 완전히 끝나고 귀국하는 시점에 입국관리국 또는 공항 출국심사대에 서 반납하게 됩니다. 반납할 때는 유학이 끝나서 돌아가는 것이라고 말합니다. 이때 완전 귀 국이 아닌 휴가를 이용해 일시 귀국했다가 돌아오는 경우는 반납하면 안 됩니다.
완전히 귀국한 후, 친구들과 관광차 일본에 들어갈 때 체류카드가 반납되지 않은 상태라면 입국거부를 당할 수 있으니 어학연수를 마친 시점에서는 꼭 반납하도록 합니다.

THEME 03. 국민건강보험

일본의 건강보험은 우리나라의 의료보험과 마 찬가지로 병원비의 30%를 본인 부담하는 시스 템이다. 건강보험의 신고서는 관할 구청, 시청 의 국민건강보험과(国民健康保険科)에 마련되어 있고 외국인이라고 하면 친절히 설명도 해 준 다. 신고서에는 이름, 주소, 연락처 등 간단한 사항을 기재하게 되어 있다. 건강보험 신청 역 시 체류카드가 있어야 하므로, 해당 구청에서 체류카드에 거주지 등록 즉시 건강보험도 함께 신청하면 두 번 걸음하는 번거로움을 피할 수 있다.

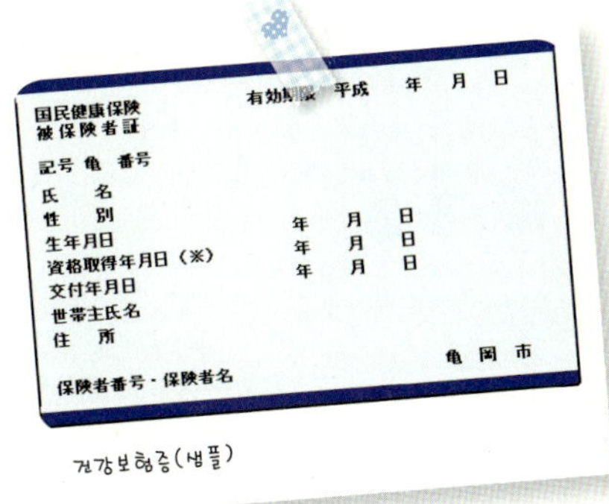

건강보험증 (샘플)

신청 과정에서 담당자가 소득 부분을 확인하는 절차가 있다.
이때는 학생 신분이므로 한국에서 송금을 받아 수입이 없다고 답변하면 된다. 괜스레 다 음 달부터 일을 한다는 사실을 이야기하면 보험비가 올라갈 수 있다.(보험비는 체류자격, 수입여부, 그리고 거주지에 따라 다르게 책정된다.)
보험비는 대략 한 달에 1,000~2,000엔 내외로, 보험 신청을 한 후, 한 달 뒤 집으로 1년치 의 보험료 지로용지 12장이 우편으로 날아온다.

매월 한 달 분씩, 혹은 1년치를 일시불로 지불하되, 형편에 맞게 지출을 하도록 하자.

건강보험을 해지할 때는 유학을 마치고 귀국하는 시기에, 건강보험증과 체류카드를 지참하여 구청 국민건강보험과를 방문하면 된다.

MEMO 국민건강보험은?

- 용도 : 의료보험과 동일
- 신청 : 각 지역의 관할 구청(区役所), 시청(市役所) 국민건강보험과
- 준비 : 신청서, 체류카드

THEME 04. 은행 통장 만들기

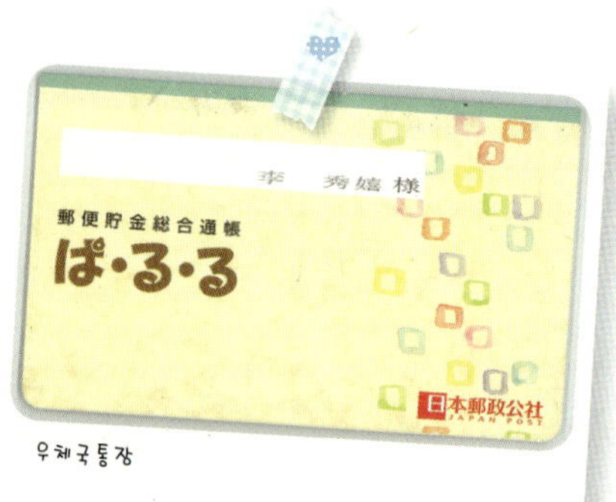

우체국 통장

통장을 가장 만들기 쉬운 곳은 우체국이다. 별다른 추가확인절차 없이 신분증과 신청서, 도장 정도만을 갖추면 통장을 만들 수 있다. 그러나 아르바이트나 취직 시에 사용하는 급여통장 개설의 경우, 미츠비시, 미즈호 같은 일반 은행 통장을 회사로부터 요구받을 수 있다.

각 은행마다 외국인 통장 개설에 대한 기준이 각기 다르다. 어떤 곳은 입국 후 3개월, 6개월 등을 비롯하여 세부 자격들도 조금씩 다르다.
통장은 신청 후 당일 발급되고, 체크카드는 며칠 후 우편으로 도착한다.

MEMO 은행 통장은?

- 용도 : 아르바이트 급여, 한국으로부터 송금을 받을 시, 사용
- 준비 : 체류카드(또는 건강보험증), 학생증, 도장(한자 이름),

  예금할 돈(소액 OK)

내 경우 처음 우체국에서 통장을 만들었으나, 일을 시작하면서 일반 은행의 통장이 필요했다. 신분증만 가지고 가면 우리나라처럼 바로 만들 수 있을 거라 생각하고 학교 근처 은행을 갔더니… 이게 웬 날벼락이란 말인가?
창구 여직원이 뭔가 내 신원(=유학생)을 확인하고 꾸물거리기 시작하는 것이 아닌가?

"죄송하지만 통장 개설이 불가능합니다. 거주지 지점으로 가서 확인하세요."

"(응?)거주지 지점이요?"

"네. 체류카드에 등록된 주소지 관할 지점으로 가세요."

"(왜요! 대체 왜요!! 그냥 여기서 해 달라고요 오!!!)같은 은행인데 여기서 만들면 안 되나요?"

"안 됩니다. 다른 곳으로 가보세요."

"(2C! 난 통장 만들러 왔다고 오!)거기 가면 통장을 만들어 주나요?"

"그건 모르겠습니다."

"(부글부글… 머리의 뚜껑이 열리기 시작하더니)제 주소지 관할 지점은 어딘데요?"

"잘 모릅니다."

"(지네 지점을 모르겠다는 게 말이 되냐!!!!!! 너님. 아는 게 뭐임?)그럼 어떻게 해야 되는데요?"

"글쎄요…. 모르겠습니다." 

이렇게 모르쇠로 일관하는 창구 직원과 끝날 것 같지 않는 입씨름을 하고 있는데 갑자기 점장인 듯 보이는 아저씨가 내게 다가오는 것이 아닌가?
그리고 허리를 90도로 굽혀 정중하게….

"죄송합니다!(申し譯ありません)" 

'아… 창구 직원이 제대로 대응을 못하니 사과를 하나보군… 쳇. 진즉 이럴 것이지'
"(코맹맹이 소리로)통장을 만들고 싶은데 직원이 어디로 가야할지 안 가르쳐 줘용."
"죄송합니다!(申し譯ありません)" 

"?"

이 아저씨가 나에게 하려는 것은 사과가 아니라, '우린 너의 일을 봐줄 수 없으니 나가라' 라는 뜻이었던 거다. 너무 황당해서 눈 오는 겨울 은행 앞에 10분은 멍하게 서있었던 것 같다.

"은행나무 침대에서 황장군의… 심정이 뭔지를 알겠다는…." 

우리나라에서는 너무나 쉽게 만들 수 있는 계좌 하나가 이렇게도 힘들 줄이야….
그나마 다행인 것은 옆에 친구가 있었던 덕에 정신줄을 챙길 수 있었고, 라면 하나 먹으며 마음을 가다듬을 수 있었다는 거다. 이후 역 근처 은행을 3군데 더 돌고 나서야 통장을 만들 수 있었다.
후에 내가 왜 통장 개설이 거부되었는지에 대

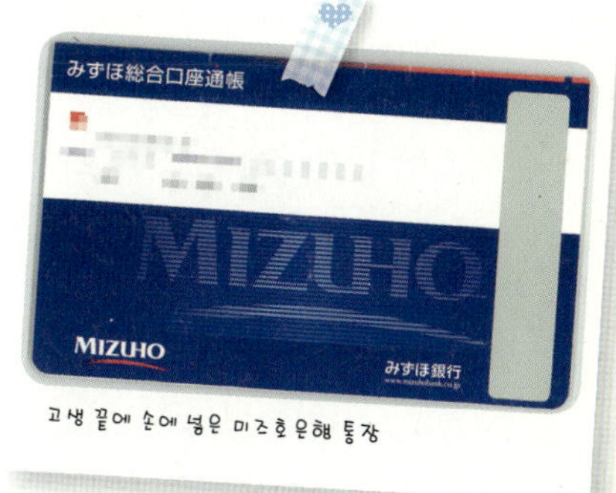
고생 끝에 손에 넣은 미즈호 은행 통장

한 의문을 풀릴 수 있었다.

외국인에게 통장을 개설해 주는 것은 은행별로, 그리고 그 안에서도 지점(지역)별로 기준이 다 다르기 때문이란다. 결국 이 은행, 저 은행을 일일이 다니며 뜻하지 않게 발품을 파는 수밖에 별다른 방법은 없었다.

"외국인들이 많이 거주하는 지역이 그나마 제재가 적은 편이니 번거롭더라도 꼭 돌아보는 것이 좋다. 안 그럼 나처럼 고생만 한다는…."

자주 이용하는 은행은?

① 우체국은행(ゆうちょ銀行) : 가장 간단히 계좌를 개설할 수 있습니다.
② 미츠비시도쿄UFJ은행(三菱東京UFJ銀行) : 지점수가 많아 편리합니다.
③ 미츠이스미토모은행(三井住友銀行)
④ 리소나은행(りそな銀行)
⑤ 미즈호은행(みずほ銀行)

현지에서 부모님께 송금을 받으려면?

일본에 있는 계좌의 Swift Code, 은행주소(영문), 은행 전화번호, 계좌번호,
받는 사람 이름(영문)이 필요합니다.

THEME 05. 자격외활동허가서(資格外活動許可)

MEMO 자격외활동허가서는?

- 용도 : 유학생들이 본업인 학업 외에 아르바이트를 주당 20시간 할 수 있도록
  경제활동을 가능하게 하는 허가증.
- 준비 : 신청서, 체류카드(혹은 여권)
- 신청
① 단체 신청 : 각 학교별 단체 작성,
② 개인 신청 : 각 지역 입국관리국 방문 접수, 입국 시, 가능(신청서 미리 작성 후 제출)
- 발급소요기간 : 약 1개월(단, 서류 접수시키면 바로 아르바이트를 시작할 수 있음)
- 수수료 : 없음

日本国政府法務省
Ministry of Justice, Government of Japan

資 格 外 活 動 許 可 申 請 書

APPLICATION FOR PERMISSION TO ENGAGE IN ACTIVITY OTHER THAN THAT
PERMITTED UNDER THE STATUS OF RESIDENCE PREVIOUSLY GRANTED

入国管理局長　殿

To the Director General of　　　Regional Immigration Bureau

出入国管理及び難民認定法第19条第2項の規定に基づき，次のとおり資格外活動の許可を申請します。

Pursuant to the provisions of Paragraph 2 of Article 19 of the Immigration Control and Refugee Recognition Act, I hereby apply for permission to engage in activities other than those permitted under the status of residence previously granted.

※　上陸許可に引き続き資格外活動許可申請を行うことができるのは，上陸の許可により「留学」の在留資格を決定された場合（3月の在留期間を決定された場合を除く。）に限られます。

Persons, who are able to file for this application following acquisition of landing permission, are limited to those who have been granted the status of residence of "Student" based on the landing permission (excluding those who have been granted a period of stay of three (3) months).

1　国　籍・地　域
　　Nationality / Region

국적 · 지역을 기입

신청자의 생년월일

2　生 年 月 日　　　　　　연　年　　　월　月　　　일　日
　　Date of Birth　　　　　　　　Year　　　　　Month　　　　Day

3　氏　　名
　　Name (in English)

신청자 이름

4　性　　別　　　　男　·　女
　　Sex　　　　　　Male　/　Female

성별체크　　　남　　　여

申請人の署名／申請書作成年月日
Signature of the applicant / Date of filling in this form

서명(란)　　　　　　　　　　작성년　年　　　월　月　　　일　日
　　　　　　　　　　　　　　　　　Year　　　　Month　　　　Day

자격외활동허가서 신청서

내가 일본에 가서 체류카드 거주지 등록을 하고, 국민건강보험 신청을 하던 때 신주쿠(新宿) 라는 단어 하나를 쓰는데 얼마나 낑낑거렸는지 모른다.

"신주쿠(新宿)를 쓰는 거니? 그리는 거니?"
"흐흑… 그리는 거야…"

즉, 다시 말해 일본어를 조금 알아듣고 말할 수 있다고 해서, 한문을 능숙하게 쓰는 것과는 별개의 문제라는 것이다. 특히 중고등학교 시절 한자 외우는 것을 멀리했던 터라, 일본어를 공부하며 나를 가장 힘들게 했던 일등공신은 역시나 한자였다.

결국 주소 한 번 쓸 때마다 기숙사 입실증을 꺼내 들고 베끼기에 매진해야 했다. 어찌나 힘들고 부끄럽던지. 지금 생각하면 전혀 부끄러운 일도 아니고, 당연한 일인데 말이다.
다들 힘들어 하니까 곳곳에 한글 설명서가 비치되어 있고, 담당자들도 최대한 쉬운 일본어와 짧은 한국어로 설명을 해줬겠지.

그날 하루만 집주소를 몇 번씩 그려가며 식은땀 흘린 기억들이 아직도 생각난다. 함께 갔던 룸메이트는 일본어 전공자였기 때문에 1~2분 만에 좌라락 신청서를 쓰는 것을 보고 얼마나 부러워했던지….
그래도 한두 시간 만에 등록증을 만들고 나왔을 때의 홀가분함이란…
뭔가 '해냈다!' 하는 기분, 느껴본 사람만 알리라….

THEME 01. 아사쿠사(浅草)는 어떤 곳?

아사쿠사(浅草)는 무사 계급이 권력을 가졌던 '에도시대(江戸時代, 1603~1867)'를 느낄 수 있는 거리이다. 제2차 세계대전 이전까지 도쿄에서 가장 번화한 곳이었지만, 관동대지진(1923)과 전쟁으로 폐허가 되었다. 이후 센소지(浅草寺)를 중심으로 전통의 느낌을 살린 관광상권이 발달하면서 외국인들이 일본의 옛 모습을 들여다 볼 수 있는 즐거운 장소로 변모했다.

센소지 본당

THEME 02. 가는 법

전철 · 지하철	하차역	출구
東京メトロ 銀座線	浅草駅	1, 3

THEME 03. 아사쿠사(浅草)에서 무엇을 볼까?

● 카미나리몬(雷門)

일본 방송에서도 심심치 않게 등장하고, 일본 여행기에서도 이곳을 배경으로 하는 사진은 필수 코스(?)이다 보니, 너무나도 낯익다. 정식명칭은 후라이진몬(風雷神門)이라고 하는데 불교에서 말하는 산문(山門)에 해당한다. 문의 오른쪽에는 바람(風)의 신상이, 왼쪽에는 천둥(雷)의 신상이 있다.

> **Q&A**
>
> **Q. 산문(山門)이란?**
>
> A. 절의 바깥에 있는 문 또는 절을 의미하기도 합니다.

이 카미나리몬은 몇 번씩이나 화재로 인해 재건축을 했는데, 가장 마지막 재건이 1960년이었다. 당시 파나소닉(구 마츠시타 전기, 松下電器)의 창립자인 마츠시타 코노스케(松下幸之助)가 건강이 악화되자, 이곳 센소지에서 기도를 올린 후 병이 호전되었다고 한다. 그래서 감사의 표시로 '문'과 '제등'을 기부하며 현재의 모습에 이르렀다. 이로 인해 카미나리몬의 거대한 등 아래쪽에는 '마츠시타 전기'라는 글자가 쓰여 있다.

좌우에 있는 바람신과 천둥신의 머리는 에도시대에 사용되었던 것이고, 몸체는 명치시대의 것이라고 한다.

카미나리문

● 센소지(浅草寺)

센소지의 본당 앞에는 사람들이 연기를 둘러싸고 있는데 여기에서 나는 연기를 쏘이면 건강하게 오래 산다고 하니, 마구 부채질을 해 주자.

특히 일본 신사(神社)나 절 본당에는 천장에 어떤 그림이 그려져 있는지 눈여겨보는 것이 좋다. 이유인즉슨 본당 천장에 그려놓은 그림들 중 큰 의미를 담고 있는 경우가 많기 때문이다. 이곳 센소지의 본당은 본존 성관세음상을 안치하고 있어서 '관세음당'이라고도 불린다. 1945년 2차 대전 시, 전소되었는데, 그전에는 국보로 지정되어 있었다고 한다.

오중탑과 호조문

지금 우리가 보고 있는 센소지는 1958년에 재건되었고, '용의 그림(카와바타 류우지)', '천인산화의 그림(도모토 인쇼)'이 천장화이다.

본당을 한 바퀴 돌아 나오면 입구 오른편에 있는 거대한 건물, '오중탑(五重塔)'이 눈에 띈다. 이 탑은 2차 세계대전 당시 소실되었다가 1973년에 재건되었고, 탑의 가장 위층에는 스리랑카의 아누라다프라의 이스룸니아 사원에서 가져온 사리를 안치시켜 놓았다.

● 나카미세거리(仲見世通り)

카미나리몬을 통과하면 본당 앞 호조몬(宝蔵門)까지 쭉 직선의 상점가가 펼쳐진다. 이 상점 거리가 '나카미세(仲見世)'로 지금껏 다닌 번화가와는 완전히 다른 모습이다.

또 이 거리에는 전통공예품이나 옛날 과자를 파는 상점들이 늘어서 있어 둘러보는 재미가 있다. 그중에서 전통 기념품들도 관광객의 눈길을 끄는데, 화려한 문양이나 12지가 그려진 젓가락 세트(5쌍, 1,000엔)도 좋은 기념품이 될 것 같다. 또 이 거리에도 역시….

 일본인들은 키티를 정말 좋아한다. 어딜 가든 키티가 다양한 지역버전(이곳도 예외는 아니었다.)으로 있는데다, '키티랜드'라는 샵이 있을 정도니 말이다.

1년 사시사철 사람이 많음

아사쿠사와 참 안 어울린다!

THEME 04. 아사쿠사(浅草)에서 무엇을 먹을까?

• 〈식당〉 아사쿠사 우나테츠(浅草うな鐵)
이곳은 정말 실하고 맛있는 가격을 자랑하는 식당이다.
무엇보다도 가장 좋은 점은 역시!

히츠마부시(ひつまぶし) 2인분

일본어 실력이 심하게 부족해 울렁증이 있는 분들을 위해 이곳은 이처럼 아주 친절한 한글 메뉴를 구비해 놓고 있어 편하다. 한글로 된 메뉴판과 먹는 법이 자세히 설명되어 있어 여행자들에게도 추천!

"참! 생고추냉이와 장어의 환상궁합은 안 먹고는 배길 수 없으니! 이곳에 와서 장어 먹고 무한 정력(음?) 충전하자!"  충전콜!

MEMO 아사쿠사 우나테츠(浅草うな鐵), 간략하게 살펴보기
- 가격대 : 1,500~2,000엔
- 위치 : 카미나리몬을 등진 채 오른쪽으로 6블록 째에 UNIZO 호텔이 있고 신호등이 있
  는 큰길에서 길을 건너지 않고 오른쪽으로 2블록 째에 보인다. 츠쿠바 익스프
  레스(つくばエクスプレス)선 아사쿠사역 5번 출구 앞에 위치한다.
- 영업시간 : 오전 11:30~오후 10:30
- 홈페이지 : www.hitsumabushi.com
- 추천 메뉴(일본어) :
  아사쿠사 히츠마부시-노트(浅草ひつまぶし-タレ) 3,980(2인분)

- 〈거리음식〉 나카미세 도리(仲見世通り)

닝교야끼(人形焼, 사람 모양의 빵에 팥앙금이 들어 있다.), 양갱(ようかん, 단맛이 적어 어른들 선물용으로 좋다.), 단고(だんご, 새알심에 조청이나, 녹차, 팥 등을 발라 놓은 것), 튀긴 만주(揚げまんじゅう, 따뜻한 맛에 먹는다), 아이스 모나카(アイスモナカ, 단맛이 강하지 않다.)의 향연(?)이 펼쳐지는 곳, 나카미세 도리(仲見世通り).

"으흐흐, 하나씩 다 먹어버리겠다. 망설이지 말고 무조건 질러! 놈들의 옷을 벗기고(음?) 그 속살을 베어물면… 입안에서 느껴지는… 그 달콤함… 프흣♥" 좋아!

 날씨가 추울 때는 아마자케(甘酒) 한 잔도 괜찮다. 어느 것이나 100~200엔 선이니 가볍게 두어 가지 먹어보는 것이 어떨까?
센소지 쪽으로 가까워지면 타코야끼(タコ焼き), 야끼소바(焼きそば), 오뎅(おでん), 오코노미야끼(お好み焼き) 등 한 끼 식사가 될 만한 군것질거리들이 있으니 포장마차에 앉아 이곳 분위기를 즐겨 보는 것도 좋다.

MEMO 나카미세 도리(仲見世通り), 간략하게 살펴보기

- 가격대 : 100~500엔
- 위치 : 아사쿠사 카미나리몬부터 센소지까지 이어지는 일직선의 상점가.

  약 250m의 거리에 90여 개 점포가 위치한다.
- 홈페이지 : www.asakusa-nakamise.jp

아이스 모나카. 시원하게 한입!

포장마차에서 파는 음식으로 한 끼 식사 해결

아마자케(甘酒).
추울 때 한 잔 마시면 몸이 녹는다.

한입에 쏙쏙 들어가는 쫄깃한 단고

THEME 01. 롯본기(六本木)는 어떤 곳?

롯본기는 우리나라 이태원처럼 외국인들이 많이 모이는 지역이고, 그래서 이국적인 레스토랑이나 Bar가 많은 곳이기도 하다.

"흐흐♥ 어디 지나가는 꽃미남 없으신가?"

'롯본기 힐즈' 가 들어서면서 IT와 벤처의 메카로 그 이미지가 크게 바뀌었다.

IT의 상징 롯본기 힐즈

THEME 02. 가는 법

전철·지하철	하차역	출구
都営地下鉄　大江戸線	六本木駅	1, 3
東京メトロ　日比谷線	六本木駅	

THEME 03. 롯본기(六本木)에서 무엇을 볼까?

● 모리미술관

모리미술관과 전망대의 티켓은 롯본기 힐즈의 메인 건물인 모리타워(森タワー)에서 판매

를 하는데 전망대와 모리미술관을 함께 볼 수 있는 티켓이 1,500엔이다.(미술관 기획 전시 내용에 따라 금액이 약간 변동될 수 있다.)

"잠깐! 티켓을 구입할 때 '스카이 데크(SKY DECK)'도 추가(300엔) 하는 것이 좋아!"
"왜?"
"유리 창 없이 멋진 야경을 즐길 수 있거든."

모리미술관은 화요일을 제외하고 보통 밤 10시까지 오픈을 하는데다가, 현대 예술을 기반으로 한 디자인, 건축, 사진, 영상 전시가 주로 이루어져 있어서, 클래식한 미술관이 아닌, 누구라도 흥미를 가질 수 있는 독특하고 펑키한 전시들이 많다.

미술관과 전망대는 필수 코스

● 전망대 야경

전망대는 평일은 밤 11시까지, 주말은 밤 12시까지 하니 근처에서 놀다가 마지막 코스로 둘러보기에 적당하다. 일본에서 어지간한 전망대는 비싼 입장료를 지불한다. 그래서 관광코스에 전망대가 있을 때는 제외를 시키곤 하는데, 롯본기 힐즈 전망대의 야경은 입장료가 전혀 아깝지 않다. 또 가로막는 산이 없어 끝없이 펼쳐지는 불빛이 아름답다 못해 소름이 돋을 정도이다.

사람을 압도하는 야경 강추

스카이 데크(저녁 8시까지)는 롯본기 힐즈의 옥상이라 할 수 있다. 지상 238m에서 즐기는 야경 및 시원한 바람과 스릴감은 놀이기구와는 또 다른 느낌이다.

● 아사히 TV와 정원

아사히 TV로 가는 도중에 그 앞 정원에서 잠깐 여유를 가져보자. 이 아담한 규모의 정원에는 공연이 가능한 광장과 드문드문 벤치가 위치하고 있다. 이곳 카페에서의 커피한 잔과 케이크 같은 먹을거리가 기분 전환을 도와준다. 또 이렇게 약간의 물이 있고자그만 나무가 있는 곳에서 오가는 사람을 보며 앉아 있는 것도 쉼이 되고, 한편으로는사람 구경을 할 수 있는 시간이 되기도 한다. 가족단위 나들이객들도 있고, 친구들끼리삼삼오오 나온 팀들도 있고… 무엇보다…

"이런 된장! 여기도 데이트족들이 판을 치고 있어!"

결국 어디나 사람 사는 곳은 비슷한가 보다.

아사히TV 1층 로비. 일반인에게 개방한다.

THEME 04. 롯본기(六本木)에서 무엇을 먹을까?

● 〈Cafe〉 HARBS

최근 인기 급상승 중인 케이크 전문점답게 이곳에서 30분 대기는 기본일 정도다. 도쿄와 요코하마에 지점을 두고 있으며 매달 조금씩 바뀌는 케이크와 타르트에 주목할 것!

특히 이곳 HARBS에서는 우리나라에서 맛있는 곳을 찾기 힘들 밀크레이프(ミルクレープ)를 강력하게 추천한다.

MEMO   HARBS, 간략하게 살펴보기

- 가격대 : 1,000~2,000엔
- 위치 : 롯본기 HILL SIDE 1F 110
- 영업시간 : 오전 11:00~오후 10:00
- 추천 메뉴(일본어) :
  밀크레이프(ミルクレープ) 700엔
  바나나크림파이(バナナクリームパイ) 630엔
- 홈페이지 : www.harbs.co.jp/harbs

과일이 듬뿍 들어간 밀크레이프

본격 일본 현지생활 생존기
Japan
JAPAN
DOUTOR
GOURMET COFFEE SHOP
歌舞
名代

PART 05

본격 일본
현지생활 생존기

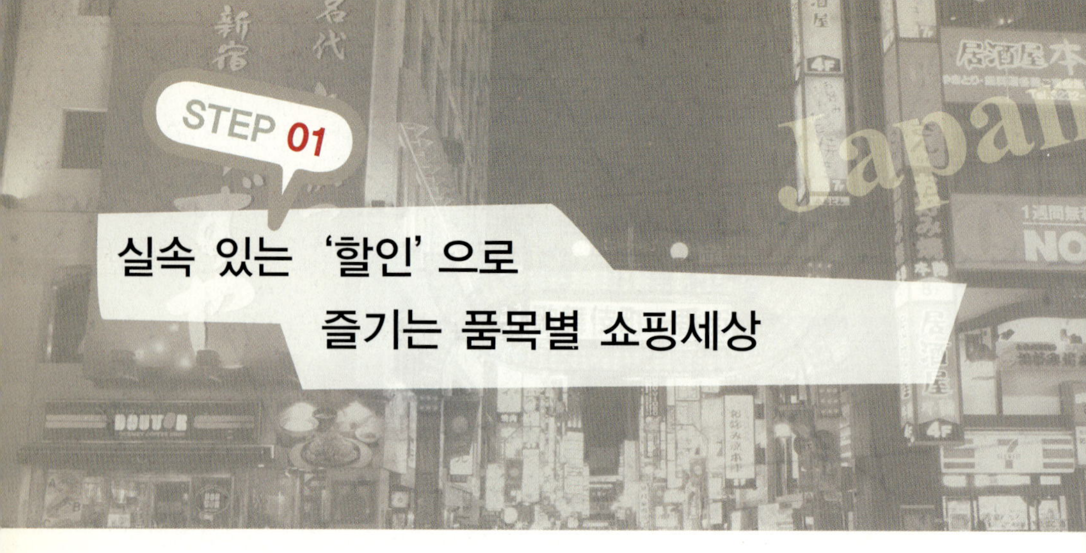

일본은 한국보다 물가가 확실히 비싸다. 한 예를 들어볼까?

실제 연수나 유학생활을 하며 느끼는 체감물가는 더더욱 비싸진다. 식품이든 옷이든 전자제품이든 몇 개 집으면 계산대에서 까무러칠 만큼 숨이 가빠지기까지 한다. 그렇다면 일본에서는 비싼 가격에 벌벌 떨며 손가락만 빨고 있어야 하는가?

이래도 고민, 저래도 고민…
현지에서 피눈물 흘리며 괴로워하는 여러분을 위해 지금부터 제대로 된 레알 일본 쇼핑법을 소개한다.

THEME 01. 의류는 세일기간을 노려라

먼저 고물가로 악명높은 일본에도 세일기간이 존재한다. 그 기간이 언제인고 하니 바로 1월 초와 7월 초, 일명 Big sale 기간, 그날이다.

1월 2일부터 약 2주간은 전국의 모든 백화점, 쇼핑센터, 로드샵들이 일제히 30~70% 세일을 한다. 심지어 우리나라에서 콧대 높게 굴던 도도한 명품브랜드들까지 이 세일 대열에 합류하니 쇼핑을 좋아하는 여성분들이라면 바짝 긴장해야 할 시기이다.

세일 초반은 30~50%로 할인이 시작되지만 일주일, 열흘쯤 지나면서부터 세일 막바지로 갈수록 할인율은 70%까지 치솟는다. 단, 인기 있는 상품들은 초반에 물량이 없어지니 일단 마음에 들면 지르자.

쇼핑은 언제 하더라도 즐거움♥

'70% OFF'라는 글씨를 보면
나도 모르게 매장으로 향하게 된다!

미니북 한일상식 – 일본은 진짜, '레알(Real)'만 취급한다!

놀랍게도 일본은 '가짜' 혹은 'Copy' 제품을 취급하는 곳은 거의 없다고 봐야 합니다. 이 역시 정품을 좋아하는 국민성에서 기인하겠지만, 가짜 명품을 걸치고 다니면 굉장히 이상한 눈으로 쳐다봅니다. '싸니까 가짜를 산다'고 하면 의아한 표정으로 되물어 옵니다.

즉, 능력이 안 되면 굳이 사지 않고, 사고 싶다면 몇 달간 굶어서라도 정품을 사고 마는 것이 일본인들의 일반적인 상식인 겁니다. 또 저렴하게 사고 싶다면 중고제품을 사는 것이 일본인이죠.(참, 올바르죠?)

최근에 일본인들의 한국 관광이 늘면서 한국에 대해 갖는 이미지 중의 하나가 '가짜'를 만들어내는 국가라는 겁니다. 혹시라도 독자분들 중에 '가짜'를 애용하는 분들이 있더라도 국가 이미지 차원에서 일본인들에게 가짜를 권하지는 마세요.

THEME 02. Drug Store의 이벤트 상품

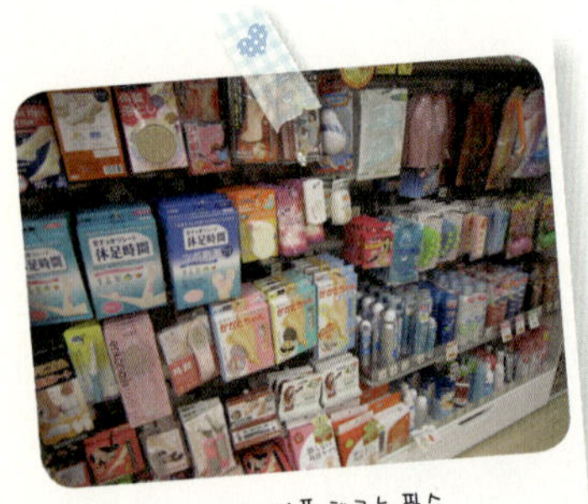
드럭스토어 이벤트 상품 체크는 필수

화장품, 잡화, 간식류 등 다양한 제품군을 취급하는 Drug Store. 마츠모토키요시(マツモトキヨシ), 선드럭 (サンドラック) 등 전철역 앞에 꼭 하나둘씩 간판을 올리고 있는 것이 드럭스토어이다. 여기는 상시 이벤트 제품들이 있는데 가판대 쪽을 차지하는 각종 파스, 헤어 용품, 간식거리들은 반 가격 정도로 파격적인 할인을 하는 경우가 많기 때문에 지나칠 때 가격표를 잘 체크하는 것이 중요하다.

THEME 03. 백화점 마감시간에는 지하 식품코너 이용하기

백화점 지하 식품코너는 일본에서 '데파치카(デパ地下)'라고 줄여서 부른다. 우리나라와 마찬가지로 식품류는 마감시간 8시 전후로 음식들 가격이 확 떨어지는데, 특히 '스시', '도시락' 같이 유통기한이 짧은 음식들은 가격이 마구 다운되니 유학생은 물론이요, 여행자들도 노려볼만하다.

할인 스티커가 붙어 있는 초밥 도시락들!

신선한 샐러드도 할인 가격으로 제공된다♥

핸드폰 개통과 가전제품은 어떻게 구입할까?

THEME 01. 핸드폰 만들기

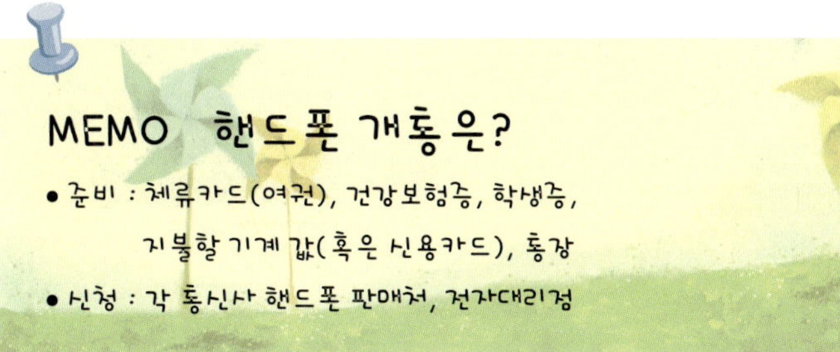

일본의 대표 통신사는 au, Docomo NTT, Softbank로 핸드폰 요금 제도는 우리나라와 비슷하다. 보통 SK와 Docomo, au와 KT, Softbank와 LG가 비슷하다고 이야기를 하곤 하는데, Docomo는 일본 최대의 통신사라 통화품질은 좋지만 가난한 유학생들을 위한 혜택은 그다지 없다. au는 아기자기한 디자인의 핸드폰이 많아 여학생들에게 인기가 좋은 편이고 Softbank는 저렴한 요금제로 유학생들이 주로 애용하고 있다. 구형 모델은 약정기간을 내세워 무료로 사용할 수 있고, 스마트폰 같은 경우 월 5,000~6,000엔 정도는 지출을 감안해야 한다. 그러나 이 부분도 매번 실시하는 이벤트나 학생할인행사 등을 통해 얼마든지 저렴해질 수 있는 부분이니, 몇 군데 매장을 돌면서 요금제를 확인해 보는 것이 좋다. 핸드폰의 구입은 각 통신사의 대리점 등의 판매처를 방문하는 방법과, 빅카메라(ビックカメラ) 같은 전자상가에서도 가능하다.

핸드폰의 할부구입 시, 건강보험증과 신용카드가 필

일본에서 처음 구입한 핸드폰과 핸드폰 줄. 일본내 있으며 핸드폰 줄을 주렁주렁 달게 된다.

요하다. 통신사별로 학생할인이 되는 곳들이 있으므로, 학생증도 휴대하자. 또 핸드폰 개통 시에 일본어에 크게 자신이 없다면, 신오오쿠보 같은 한국거리나 신주쿠, 오사카 같은 중심부의 통신사에 가면 한국어 소통이 가능한 직원들이 상주하고 있다.

핸드폰 명의변경

연수를 마치고 귀국을 앞둔 친구들의 핸드폰을 받아서 명의변경하는 것도 핸드폰을 사용하는 또 다른 방법입니다. 이때 필요한 준비서류는 신청과 동일하고, 변경 시, 수수료가 2,000엔 정도 발생합니다.

THEME 02. 가전제품은 전자상가를 이용할 것

빅카메라(ビックカメラ), 사쿠라야(さくらや), 요도바시 카메라(ヨドバシカメラ) 같은 전자상가에는 수많은 브랜드의 전자제품이 모여 있다. 가격대도 다양해서 캐논이나 소니 같은 글로벌 브랜드부터 처음 들어보는 브랜드들까지 쭉 진열해 놓고 있어 구입자의 예산에 적합한 제품을 구입할 수 있다. 또 전자제품은 여타 생활용품들에 비해 저렴한 편이라 가격부담이 덜한 것이 사실이다.

아키하바라에는 온갖 전자기기가 모여 있다.

"일본에서 유난히 저렴한 제품은 거의 다 중국산이라고?"

이런 말들 혹시 들어봤는가?

결론부터 얘기하자면 '맞다' 이다. 예전에는 한국산도 중국산과 같은 취급을 받았다고 하지만 최근에 삼성과 LG의 선전으로 한국 제품에 대한 이미지가 많이 올라간 상태다.

THEME 03. 동네 리사이클숍을 공략하라

어학연수의 경우 전자제품이나 가구를 1~2년 정도 쓰게 된다. 이를 위해 새제품을 사는 것이 아깝다고 생각된다면, 인근의 리사이클숍을 찾아보자. 이곳에서 가전이나 가구를 아주 저렴한 가격에 구입할 수 있고 배달도 할 수 있어 경제적이다. 단, 제품의 하자나 더러움 등을 감수해야 한다.

참고로 연수기간이 끝나 가구나 가전을 처분하고 싶을 때는 인터넷을 이용해 유학생들이나 리사이클숍에 되팔 수도 있다.

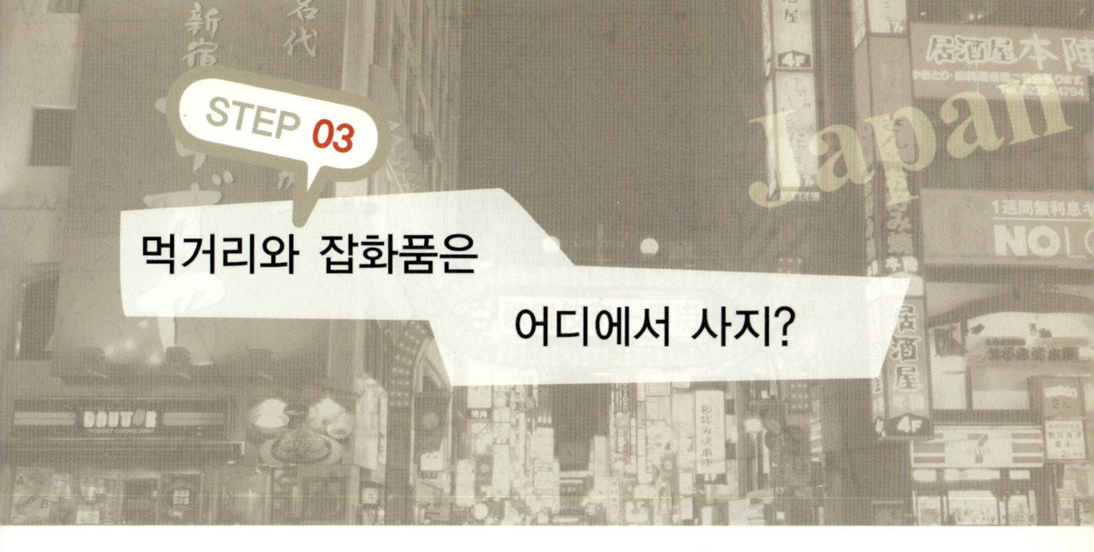

먹거리와 잡화품은
어디에서 사지?

THEME 01. 식재료는 당연히 동네 슈퍼마켓에서

일본에도 동네마다 슈퍼는 하나둘씩 다 위치하고 있어 식재료나 조미료 등은 이런 슈퍼를 이용하는 것이 간편하면서도 저렴하다. 게다가 일본은 1인분씩 잘 나누어 포장해 놨기 때문에 한두 명씩 생활하는 유학생들에게 이용하는 것을 권한다.

생선은 다 손질해서 판다.

THEME 02. 잡화는 도큐한즈(東急ハンズ)와 돈키호테(ドンキホーテ)에서

자질구레한 잡화물품은 도큐한즈(東急ハンズ, Tokyu-Hands)와 돈키호테(ドンキホーテ)를 이용하는 것을 추천한다. 도큐한즈는 DIY 전문 매장으로 방범용품이나 공구 같은 제품부터 청소도구나 파티용품까지 다양한 제품들을 비치해 놓고 있다. 전국에 수많은 체인망을 가진 돈키호테 역시 없는 것을 빼고 다 있는 대형 잡화점이다. 가격도 비교적 저렴하고, 천장까지 들어선 선반에는 수많은 제품들이 진열되어 있어 제품들을 구경하기에도 그만이다.

저렇게 천장까지 쌓인 애들을
어떻게 내리려고 그러는 걸까?

THEME 03. 한국음식들이 생각난다면 코리아타운

도쿄의 오오쿠보(大久保)와 오사카의 츠루하시(鶴嘴)는 대표적인 코리아타운이다. 오오쿠보는 이전까지 한국인과 중국인이 거주하는 우범지대였다. 그랬던 것이 겨울연가를 시작으로 한류붐을 맞아 각종 한국 식당, 슈퍼가 줄줄이 들어서며 일본인들에게도 인기 급상승 중인 지역으로 떠오르고 있다. '총각네', '서울시장' 과 같이 이름부터 한국의 정취가 느껴지는 이곳 어디서나 한국말이 들려오며 연수생활 중, 한국의 맛이 그리울 때 들리게 된다.

지금은 일본인들이 인산인해를 이루어 천천히 쇼핑하기는 어렵지만, 한국 식재료를 사러 가끔 방문한다.

THEME 04. 문구류, 정리함 등은 100엔샵

일반 노트, 필기도구, 정리함 등은 100엔샵 이용이 편리하다. 개인적으로 문구류는 MUJI 제품들도 선호하는 편이다. 100엔샵에서 파는 스낵류는 어학연수 초반 간식으로 정말 많이 먹었다.

CHECK

후쿠부쿠로(福袋) 구매는 좋아하는 브랜드에서!

일본의 재미있는 이벤트, 후쿠부쿠로(福袋)는 일명 '복주머니' 라고도 불립니다. 내용물이 보이지 않는 가방에 해당 브랜드들의 제품이 랜덤으로 다수 들어가 있기 때문에 그런 이름이 붙었나 봅니다. 예를 들어 1만 엔짜리 후쿠부쿠로를 사면 그 안에는 정가 1.5~2만 엔 상당의 제품들이 들어가 있습니다.
이래서 가게들은 뭐가 남냐고요? 이것이 바로 '생색내며 재고정리하는 방식' 의 하나입니다. 이 후쿠부쿠로에는 신제품보다 주로 재고 처리용 제품들이 들어가 있으며 보통은 스테디셀러 위주의 구성에 신제품 한두 개, 걸레로 써야 할 제품 한두 개 정도로 들어 있어요.

저 역시도 몇 번 사보고, 친구들이 사는 것을 지켜본 결과, 본인이 좋아하는 브랜드의 후쿠부쿠로라면 본전은 반드시 건질 수 있으니 도전해 보시길 권합니다. 특히 요즘은 의류 사이즈 (S, M, L)나 스타일을 고를 수 있어서 편리하기도 합니다. 또 친구들과 함께 사서 내 취향이 아닌 것들은 즉석에서 바꾸는 것도 가능합니다.

의류뿐만 아니라, 전자제품, 화장품, 식품, 게임 등에도 후쿠부쿠로가 있으니 내가 좋아하는 브랜드의 후쿠부쿠로가 언제쯤 판매를 시작하는지 인터넷에서 확인하는 것이 좋습니다.
보통 1월 2일부터 일주일간 판매를 하지만, 인기 있는 브랜드의 후쿠부쿠로는 하루 만에 완판되어 버립니다. 유명한 후쿠부쿠로는 긴자쁘렝땅백화점(Printems GINZA)으로, 추운 겨울 밤, 구매를 위해 전날부터 백화점 앞에 줄 서는 사람들이 있을 정도니 그 인기를 일일이 말해 주는 것도 입 아프겠죠?

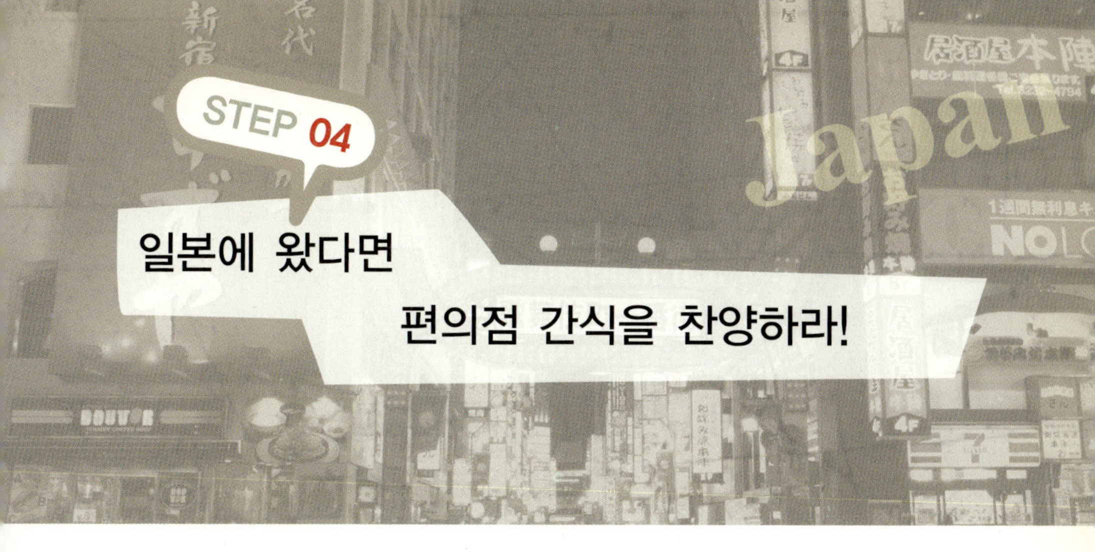

일본에서 어학교를 마칠 때쯤, 공통적으로 나타나는 현상.

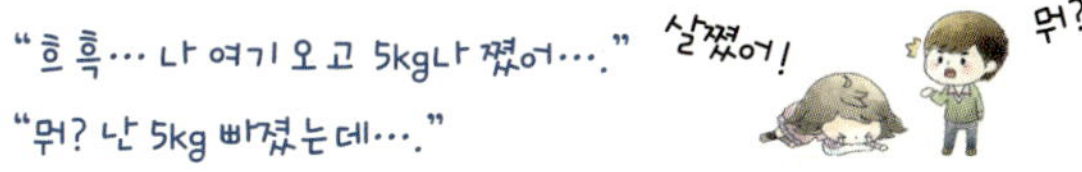

위에서 전자는 99.9% 여자들에게서 나타나는 현상이요, 후자는 99.9% 남자에게서 나타나는 현상이다. 허면 왜 여자들은 살이 찌고, 남자들은 살이 빠질까?
남자들이 살이 빠지는 이유는 알 수 없으나… 여학생 대부분이 살찌는 100% 확실한 이유, 바로 그것은?

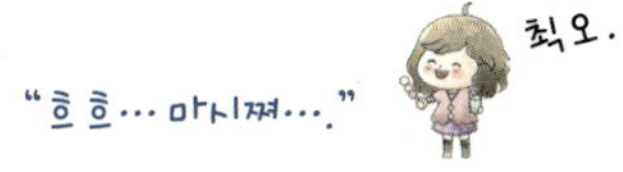

디저트 천국으로 불리는 일본의 각종 케이크와 과자류, 그리고 쉽게 사 먹을 수 있는 햄버거, 튀김류, 즉석음식들이 본인도 모르는 새 피하지방을 늘리고 있는 것이다.
이렇게 찐 살은 귀국해서 몇 개월 지나면 다 제자리로 돌아가니… 참으로 놀랍지 않은가?

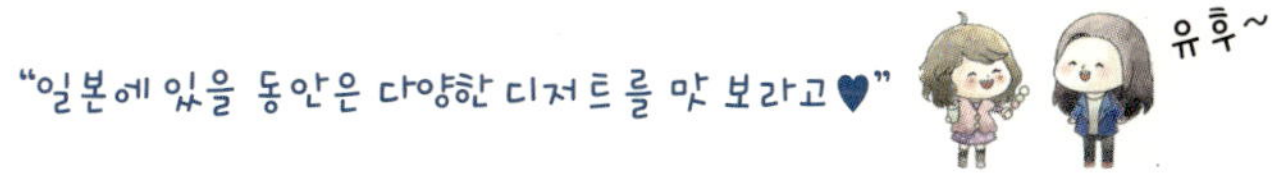

디저트라 하면 카페나 백화점 지하에 살 수 있는 아름다운 비주얼의 타르트, 케이크가 진수라 하겠으나, 또 하나의 장르가 바로 '편의점 디저트의 세계' 이다. 저렴한 가격을 타고 오는 달콤한 유혹, 거부할 수 없는 편의점 디저트. 일본에서는 통칭 'コンビニスイーツ(편의점 스위트)'로 불리며, 잡지나 방송에서 심심치 않게 인기 랭킹을 소개하곤 한다.
24시간 언제든 나를 맞아(?)주는 편의점은 회사마다 다양한 제품들을 판매하고 있어 조금 규모가 큰 편의점이다 싶으면 꼭 들어가 보는 습관이 생겼다.

대표적인 편의점은 세븐일레븐(セブンイレブン), 상쿠스(サークルKサンクス), 로손(LAWSON), 패밀리 마트(Family Mart) 정도.
(ampm은 2010년 패밀리 마트 그룹에 합병되었다.)

늘 새로 나온 녀석들을 시식(?)하는 재미에 여기저기 편의점을 기웃거리며 생긴 나만의 BEST를 여기서 꼽아본다.

THEME 01. 로손 프리미엄 롤케이크(プレミアムロールケーキ)

디저트 업계 종사자들도 인정하는 퀄리티 높은 롤케이크. 롤케이크를 별로 좋아하지 않지만 이 녀석은 자꾸 사 먹게 된다. 빵 안쪽에 있는 부드러운 크림은 마치 우유맛 아이스크림 같아서 냉장고에서 막 꺼내 먹었을 때가 제일 맛있다. 편의점인 로손이 자신의 브랜드명을 걸고 출시시켜 대박난 아이템으로 이후 다른 편의점들도 자사 브랜드 디저트를 많이 내놓긴 하지만, 역시 원조를 이길만한 것이 없다.

스푼으로 떠 먹어야 하는 롤케이크로 가격은 150엔

프리미엄 롤케이크의 대성공 때문인지 로손은 'Uchicafé SWEETS' 라는 시리즈로 몽블랑, 티라미수, 크림치즈, 쇼콜라 등의 10가지 제품을 출시하고 있으며 이것이 구매자들로 하여금 로손으로 발걸음을 하게 하는 결정적인 역할을 하고 있다.(150엔)

아, 지금도 침이 꼴딱 넘어간다. 츄릅 ♥

THEME 02. 모리나가 야키푸딩(焼きプリン)

윗면을 살짝 구워냈음에도 부들부들한 식감이 매력적인 야키푸딩은 오랫동안 나의 No.1 디저트였다. 달콤한 바닐라향과 바닥에 깔린 캐러멜 시럽은 물론 출출할 때 한 끼 간식으로 든든한 볼륨감까지!(응?) 한국 오면서 가장 아쉬웠던 것이 더 이상 이 녀석을 먹을 수 없다는 것이었다.(105엔)

THEME 03. 야마자키 딸기 찹쌀떡(イチゴ大福)

원래 다이후쿠(大福)는 일본에서도 옛날부터 먹어온 떡이었으나 찹쌀떡에 쑥, 대두, 매실, 소금 등을 첨가해 조금씩 다른 맛을 낸다. 특히 딸기철에 나오는 딸기 찹쌀떡은 눈에 보이면 하나씩 사 먹게 된다. 떡의 달콤함과 생딸기의 상큼함이 매력적으로 조화를 이루므로 한 번씩들 드셔보시라.

단맛 나는 팥앙금과 상큼한 딸기의 조화.
가격은 126엔

THEME 04. 모리나가 안닌두부(杏仁豆腐)

안닌두부라는 것을 난 일본에서 처음 먹어보았다. 먹어본 소감을 굳이 밝히자면… 흠….
살구향 나는 푸딩 같은 느낌이랄까? 아무튼 여태까지 먹어본 적 없는 오묘한 향인데 뒷맛은 나름대로 깔끔하여 자주 찾게 된다. 마치 순두부마냥 몰캉해서 어느새, 쑤욱 다 먹어버리는 마성의 디저트.

안닌두부 사러 갔다가 푸딩들도 다 데려왔다는…
가격은 150엔

THEME 05. 야마자키 쿠시단고(串団子)

찹쌀 경단에 조청, 팥, 깨, 콩가루 등의 고물이 묻어 있는 먹거리로, 아사쿠사에 가면 전통식으로 된 것이 유명하지만 편의점 105엔짜리 단고도 충분히 맛있다. 특히 그 쫄깃한 찹쌀떡 식감이 일품.

쫄깃한 떡과 달콤한 조청으로
105엔이 아깝지 않다!

THEME 06. 야마자키 홋카이도
치즈 찐 케이크(北海度チーズ蒸しケーキ)

처음 일본에서 먹어보고 깜짝 놀랐던 치즈 케이크. 홋카이도 모양이 그려진 평범해 보이는 카스테라로, 진한 치즈향과 부드러운 식감에 한동안 매일 같이 사먹었던 케이크이다. 냉장고에 넣어두거나 냉동실에 잠깐 넣어서 차갑게 해 먹으면 더 맛있다.

105엔 밖에 안 하는 데 이렇게 맛있으면 곤란해!

THEME 07. 가루비 쟈가리코(じゃがりこ)

지금도 일본으로 출장 가거나, 일본에서 친구들이 놀러올 때면 부탁하는 아이템. 딱딱한 식감의 감자스틱으로 와삭와삭하는 식감과 입안에 퍼지는 농도 진한 감자맛이 정말 매력적이다. 특히 맥주와도 잘 어울려 더욱 사랑스럽다는…. 다양한 맛과 계절, 지역 한정 상품도 눈에 띌 때마다 흡입하는 중으로, 이중에서 가장 좋아하는 맛은 '사라다'와 '치즈'.(105엔)

THEME 08. 메론빵

일본 드라마를 보면 학생들이 늘 메론빵을 입에 달고 산다. 맛있나 해서 먹어 봤더니 정말 메론맛이라 웃음이 났던 기억이 있다. 향이 강해서일까 가끔 생각나기도 하고, 출출할 때 하나 먹으면 든든해지기도 하는 녀석. 일본인들에게 메론빵은 학창 시절을 떠올리게 하는 그리운 먹거리인 듯하다.

지금까지 소개한 편의점 디저트는 저렴한 가격과 중독성을 무기삼아 나를 유혹한다.

THEME 09. 한 번 마시면 멈출 수 없는 마성의 음료와 야식

01 하루의 마무리 캔맥주

디저트 이야기를 하다 보니 갑자기 또 한 명의 아이를 더 소개하고 지나가야 할 듯하다.

디저트는 아니지만 일본인들의 사랑을 듬뿍 받는 맥주 얘기를 하지 않는다면… 녀석은 슬퍼할지도 모른다.

우선 일본인들은 독한 술보다 약한 술을 조금씩 천천히 마시는 것을 선호하기 때문에 소주보다 맥주의 인기가 더 높다. 영화나 드라마를 보면 어느 식당이든 앉자마자 주문하기도 전에 'とりあえず生、一つ.(먼저 생맥주 한 잔 주세요)' 라며 맥주부터 한 잔 마시고 시작하는 장면들이 자주 보이는데, 실제로도 그렇다. 집에서 저녁식사를 하거나 샤워 후에 맥주를 한 잔씩 하는 것도 일반적인 문화이다. 이것이 남성에게만 국한된 것이 아니라, 여성들에게도 해당하는 부분이다. 또한 술을 아예 못 마시는 사람들을 위해 무(無)알코올 맥주

도 다양한 종류로 판매되고 있는 것을 보면 일본인들의 맥주에 대한 사랑은 참 혀를 내두를만하다.

이걸 또 따라해 보겠다고 한동안 모든 맥주 회사의 맥주를 종류별로 사 놓고 마셔대기 시작했으나 곧 깨닫게 된 경악스러운 사실은….

맥주와 쟈가리코와 완벽한 궁합♥

그래도 그 한 잔이 하루의 피곤을 싸악 씻어주는 듯하니 (살이 찔 때 찌더라도)끊을 수 없는 마력이 있다.

02 과일맛이 나는 새콤달콤 알코올 음료, 츄하이(チューハイ)

맥주에 이어 다음에 도전한 것들이 일명 '츄하이(酎ハイ)' 계열의 과일맛 나는 알코올 음료들이다. 대부분이 보드카 베이스에 과실 엑기스를 첨가하기 때문에 달콤하고, 약간의 알코올 기운도 있어 맥주의 쓴맛이 싫은 사람들도 즐겁게 한 잔할 수 있다.

겨울이 되면 편의점 마다
짭짤한 오뎅냄새가 허기진 배를 자극한다!

이와 궁합을 맞춰 겨울에만 등장하는 편의점 오뎅도 사랑스러운 야참이다. 여러 가지 오뎅과, 곤약, 닭고기 경단, 가장 놀라운 것은 '무' 도 선택해서 골라올 수 있다는 사실!

03 흥분을 부르는 일본 커피

마지막으로, 일본에서 보고 개인적으로 가장 흥분했던 것은 대용량 커피였다. 빨대를 꽂아 마시는 스타일의 커피는 240ml, 페트병이나 종이팩에 들어 있는 커피는 500ml, 900ml의 대용량도 있었다. 커피를 좋아하는 나에게는 참으로 눈물 나게 아름다운 사이즈가 아닐 수 없다. 이런 사이즈는 별다방 벤티를 주문할 때나 가능했는데….

커피를 배부르게 마실 수 있다!

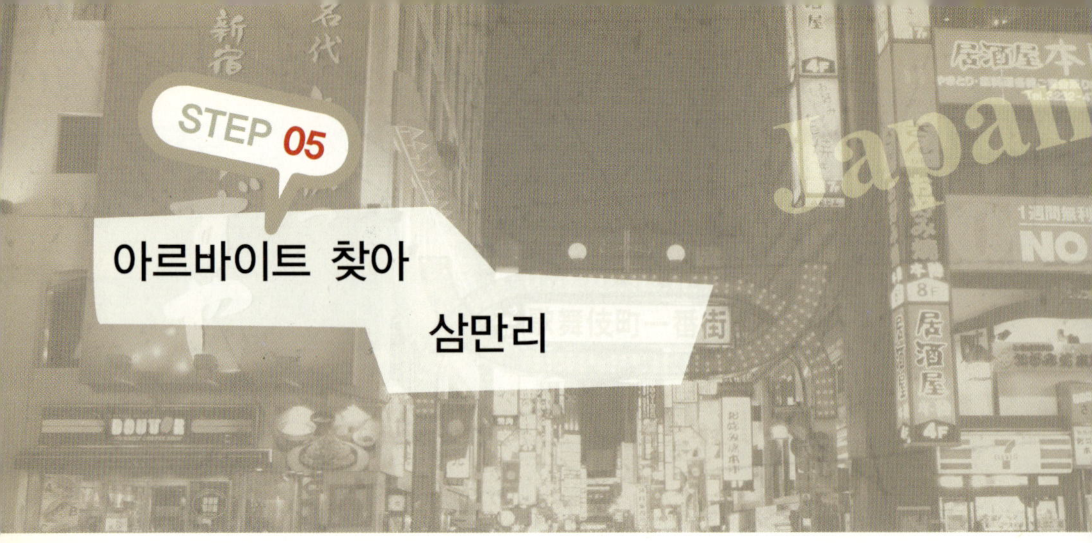

일본의 어학연수생들은 생활비도 벌고, 일본어도 활용하기 위해 거의 아르바이트를 한다. 시간은 보통 하루 4~6시간 정도이고, 일본어가 힘든 학생들은 한국 식당에서 비교적 의사소통이 자유로운 학생들은 편의점이나, 프랜차이즈 패스트푸드점, 간혹 일본 기업에서 일을 하기도 한다.

THEME 01. 현지 아르바이트, 어떻게 구할까?

일본에서 아르바이트를 구하는 대표적인 방법은 아래와 같다.

01 국내 인터넷 카페의 아르바이트 구인란 이용

Daum이나 Naver의 유학생들 카페에는 아르바이트 구인구직란에 신선한 정보가 매일같이 올라온다. 그 정보의 대다수는 한국계 식당이 차지하여, 한글 이력서나 구직을 희망한다는 메일을 보내고 간단한 면접을 보면 채용까지는 어렵지 않은 곳들이 대부분이다. 아직 일본어가 미숙하다면 한국 업체에서 아르바이트를 시작하는 것을 권한다.

02 헬로워크(ハローワーク)에 회원등록

헬로워크(ハローワーク)는 국가(후생성직업안정국)가 관리하는 구인구직기관이다. 전국적으로 관리망을 가지고 있어 구직 등록을 하고 담당자에게 상담, 추천을 받으면서 구직활동을 할 수 있다. 일본 회사에 이력서를 낼 수 있다는 이점이 있고 일본어 회화 실력이 좋을수록 유리하다. 사무실은 도시 곳곳에 있으니 인터넷에서 위치를 확인하고 방문해 보자. 되도록 아침 이른 시간에 가는 것이 좋다.

홈페이지 : 헬로워크(www.hellowork.go.jp)

03 외국인 구직 사이트 등록

야후재팬 같은 일본 포털 사이트에서 '외국인 구인구직(外国人求人求職)'으로 검색하면, 외국인들이 주로 사용하는 인터넷 구직 사이트들이 검색된다. 자신의 정보를 등록하면, 조건에 맞는 업체를 검색할 수 있고 새로운 구인 정보가 등록될 때마다 Mail로 정보를 받을 수 있다. 만약 지원하고 싶은 업체가 발견되면 이력서를 보내거나, 사이트를 통해 구직 의사를 밝히면 된다. 단, 구직을 위한 등록이나 검색이 일본어로 이루어지므로, 일본어로 워드 작업에 익숙해지는 것이 좋다.

MEMO 다양한 구인구직 사이트

- 외국인 구인넷 : tsubasainc.net
- 잡월드 : www.jobsworld.jp
- 런스터드 : gl.randstad.co.jp
- HIWORK : staff.hiwork.jp

04 구직자가 직접 발품하기

요시노야나 편의점 같은 체인점은 점포 앞에 '아르바이트 모집 중(アルバイト募集中)'이라고 포스터를 붙여 놓는다. 이 포스터에는 시급, 시간 등도 함께 표시가 되어 있어 해당 구인에 관심이 있다면 이력서를 가지고 점장을 만나보자.

보통은 포스터에 있는 담당자 전화번호로 전화를 하고 시간 약속을 정한 후 이력서를 가지고 방문하면 된다. 이력서를 지참한 후 인사하는 과정이 머쓱한 것을 제외하면 나머지 과정은 비교적 간단하다.

요시노야 입구 오른쪽 포스터에 구인광고가 큼지막하게 붙어 있다.

● 구인 잡지 및 인터넷 검색

지하철역 가판대, 편의점, 서점에 가면 무가지, 혹은 저렴한 가격의 구인구직 잡지가 놓여있다. 일본은 아직도 이런 정보지를 통해 구인광고를 많이 하는 편이므로 한두 권 정도 집으로 모셔(?)와서 살펴보도록 하자. 요즘은 대강의 시급 정보도 알 수 있어 유용하다.

townwork

● 대표 구인 잡지

제목	판매가	발매일	관련 사이트	기타
an	100엔	매주 월요일	weban.jp	–
salida	210엔	매주 월요일	salida.jp	여성전용
From A	–	–	froma.yahoo.co.jp	–
Town work	무료	매주 월요일	townwork.net	–
Job aidem	무료	매주 월요일	www.e-aidem.com	–
J Page	무료	매주 월요일	www.j-navigation.com	도쿄 23구 중심
Power Work	무료	격주 수요일 발매	powerwork-freeweb.com	–
とらばーゆ	–	–	toranet.yahoo.co.jp	여성전용

THEME 02. 이력서 작성법

일본에서 아르바이트나 취업을 준비하려면 이력서 작성이 필수다. 아직도 손으로 직접 쓴 이력서가 일반적이므로, 100엔샵에서 기본 이력서를 구입해 써야 한다. 헌데 이력서를 쓸 때도 신중에 신중을 기해야 하는데 그 이유인즉슨…

"수정테이프 사용도 안 되고, 글씨가 틀리면 쓰던 이력서는 버리고 새로 써야 한다고?"

또, 작성 시. 본인이 졸업한 고등학교, 대학교의 한자를 미리 확인해 놓는 것도 잊지 말아야 할 사항이다.

履 歴 書

年　　月　　日現在

<table>
<tr><td>ふりがな</td><td colspan="2">ホン・ギルドン</td><td rowspan="2">写真をはる位置

写真をはる必要がある場合
1. 縦　36〜40㎜
　　横　24〜30㎜
2. 本人単身胸から上
3. 裏面のりづけ</td></tr>
<tr><td>氏　名</td><td colspan="2">① 洪 吉童</td></tr>
<tr><td colspan="3">② ○○○○ 年 ○ 月 ○ 日生（満 ○ 歳）</td><td>※
（男）・女</td></tr>
</table>

① 氏名：洪 吉童（ホン・ギルドン）

② ○○○○ 年 ○ 月 ○ 日生（満 ○ 歳）　※（男）・女

③ 現住所　ふりがな　とうきょうと　しんじゅくく　にししんじゅく 2-8-1
〒 163-8001
東京都　新宿区　西新宿 2-8-1

④ 電話　000-000-0000
abc@yahoo.co.jp

ふりがな
連絡先　〒　　　　　（現住所以外に連絡を希望する場合のみ記入）　電話

⑨ 写真をはる位置／写真をはる必要がある場合　1. 縦 36〜40㎜　横 24〜30㎜　2. 本人単身胸から上　3. 裏面のりづけ

年	月	学歴・職歴（各別にまとめて書く）
		⑤　学歴
2009	3	大韓民国高等学校　入学
2011	2	大韓民国高等学校　卒業
2011	3	大韓民国大学校　入学(社会学部、政治学科専攻)
		⑥　職歴（アルバイト）
2011	10	大韓民国出版社　入社（出版、１０人）
		原稿編集、企画担当
2012	10	大韓民国出版社　退社（日本留学）
		⑦　以上

記入上の注意　1. 鉛筆以外の黒又は青の筆記具で記入。　2. 数字はアラビア数字で、文字はくずさず正確に書く。

3. ※印のところは、該当するものを○で囲む。

年	月	学歴・職歴（各別にまとめて書く）

年	月	免許・資格
2013	12	日本語能力試験（Ｎ２）

<table>
<tr><td rowspan="4">志望の動機、特技、好きな学科、アピールポイントなど

⑧</td><td colspan="2">通勤時間

約　　　時間　　　分</td></tr>
<tr><td colspan="2">扶養家族数（配偶者を除く）

人</td></tr>
<tr><td>配偶者

※　有・無</td><td>配偶者の扶養義務

※　有・無</td></tr>
</table>

本人希望記入欄（特に給料・職種・勤務時間・勤務地・その他についての希望などがあれば記入）

① 이름 : 한자 이름과 후리가나(ふりがな)로 발음을 표기

② 생년월일 : 이력서에 서기로 표시가 되어 있는지 일본력으로 되어 있는지 잘 확인하자.

③ 주소 : 정확한 주소를 마지막까지 쓰고, 후리가나(읽는 법)도 반드시 표기한다.

④ 연락처 : 핸드폰 전화번호 및 이메일 주소를 정확히 쓴다.

⑤ 학력 : '학력 또는 이력'이라고 표시된 란 맨 윗칸에 '학력(学歴)'이라 쓴다.

　　　　초등학교, 중학교는 졸업만 쓰거나 생략해도 좋다.

　　　　고등학교 입학, 고등학교 졸업, 대학교 입학, 대학교 졸업을 순서대로 쓴다.

　　　　대학은 학과와 전공을 괄호 안에 표기한다.

　　　　연월은 ②의 생년월일 표기에서 사용한 '서기' 혹은 '일본력'과

　　　　동일한 표기를 사용한다.

　　　　1년 이상의 휴학이나 중퇴의 경우 괄호 안에 사유를 기입한다.

⑥ 이력 : 학력이 끝난 시점에서 바로 아랫줄에 '이력(履歴)'이라 쓴다.

　　　　회사명을 쓰고 괄호 안에 직종과 종업원 수를 쓴다.

　　　　회사명 아래 칸에 조금 작은 글씨로 담당 업무를 간단히 표기한다.

⑦ 이상 : 학력과 이력이 끝난 부분에서 '이상(以上)'이라고 쓴다.

⑧ 지망동기 : 자신의 경험을 바탕으로 구체적인 지망동기를 80~90% 정도

　　　　　칸을 채워 서술한다.

CHECK　　　　**이런 표현은 쓰면 감점**

　'급여가 높아서', '대기업 이니까', '스카우트 메일을 받고', '귀사 제품을 좋아해서', '아직 경험은 부족하나 일을 하면서 배우고 싶다' 등의 표현은 삼가는 것이 좋습니다. 우선 이런 표현을 사용하면 대체로 '성의 없다'라고 생각하는 일본인들이 많습니다. 덧붙여 '경험은 부족하나 배우고 싶다'는 말은 일을 못한다로 판단하기도 하죠.

⑨ 증명사진 : 3cm x 4cm의 기본 증명사진을 사용한다. 스티커 사진 등은 당연히 금지.

이 정도가 기본적으로 필요한 작성 요령들이다. 학교 다니면서 아르바이트를 시작하면 의외로 시간 내기가 어려우니 입국해서 초반에 작성해 둘 것을 권한다.

THEME 03. 아르바이트 면접 시, 주의사항

모든 구직활동은 먼저 이력서를 보내고, 면접 연락이 오면(이력서를 Mail로 송부했다 하더라도) 수기로 작성한 이력서를 지참하고 회사를 방문해야 한다.

즉, 약속된 시간보다 10분 정도 일찍 도착해서 5분 전에 들어가는 것이 가장 좋다는 사실!

"그렇다고 너무 일찍 도착하는 것도 NG!"

면접 시, 인사성이 중요하며 면접 때는 미소 띤 얼굴로 임하는 것이 좋다.

"失礼いたします(실례합니다), 始めまして.(처음 뵙겠습니다)"

등으로 첫인사를 하고 끝나고 나올 때 역시 웃는 얼굴을 포인트 삼아…

"お時間頂き、ありがとうございました.(시간 내 주셔서 감사합니다)"

라고 말하며 허리를 30도 정도 숙이며 감사의 인사를 전한다.

아르바이트를 구할 때 가장 중요한 것은 일본어 회화 능력이다. 그러니 일본어 회화 능력이 좋다는 사실을 강하게 어필할수록(물론 예의바르고 미소를 잃지 않으면서) 면접에서 바로 채용될 확률이 높다.

그렇다면 채용이 되면 일을 하면서 꼭 지켜야 할 사항은 무엇일까?

01 근무 태도

면접에 합격하여 아르바이트를 시작하게 되면 시간을 반드시 엄수해야 한다. 보통 10분 일찍 도착해, 10분 늦게 나온다는 감각으로 일을 하도록 한다. 부득이하게 그만두어야 할 경우는 적어도 3~4주 전에 미리 양해를 구하고 그만두도록 한다.

업체들이 한국이나 중국 아르바이트생을 꺼리는 이유는 일본인에 비해 이들의 근무태도가 좋지 않기 때문이다. 이 부분은 중국인들이 더 심하긴 한데, 전날 전화해서 내일부터 안 나간다 통보하고 그만두는 것은 일본뿐만 아니라 어디에서든 예의가 아니다. 사실 이런 경우에 일본인 사업주는 아르바이트생에게 급여를 주지 않아도 무방하다.

불경기가 심할수록 외국인보다 자국민을 먼저 고용하기 때문에 아르바이트 잡기가 어려울 수 있다. 또한, 외국인들이 흉악범죄를 저질러 그것이 뉴스에 보도되면, 구직이 어려운 것은 물론이거니와 갑자기 해고 통보를 받을 수 있다. 내가 나빠서가 아니라 외국인에 대한 경계에서 비롯되는 일들이니 어쩔 수 없는 부분이다. 이런 것을 미연에 방지하려면 성실한 태도로 점장, 사장에게 인정을 받아두는 수밖에 없다.

실제로 내가 일본에 있었던 시기에 중국인이 일본인 사업주 가족을 살해하는 끔찍한 사건이 있었다. 중국인은 사업주가 월급을 주지 않아서 살해했다고 증언했고, 사업주의 관계자들은 중국인이 갑자기 일터에 나오지 않게 되어 급여를 지급하지 않았다고 말했다. 정황이야 차차 밝혀졌지만 이후 상황은 전혀 엉뚱한 곳까지 영향을 미쳤다. 어학연수, 혹은 취업을 위해 일본에 비자를 신청했던 수많은 중국인들의 비자 신청이 거절되었고, 많은 업체에서 외국인들이 해고를 당했다. 이로 인해 한동안 많은 어학원에서 중국 학생수가

급감했다.

당시 한국 친구가 편의점에서 아르바이트를 하고 있었는데 해고는 면했지만, 아르바이트 시간대가 심야로 바뀌었다. 일반 손님들(=일본인)의 눈에 띄지 않게 외국인 아르바이트생을 심야시간대로 옮긴 것이다. 또 외국인이 점포에서 일하고 있으면, 일본인들이 본점이며 시·구청에 항의하기 시작했다고 한다.

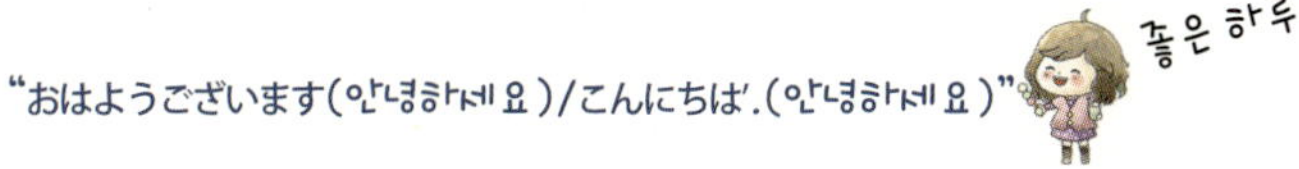

해당 사건과 관계가 없는 우리로서는 굉장히 억울한 일이지만, 현지에 살고 있는 이상 어쩔 수 없이 받아들여야 하는 부분이기도 하다.

02 인사성

인사성도 역시 중요한 부분을 차지한다. 일을 하러 들어가면서…

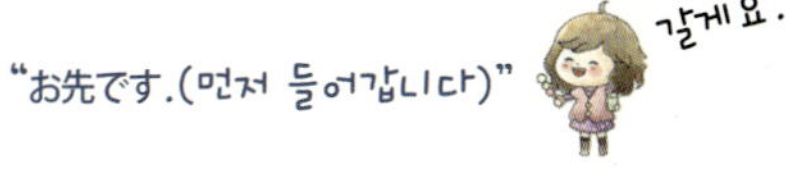

라고 밝게 인사하고, 퇴근할 때는…

라고 인사를 하도록 한다. 평소에도 失礼します(실례합니다), そうですね(그러네요), すみません(미안합니다), どうも(감사합니다), ありがとうございます(감사합니다) 등의 가벼운 인사는 상시 입에 달고 있어야 한다.

작은 인사예절이 그 사람과 국가를 돋보이게 하니 인사성은 꼭 익혀 두어야 하며 일본 업체에서 일을 한다면 더더욱 그렇다. 거기서 나란 사람은 김상(金さん), 이상(李さん)이라는 이름보다 한국인 아르바이트생(韓国人のバイト)이란 이미지로 통하기 때문이다. 내가 뭘 하든 잘 하거나 잘못하거나 사람들은 '아! 한국인은 저렇구나.' 라고 생각하게 되니 특히 태도에는 주의를 기울여야 한다.

03 확인하는 습관

일본인들은 여간 해서 남의 잘못을 지적하지 않는다. 앞에서도 잠시 언급이 되었지만 서로의 감정이 상할 것 같은 대화는 최대한 하지 않는 것이 일본이다. 그렇기 때문에 초반에 일을 알려주고 나서 잘잘못에 대한 잔소리가 거의 없다. 잘하고 있어서 잔소리가 없는 것이라면 좋겠지만, 실수에 대한 부분을 그냥 넘기다가 해고하거나 시급을 올려주지 않는 하는 경우도 자주 있다. 그러니 뭔가 알쏭달쏭 하다거나, 잘 모르겠다거나 할 때는 반드시 상사에게 물어보자. 우리와는 다른 문화를 가진 사람들이므로 한국에서 하던 대로 대충 눈치껏 하다가는 나중에 문제가 생길 가능성이 많다.

더불어 주위의 친한 일본인 동료들에게 지금 내가 쓰고 있는 일본어가 맞는지, 더 좋고 자연스런 표현이 없는지도 물어보자. 내가 잘못된 일본어를 구사하고 있어도 일본인들은 절대 먼저 내 표현을 고쳐주지 않는다. 현장에서 만나는 일본인 친구들은 좋은 선생님이 될 수 있으니 미리 내가 틀린 표현을 쓰면 고쳐달라 부탁을 해 놓는 것도 좋다.

내가 처음 아르바이트를 시작할 무렵, 'やる(주다, 하다)' 의 쓰임을 혼동하고 있었다. 책을 보면 알겠는데, 막상 쓰려고 하면 이건가? 저건가? 하며 망설여졌다.
어느 날, 매니저가 박스를 옮기고 있는 것이 보였다.

하고 기운차게 도왔다. 매니저는 잠시 당황하는 표정으로 고개를 갸웃거리다가 이내 웃으며 이렇게 말하는 것이 아닌가?

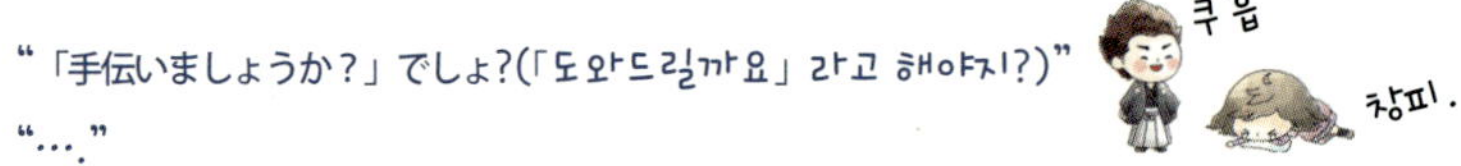

"…"

순간 부끄러워서 얼굴이 화끈거렸지만, 일생 그 표현은 잊지 않는다.
잘못된 표현은 물론, 교과서에 나오는 딱딱한 문어체 표현은 실생활에 그다지 사용되지 않을 때가 많다. 그러니 주위의 일본 친구들이 나누는 대화를 주의 깊게 듣는 습관을 기르고, 나의 표현에 대해서도 자주 물어보는 편이 일본어 실력 향상에 큰 도움이 된다.

무엇보다도 아르바이트나 일을 시작하면서 염두에 둬야 할 사실은 우리는 '외국인 노동자' 라는 것이다. 분명히 일을 하다 보면 부당한 일을 당하기도 하고, 어려움도 있기 마련이다. 따라서 이런 것에 슬기롭게 대처하기 위해서는 함께 일하는 사람들과의 원만한 인간관계도 우선 되어야 하겠다.

사람 숨넘어가게 만드는
인터넷 설치

일본에서 뭔가를 신청하거나 만들려고 하면 우선 번호표를 뽑고 기다려야 한다. 관공서는 물론이요, 은행에서 통장을 만들어도 카드는 일주일 기다려서 우편으로 받아야 하고, 가수 팬클럽도 가입한 후 회비를 내고 또 기다린다.
뭘 하든 기다리니, 식당 앞에서 30분 줄 서는 것쯤이야 정말 우습지도 않은 나라다.

그중에서도 유학생 기다림의 절정판은 바로 인터넷 설치다.
빠르면 2주, 느리면 한 달 이상이 걸리는 인터넷 설치. 우리나라처럼 전화 한 통에 '네, 고객님! 신청 완료되셨고요, 설치는 이번 주 언제 방문드리면 될까요?' 라는 멘트는 절대 기대할 수 없는 곳. 인터넷 설치가 완료되던 날 룸메이트와 노트북을 켜보며 환호하던 때가 떠오르누나…

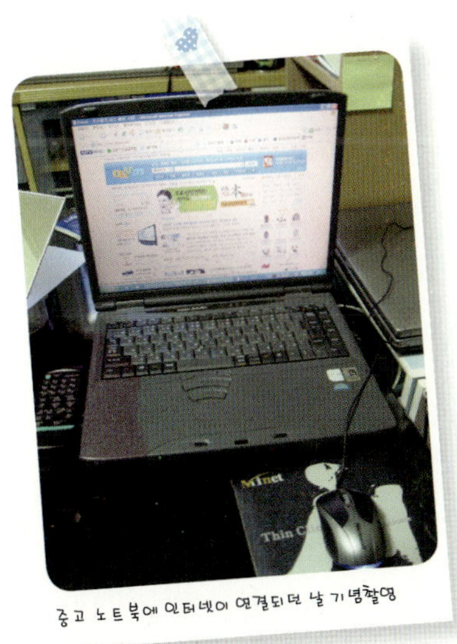

중고 노트북에 인터넷이 연결되던 날 기념촬영

THEME 01. 일본 인터넷 설치 필요 · 충분 조건은?

일본에서 인터넷 설치는 어떻게 해야 할까?

우선 신청할 때는 체류카드와 통장이 사본이 필요하다. 그리고 다음과 같은 과정을 거쳐야 한다.

01 우리집 현황 확인

집주인(혹은 부동산 중계인)에게 지금 있는 건물에서 인터넷을 쓰려면 어떤 통신사나 프로바이더를 사용하는지 확인하도록 한다. 만약 사용하고 있는 회사가 있으면 그쪽으로 바로 신청(계약)을 한다.

Q&A

Q. 프로바이더(プロバイダー, Provider)란?

A. 인터넷 제공사(통신사는 회선 제공사)를 의미합니다.

02 통신사 계약

통신사는 NTT가 가장 널리 이용되는 회사다. 계약 시, 'ADSL' 인지 '光HIKARI' 를 선택하는데, 光HIKARI가 광케이블에 해당한다. ADSL은 전화국이 가깝지 않은 이상 느릴 수 있다. 전화, 혹은 인터넷, 서비스센터 방문 접수로 신청하고 전화 신청 시에는 집으로 계약서가 발송된다.

- **대표 통신사 : NTT, au**

03 프로바이더 계약

프로바이더의 경우 한국은 KT나 SK에서 한 번에 모든 진행이 이루어지지만, 일본은 따로따로 확인해야 하는 번거로움이 있다.

- **대표 프로바이더 : OCN, @nifty, So-net, Plala, YahooBB**

04 공사 및 설치

통신사에서 회선 공사를 오는데, 보통 신청일로부터 2주~4주 소요되고, 별도 공사비, 설치비가 발생한다. 설치가 끝나면 인터넷 세팅용 CD와 설명서를 주고 유유히 사라지는 직원을 볼 수 있다. 이것은 즉, 인터넷 세팅을 나 스스로 해야 한다는…

이럴 때마다… 난 정말…

이처럼 통신사와 프로바이더를 나누어 놓은 점이 우리나라와 달라 무척 애매하고, 설상가상으로 설치까지 시간이 너무 오래 걸린다는 것이 우리의 울화병을 부른다.

THEME 02. 통신사와 프로바이더 비교하기

통신사와 프로바이더를 정할 때는 TV나 신문광고, 가판대 광고, 인터넷 홈페이지에 들어가 가격 검색을 통해 비교할 것을 권한다. 만약 인터넷이 불안하면 빅카메라 같은 전자상가에서 따로 신청을 받는 곳이 있으니 거기서 종합적으로 상담하고 진행하는 것도 좋다.

혹은, 카카쿠닷컴(www.kakaku.com/bb)에서 통신사-프로바이더 묶음 상품을 검색해 보는 것도 추천할 만하다. 약정을 기반으로 사용료나 설치비를 감면해 주거나, 상품권을 대신 주는 등의 파격적인 이벤트를 상시 진행하고 있다. 주거지 형태에 따라 초기 공사 비용은 2만 엔 전후로 발생할 수도 있어 요금제 확인은 반드시 필요한 부분이다.

돌이켜보니, 매사에 무엇을 신청하고 기다리는 것은 너무도 당연한 일본인의 일상이다.
집에 핸드폰 중계 안테나를 설치하거나, 인터넷 TV나 전화기를 설치하는 등의 모든 일에 먼저 필요 서류를 확인한 후 신청서를 작성하고 기다리는 생활.
한국에서 전화 한 통이면 끝이었던 그 편리함에 비로소 감사를 느꼈던 때이기도 했다.

찬바람 쌩쌩 부는 겨울이 지나 이제 좀 살만한가 느꼈던 3~4월. 어느 날부터 갑자기 미열과 함께 콧물이 줄줄 흐르기 시작했다. 재채기도 쉴 새 없이 나오고, 아르바이트를 하는 오후 시간에는 증세가 더 심해졌다. 감기인 것 같아 일단 비상약으로 챙겨온 종합감기약을 복용 했는데, 전혀 차도가 없는 것이 아닌가?

며칠을 쿵쿵거리고 다니는 걸 본 일본인 친구가 내게 이렇게 말했다.

그러고 보니 편의점과 약국에 '화분 대책(花粉対策)' 이라 쓰인 제품들이 진열장 앞을 차지하고 있는 것을 본 듯도 하다.

어떻게 된 거야?

THEME 01. 화분증이 뭔데 그래?

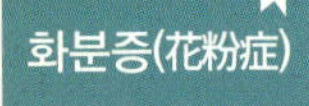

계절성 알레르기성 비염으로 구분되는 질환. 꽃가루가 코 점막 등에 붙어 염증을 유발하며 재채기, 콧물, 코 막힘, 눈 가려움, 미열 등의 증상을 동반한다. 삼나무, 수양버들, 돼지풀, 쑥 등이 원인으로 알려져 있다.

일본은 2차 대전(1945) 이후, 목재확보를 위해 성장이 빠른 삼나무를 대량으로 식수했다. 그 삼나무가 성장하면서부터 엄청난 양의 꽃가루를 발생시켜 화분증의 가장 큰 요인으로 작용하고 있다고 한다. 삼나무를 없애면 화분증을 줄일 수 있으련만 정부의 예산부족으로 특별한 조치는 취하지 않는다고 했다.

삼나무 꽃가루는 30㎛~40㎛ 정도 사이즈로, 일반 꽃가루보다 작아 인체에 흡입되었을 때 기관지, 점막 등에 달라붙어 염증을 일으키기 쉽다. 보통 2월에서 4월까지 꽃가루가 날리고, 정도가 심할 때는 우리나라의 황사 심한 날처럼 앞이 부옇게 보일 정도다.

일본에서 삼나무를 원인으로 화분증에 걸리는 인구가 2,500만 명(약 20%) 정도 된다고 하니, 이 정도면 국민병인 셈이다. 병원을 가면 소염제, 항히스타민제나 스테로이드쪽 계열의 약처방을 받는데, 알레르기가 있는 사람들은 알겠지만, 이런 약들은 증상을 억제해 주는 역할을 할 뿐, 근본적인 치료는 어렵다. 그러니 알레르기나 아토피 체질인 사람은 면역력을 키우고, 다음의 몇 가지 예방 대책을 따라해 보도록 하자.

CHECK

화분증 예방책

① 외출 시, 마스크 착용
② 외출에서 돌아온 후에 입안 헹구기, 세안하기
③ 외출에서 돌아온 후 겉옷은 가볍게 털어 꽃가루를 제거한다.
④ 환기를 자주 시키고 청소를 해 집안에 꽃가루가 쌓이지 않도록 한다.
⑤ 꽃가루가 심한 날은 안경이나 모자를 쓰는 것도 좋다.

THEME 02. 증상이 나타나면 어떻게 하지?

01 증상이 나타면 마스크 착용!

일단 증상이 나타나면, 꽃가루가 날아다니지 않는 실내에서 생활하고 외출 시에는 마스크를 꼭 쓰도록 한다. 편의점이나 약국에는 다양한 모양과 크기의 마스크들이 진열되어 있는 것을 통해 수많은 사람들이 마스크를 사용하는 것을 쉽게 알 수 있다. 나 역시 봄에는 꽃가루 때문에, 가을에는 감기 때문에 마스크를 애용하곤 했다. 나뿐만 아니라 모두 다 쓰고 다니니 별로 부끄럽지도 않고, 숨 쉬는데 답답함도 덜한 편이다.

02 증상 초기, 병원을 방문하자!

증상 초기에는 병원을 찾는 것도 한 방법이다. 코점막의 염증이 아직 진행되지 않은 상태라면 가벼운 약 처방 정도로 증상을 완화시킬 수 있다. 화분증 진료를 보는 곳은 내과(内科), 이비인후과(耳鼻咽喉科), 소아과(小児科), 알레르기과(アレルギー科) 등이다.

또 병원 방문 시에 건강보험증을 지참하도록 하자. 건강보험을 챙긴 사람에 한해서만 초진 시에 약 4,000~6,000엔, 재진 시에 약 2,000~5,000엔 전후가 소요된다.

건강보험에서 환자 부담이 30%라 그나마 이 비용이고, 보험 없이 병원에 갔다가는 영수증을 보고 화분증이 아닌 혈압으로 쓰러질 수도 있다. 그렇다면 일본 병원 시설은 어떨까?

일본의 병원 시스템은 한국과 유사하다!

단 하나, 다른 것이 있다면 일본 의사들이나 간호사들은 굉장히 세세한 부분까지 설명을 많이 해 주는 편이다. 약 처방전에 대한 것도 귀찮을 정도로 하나하나 설명(심지어 처방전에 약의 사진이 첨부된다)한다. 병또 원에 따라 증상 정도와 처방 내용이 담긴 별도의 진료카드를 발급해 주기도 한다.

나도 살짝 아토피가 있긴 했으나 한국에서는 거의 미미한 정도였는데, 일본에 정착한 첫해에 호되게 화분증에 당했다. 그 이후로는 마스크를 꼭꼭 챙겨 쓰고 다녀서 가벼운 정도에서 앓다가 말았지만, 정말 괴로운 것은 화분증과 감기가 같이 오는 것이다. 이럴 경우 푹 쉬면서 병원에 가는 것만이 사는 길이다.

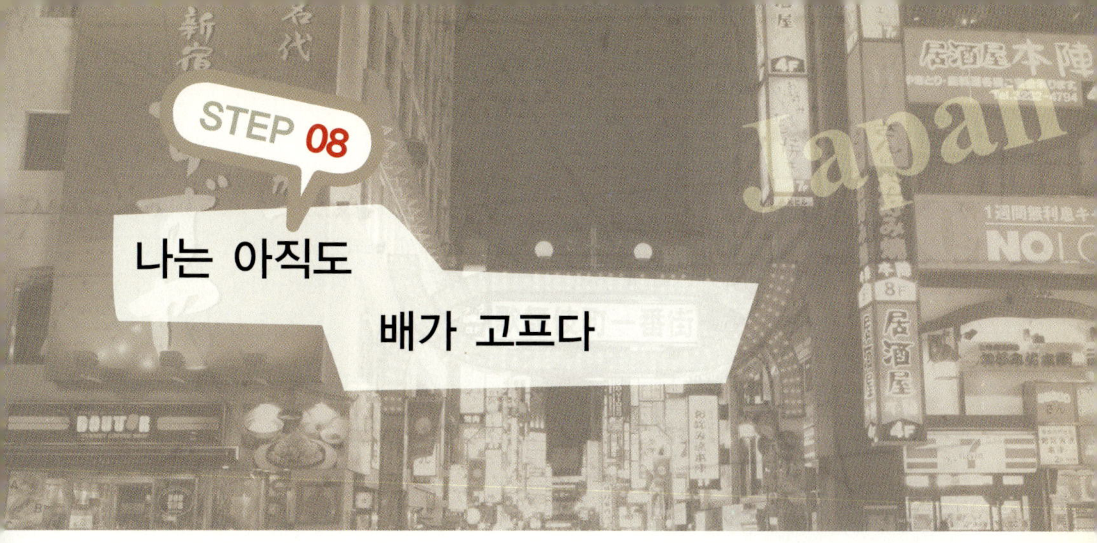

일본에 있으면서 살이 많이 찐다는 이야기를 앞에서 잠깐 언급했었는데, 그 이야기를 좀 더 해 볼까 한다.(차마… 끄집어내기 힘든 현실임에도… 크흑.)

가족과 떨어져 허전하고, 친구들이랑 수다를 못 떠니 스트레스는 쌓이고, 엄마가 차려주는 밥은 그립지만 이미 그림의 떡.
내 나라 아닌 다른 나라에서 적응하려니 힘들고 배는 더 고파지는데 밥 하긴 귀찮고……

결국 이러저러한 이유로 일본 현지에서의 외식은 부쩍 늘어난다. 게다가 스트레스로 인해 감정이 상하거나 마음이 허할 때는 먹어도 먹어도 배가 고프다는 사실. 흐흑.
그래서인지 일본은 양이 적다는 생각만 계속 든다.

실제로 일본이 음식량이 적다는 것은 선입견이다. 물론 집에서 해 먹는 양이 좀 적을 수 있겠으나, 외식에서 나오는 양은 절대로 적지 않다. 적다고 느끼는 이유는 밑반찬이 조금씩 나오거나 가짓수가 적어서 허전하다고 느끼는 것이다.

아무튼, 어학교를 다니면서 먹는 이야기만 나오면 모아지는 관심사는 단 하나!

일본에서 정해진 시간에 음식을 마음껏 먹을 수 있는 대표적인 곳으로 '뷔페', '바이킹', '타베호다이'를 꼽는다.

바이킹은 1957년 제국호텔(帝国ホテル, Imperial Hotel)이 서양 스타일 뷔페식 레스토랑을 오픈할 때 사용했던 이름이다. 이곳은 오픈하자마자 큰 인기를 얻었으며, 이후로 뷔페식 당의 대명사로 사용되고 있다.

타베호다이도 뷔페와 유사한데 뷔페가 각종 장르의 요리를 즐길 수 있는 곳이라면 타베호다이는 피자, 초밥, 파스타, 디저트 등 한 가지 음식을 정해진 시간에 마음껏 먹는 형태가 많다.

지금은 가자고 해도 싫다며 도망가지만, 그때는 어쩌다 한 번 타베호다이 가는 날이 왜 그리 즐겁던지….

배가 고프면 '바이킹', '타베호다이' 이런 단어에 민감해진다

제일 처음 어학교 친구들과 갔던 곳은 샤브샤브 타베호다이였고, 그 다음은 피자 타베호다이, 디저트 타베호다이였다.

"대부분 2,000엔 선에서 즐길 수 있는 곳이 많아! 어학연수 초기에 배가 고프다면… 강추!"

THEME 02. 저렴한 체인점

싸고 배불리 먹을 수 있는 음식 하면 바로 떠오르는 것이 돈부리(丼, 덮밥)이다. 돈부리의 대표주자 요시노야(吉野家)는 일본에서 가장 서민적인 식당으로 꼽힌다. 280엔부터 한 끼를 해결할 수 있고 100엔 추가하면 곱빼기를, 110엔 추가하면 된장국을 추가할 수 있기 때문에, 이것저것 추가해서 먹는다 하더라도 500엔 전후의 가격으로 푸짐한 한 끼를 먹을 수 있다.

주문도 가게 입구에 있는 자판기 그림을 보고 메뉴를 고른 후, 자리를 잡고 앉아 점원에게 식권을 내밀면 끝!

일본 대표 체인점

- **요시노야(吉野家)** : 소고기 덮밥(牛丼)이 가장 대표적인 메뉴. 미국 광우병 파동 시, 한동안 소고기 관련 메뉴를 중단하기도 했습다만 파동 이후 다시 소고기 덮밥을 출시하자마자 사람들이 가게마다 길게 줄을 설만큼 많은 사랑을 받고 있는 곳입니다. 덮밥 체인의 원조격이라고 할까요?
- **스키야(すき屋)** : 정식 종류가 대표적으로, 여성들이 선호하는 다양한 스타일의 메뉴 구성이 눈에 띕니다.
- **마츠야(松屋)** : 모든 메뉴에 국이 함께 나옵니다.
- **텐야(天屋)** : 튀김 덮밥(天丼) 전문점으로, 볼륨감과 더불어 칼로리도 풍부하니 여성분들, 조심하세요.
- **나카우(なか卯)** : 우동 같은 면류를 즐길 수 있는 곳으로 오야코돈(親子丼)도 인기 메뉴입니다.
- **하나마루 우동(はなまるうどん)** : 우동에 다양한 고명을 선택할 수 있습니다.
- **후지소바(富士そば)** : 레이디 가가도 팬이라 외치는 후지소바입니다. 이곳에서는 다양한 종류의 소바를 골라야 하는 것이 최대 고민거리라 할 수 있겠습니다.

THEME 03. 패밀리 레스토랑

우리나라에 TGIF, 베니건스가 한참 유행하면서 '패밀리 레스토랑' 이란 단어가 함께 유행을 했다. 아직도 나에게 '패밀리 레스토랑' 은 '다소 가격 부담이 있는 외식' 이라는 이미지가 있는데, 일본에서 '패밀리 레스토랑' 은 '싸고 밝아서 가족과 함께 즐길 수 있는 레스토랑' 이라는 느낌이다.

일본 패밀리 레스토랑은 다양한 양식 메뉴를 비교적 저렴한 가격에 즐길 수 있는 것이 매력적이다.

"알고 있니? 일본인들은 패밀리 레스토랑을 줄여서 '파미레스(ファミレス)'라고 불러!"

대표적인 파미레스에는 사이제리아(サイゼリヤ), 로얄 호스트(ロイヤルホスト), 데니스(デニーズ), 죠나산(ジョナサン), CASA 등이 있다.

THEME 04. 도시락집

오리진 벤또(オリジン弁当), 홋가홋가 테이(ほっかほっか亭)를 비롯한 체인점 형태의 도시락집도 있고, 역 앞에는 개개인이 하는 도시락집들이 있다. 세트 메뉴를 선택할 수도 있고 개별 메뉴를 골라 담을 수 있으니 그때그때 입맛에 따라, 혹은 주머니 사정에 따라 한 끼를 해결할 수 있다.

아르바이트 끝나고 집에 가서 밥을 차려먹기 싫을 때 주로 들리는 것이 이 도시락집이다.

해버거와 돼지고기 및 생강구이가 함께 있는
오리진 벤또.

회사 근처 중국집에서 이런 도시락을 팔았다.
비 오는 날, 기름진 것이 떠오르면 다 함께
사먹었던 기억이…

이런 체인점들의 특징은 사진을 보며 메뉴를 고를 수 있다는 것이다. 그런데…

(메뉴판을 보며) "음? 이게 뭐미?" 

처음 일본에 도착해 메뉴판을 받아보니… 온통 글씨만 빼곡히 들어차 있는 것이 아닌가?

글씨만 있으면 곤란하다

그림 있는 메뉴판이 정말 고맙다

더구나 메뉴판에 쓰여 있는 글씨 중 옛 한자가 섞여 있는 메뉴를 대충 손가락으로 잘못 짚었다가 낭패를 본 적도 한두 번이 아니었다. 사실 일본어에 어느 정도 익숙해진 지금도 전통 일본 식당이나 초밥집에 가서 생선이름이 한문으로 쓰인 메뉴를 받으면 똑같이 당황한다.

"이런 된장! 생선 이름 따위 어학교에서 알려주지 않는다구!" 

● 건강하고 효율적인 식사 해결법은?

가장 비용을 절약하면서 건강한 식사를 하는 법은 집에서 직접 만들어 먹는 것이지만, 당시의 나는 요리에 영 취미가 없었기 때문에 룸메이트가 만드는 음식을 감사한 마음으로 먹었다. 만약 요리하는 것을 좋아하는 사람은 당장 서점으로 달려가 요리책을 한두 권 사 보길 추천한다. 일본에는 정말로 요리책 종류가 수없이 많다. 제대로 된 일식 요리책부터, 간단히 즐기는 도시락요리, 전자레인지로 만들 수 있는 요리, 10분 만에 만드는 한 끼 식사 등등, 유학생들도 간단한 재료로 쉽게 도전할 수 있는 레시피를 소개한 책들이 많아, 한두 권 사두면 아주 유용하다.

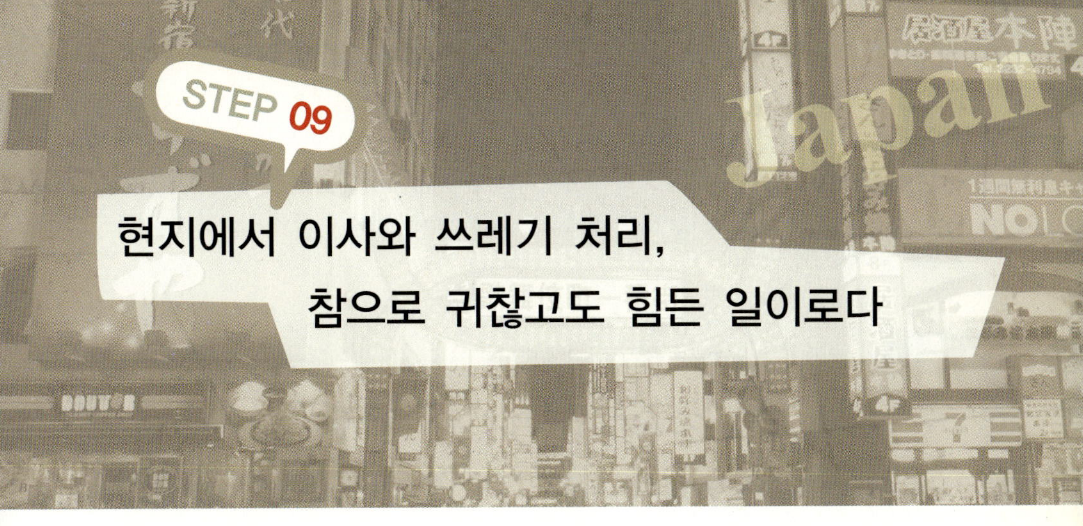

내가 처음 일본에서 3개월간 묵었던 숙소는 사립기숙사로, 오래된 맨션을 유학생들에게 싼 가격에 렌탈해 주는 형식이었다. 입실료 혹은 시설비 등 다양한 비용을 3개월치로 미리 지급했으나 하루·이틀이 지날수록 떠오르는 생각은 하나뿐이었다.

"난 죄수가 아니라고 오! 이 컴컴한 집에서 멘붕하기 전에 탈출해야 돼!"

당시 숙소는 신주쿠구라는 교통의 요지, 번화가에 위치한 곳이었다.
위치는 좋았으나 가격에 비해 시설이 너무 노후하다보니 집에 돌아오면 기분이 무거워지는 거다.
겨울인데도 집안 가득한 습기와 부엌에 자꾸 생기는 곰팡이는 아마도 집이 너무 오래되어서 그건 것이다라고 이해하려 했지만, 한 달쯤 지나자 한계가 왔다.

"이런 제갈량! 어떻게 사는 매일매일이 전쟁이야.
난 연수하러 왔지 생존하러 온 게 아니라고 오!"

처절하게 몸부림치던 나는 룸메이트와 상의해서 집을 구해보자고 의기투합을 했다.
일단 부동산부터 알아보던 중 일본 부동산은 크게 세 가지로 나뉘는 것을 알 수 있었다.

THEME 01. 일본 부동산의 3가지 유형
01 인터넷 카페 부동산

인터넷 카페에 올라오는 부동산 정보를 이용하는 것으로, 대부분 한국인들이 중개인으로 활동하기 때문에 소통의 부담이 덜하다.

먼슬리 맨션 혹은 위클리 맨션으로도 불리는 임대주택은 초반에 대금을 한꺼번에 지급하는 하는 부담이 있다. 그러나 별도로 시키킹, 레이킹 등의 이사비용은 물론, 전기세와 인터넷 비용이 발생하지 않아 1년 이상 머물 때는 오히려 저렴하다. 나중에 귀국할 때 집을 처분하는 과정도 간단하다.

CHECK

임대주택 사이트

- 리브맥스 : www.weekly-monthly.net
- 레오팔레스 21 : www.leopalace21.com
- 굿스테이 : www.good-stay.net
- 위클리먼슬리 : www.wmtokyo.com
- 크리에이트먼슬리 : www.monthly-create.com

03 부동산

그 지역 단위를 기반으로 하는 일반 부동산에 가서 상담을 하면 조건에 맞는 곳들을 소개해 주거나, 따로 연락을 주기도 한다. 이때는 시키킹, 레이킹, 야찡, 부동산 소개료, 화재보험까지 꼼꼼히 확인하고 계약하도록 하자.

- **부동산 체인점** : at home, HOME's, 에이블(エイブル), minimini

시키킹(보증금)과 레이킹(사례금)은 야찡(월세)의 1배, 1.5배, 2배와 같은 식으로 표기하고, 책정 기준은 집주인 마음에 따라 다르다. 부동산에서는 '야찡 5만 엔, 시키킹 2, 레이킹 1' 이런 식으로 표기한다. 월세 5만 엔에 시키킹은 10만 엔, 레이킹은 5만 엔이라는 소리다.

최근에는 일본도 경기가 안 좋아서 시키킹과 레이킹을 안 받는 집들이 더러 있지만 이를 찾으려면 발품을 그만큼 많이 팔아야 한다는 의미도 된다.

일반적으로 시키킹은 돌려받을 수 있으나, 계약에 따라서는 돌려받지 못하는 경우도 가끔 발생한다. 이 부분은 계약서 작성 시, 시간이 걸리더라도 꼭 확인을 해야 하는 사항이다.

부동산을 통해 집을 구하면 위의 사항들이 포함되어 한꺼번에 월세의 3~4배는 지출을 해야 하므로, 예산과 시기는 잘 생각해야 한다.

유학생이 많은 도쿄나 오사카 지역에는 한국어 소통이 가능한 부동산이 있으나, 일반 부동산을 이용할 때는 스스로의 일본어 능력에 대한 뻔뻔스러움이 필요하다. 일본어로 어리버리하게 말하다 보면 '이 집 오늘 계약 해야 한다' 고 계약을 강요당하거나, 계약서의 중요한 내용들을 빨리 설명해 버리기 때문에 피해를 보는 일이 생긴다. 결과적으로 집을 보고 바로 계약을 하지 않아도 되니, 조금 더 생각해 보겠다고 여유를 가지고 거절하는 용기가 필요하다.

미니북 한일상식 – 부동산 관련 용어들

① 야찡(家賃) : 월세. 매월 집주인에게 지불해야 하는 돈.

② 시키킹(敷金) : 우리나라의 보증금 격으로 나중에 돌려받습니다. 다만 집을 더럽게 쓰거나, 벽 같은 곳을 망가트렸을 경우 수리비를 제하고 돌려받습니다.

③ 레이킹(礼金) : 집을 빌려주는 집주인에게 주는 사례금으로, 돌려받을 수 없습니다.

④ 관리비(管理費) : 복도 등의 청소, 공용전기 사용료 등이 포함되며 매달 지불해야 합니다.

⑤ 보험료(保険料) : '화재보험', '손해보험' 비용으로, 대략 1~2만 엔(1년) 정도 소요되며 계약 시, 확인해야 하는 사항입니다.

⑥ 부동산 중개수수료(仲介手数料) : 부동산을 거치는 경우 소개비를 지불해야 합니다. 보통 1달 월세 분을 지불하며 저렴한 곳은 월세의 1/2을 내는 곳도 있습니다.

CHECK 추가 부동산 관련 용어

- LDK : 거실(Living), Dining(식당), Kitchen(부엌)을 나타내는 형식. 보통 '1LDK' 라고 쓰면 맨 앞의 숫자가 방의 개수, 그 다음이 거실, 식당, 부엌을 나타낸다. 집이 작으면 '1K', '1R' 같은 곳이 많다.
- 조(畳) : 다다미 크기를 나타내는 단위이나, 방의 크기를 나타내는 표현으로도 쓰인다. 원룸인 경우 방이 6조 정도가 기본이다.

나는 일단 부동산 정보를 얻기 위해 인터넷 카페를 통해 직접 연락을 해 보기도 하고, TV에서 CF가 나오던 부동산 업체에 가서 상담을 받기도 했다.

특히 인터넷 카페는 주로 유학생을 대상으로 집을 렌트하는 곳이라, 물건들도 외국인이 들어갈 수 있는 곳을 다량 확보하고 있다는 점에서 유리하다. 일반 부동산 역시 사전 확인 사항을 점검하면서 3~4개 정도의 집을 보여준다.

THEME 02. 이사를 준비할 때 미리 확인해야 하는 것

01 예산

지금 사용할 수 있는 정확한 금액으로, 한 번에 지출할 수 있는 금액과 이사 시, 별도로 발생하는 예비비를 따로 모아둔다.

02 보증인

외국인의 경우 현지에서 집을 빌리기는 힘들다. 어학연수 중이라면 학교가 보증을 서주는 경우가 많으니 꼭 확인하고, 그렇지 않을 경우, 일본에 있는 믿을만한 친구에게 부탁하도록 한다.

03 이사 시기

지금 당장 들어갈 집보다, 한두 달 여유를 두고 들어갈 수 있도록 한다.

04 인감도장

계약서 작성 시, 사인보다 일반적으로 인감도장을 사용한다.

이상하게도 한국 중개인이 집을 보여줄 때는 '생각해 보고 연락드릴게요.' 란 말이 참 쉽게 잘 나오는데, 일본 부동산의 지나친 친절과 과도한 미소로 설명을 해 주는 중개인들과 집을 보러 다니자면 '다음에 올게요.' 라는 말이 잘 나오지 않는다. 하지만 오늘 계약하지 않으면 이런 물건이 없다고 설득을 당하더라도 하루 보고 집을 결정하지는 말기 바란다. 그리고 집을 보러 다닐 때는 반드시 낮에 다니도록 한다. 가끔 아르바이트를 한다고 밤에 집을 보는 경우가 있는데, 채광 상태나 주변 입지조건을 확인하기가 어렵기 때문이다. 적어도 며칠 동안 직접 여러 군데 집을 보러 다니면 '이 집이다' 싶은 감이 생기는데 그때 계약을 하는 것이 좋다. 절대 첫날 봤던 집을 바로 계약하지 않도록 한다.

THEME 03. 집을 계약할 때 확인할 것

특히 집을 확인할 때는 창틀이나 창문에 깨진 곳은 없는지, 문은 잘 열리고 닫히는지, 물은 잘 나오는지, 개수대는 깨끗한지, 곰팡이 난 곳은 없는지 꼼꼼히 확인하고 사진을 꼭 찍어두도록 한다. 보수가 필요한 부분은 반드시 사전에 확인해서 수리를 받아두는 것이 좋다.

MEMO 집 계약 시, 확인 사항

① 비용 : 시키킹, 레이킹, 야찡, 보험비, 관리비 등 발생하는 모든 비용 확인

② 물건 확인 : 방향(남향), 층수, 평수, 바닥재(플로링, 다다미), 채광, 건축연도, 창문 상태, 건물 상태

③ 입지조건 : 역에서 부터 위치, 주변 건물

이렇게 해서 마음에 드는 집을 찾았다면, 중개인에게 계약 의사를 전하고 계약서를 작성한다.

계약 진행 시에는 인감도장과 보증인의 보증서가 반드시 필요하니 꼭 챙겨두고 계약할 때는 집주인과 중개인이 함께 있을 때 계약서를 작성한다. 계약을 완료하고 이사 날짜를 정하면 그때 다시 확인해야 하는 사항들은 또 다르다.

THEME 04. 이사 준비를 위해 확인할 것

① **집주인(기숙사 담당)에게 이사 날짜 통보** : 보통 한 달 정도 여유를 두고 이야기하는 것이 좋다.

② **경비 정산(기숙사)** : 보증금, 관리비 등 정산받을 것이 있는지 확인한다.

③ **전기, 수도, 가스(주택) 정산 및 이전 신청** : 적어도 일주일 전에 이사 날짜를 전해야, 이사 당일 담당자들이 와서 요금 정산을 해 준다.

④ **인터넷** : 인터넷을 별도 사용하고 있었다면 이전 신청을 하고, 새롭게 신청하고자 하는 경우는 미리 신청을 해 두는 편이 이사한 후 바로 인터넷을 사용할 수 있다.

⑤ **이삿짐 운반** : 짐이 적다면 친구들의 도움을 받거나 혼자 이사를 할 수 있겠지만, 차를 불러야 하는 상황이라면 이삿짐 운반업체를 알아본다. 중개인에게 소개를 받을 수도 있다.

⑥ **우체국 주소 이전** : 주소 이전 신청을 해 놓으면 우편물을 자동으로 이사하는 집으로 배송해 준다.

⑦ **주소 이전(이사 후)** : 구청에 들러 체류카드와 건강보험의 주소지 이전을 신청 (체류카드, 건강보험증 지참)한다.

⑧ **문패 달기** : 현관문 앞에 한자로 성을 표시한 문패를 달아두는 것이 우편을 받을 때 편리하다.

이사하는 날은 친구들의 도움을 받아서 짐을 나르고, 가구와 가전제품도 새로 들이(거의 중고로 장만)느라 또 하루 이틀이 금방 지나버렸다. 하지만 그 전에 살던 어둡고 습기 찼던 집에 비해 새로 이사한 집은 하루 종일 햇볕이 들어오는 밝은 집이었기에 룸메이트와 신나게 떠들며 짐 정리를 했던 기억이 난다.

다만 문패를 달 때 주의할 점이 하나 있는데 반드시 성만 표기해야 한다는 점이다.

일본인들은 자신들의 성이 쓰인 문패를 우편함이나 초인종 부근에 달아 놓는다. 이때 간혹 너무 여자임이 드러나는 이름을 문패에 써 놓으면 짓궂은 장난의 타깃이 될 수 있다.

실제로 처음 살던 집에 달아놓았던 문패에 당시 룸메이트였던 여자 친구들의 이름을 쭉 써 놓았더니 한국(!) 남학생들이 문패에 쓰인 이름을 부르고 문을 두드리며 짓궂은 장난을 쳐서 깜짝 놀랐던 적이 있다. 그 이후로는 문패에 성만 쓰거나 다나카, 야마구치 같은 일본인성을 같이 써 두었다.

THEME 05. 쓰레기 분리배출은 목숨 걸고 지켜라!

기숙사에 사는 사람들은 크게 신경 쓰지 않아도 되지만, 자신의 이름으로 맨션이나 아파트를 빌려 이사한 사람이라면 꼭 지켜야 하는 것이 바로 쓰레기 분리배출이다. 우리나라에서는 아직까지 시민들의 자율에 따르지만, 일본은 분리배출에 상당히 엄격한 국가이고 이를 지역주민이 서로 감시를 하기 때문에, 자칫 잘못하다가는 이웃 간의 싸움으로 번질 수가 있다.

실제로 친구는 일반 쓰레기봉투에 빈 병과 플라스틱 등을 넣어서 몰래 버렸다가, 직격탄을 맞기도 했다.

위의 경우처럼 집 앞에 자신의 쓰레기봉투가 전부 파헤쳐져 있는 것을 보고 까무러칠뻔 하기도 했다. 또 다른 경우는 쓰레기를 함부로 버리다가 이웃 아주머니에게 잡혀 한 시간 동안 훈계(?)를 들은 친구도 있다.

유학생활을 하는 친구들은 대부분 독립생활이 처음인데다 이런 쓰레기 배출을 무시해 버리는 경우가 많아 이것이 이웃 간의 의를 해치는 결과로 번져간 것이다.

기본적으로 쓰레기를 버리는 날짜가 각 지역구마다 정해져 있으므로, 이사 후 반드시 관할 지역구의 쓰레기 배출 방법을 확인하도록 한다. 이사할 때 부동산 담당자나 집주인이 먼저 챙겨주기도 하고, 맨션 입구 게시판에 배출 요령이 표기되어 있기도 하다. 아무 표시도 없다면, 지역구청의 인터넷 홈페이지에 방문해 자세한 설명을 볼 수 있다.

● 쓰레기 배출 요령(*배출 요일은 각 지역 구별로 확인 필요)
① 종이류 : 잡지와 신문, 우유팩 등의 종이류는 차곡차곡 펴서 끈으로 묶어 배출.
② 플라스틱 용기 : 'プラ' 표시가 있는 포장 용기는 물이나 휴지로 닦아 깨끗이 한 후 투명한 비닐주머니에 넣어서 배출할 것.
③ 타는 쓰레기 : 내용물이 남아있거나 더러움을 제거할 수 없는 플라스틱 용기, 피혁제품, 종이 쓰레기, 음식물 쓰레기, 의류, 위생용품 등은 투명한 비닐봉투에 담아서 배출할 것.
④ 금속/도자기/유리 등 : 투명한 비닐봉투에 담아서 배출할 것.
⑤ 병/캔/패트병/스프레이캔/부탄가스통/건전지/칼/소형가전 등 : 투명한 비닐봉투에 담아서 배출.
⑥ 대형 쓰레기 : 별도의 접수센터로 접수할 것.

이처럼 일본에서는 쓰레기 분류를 크게 6가지로 구분하고 있으며 버리는 요일과 시간이 다를 수 있으므로 주의가 필요하다. 버릴 때는 쓰레기 종량제 봉투나 내용물이 다 들여다 보이는 투명비닐봉투에 담아 버리며 보통은 아침 7시~8시에 쓰레기장에 내놓는다.

플라스틱 용기 마크

종이 마크

스틸 마크

페트병 마크

알루미늄 마크

"참참! 쓰레기를 덮고 있는 파란색 그물은 까마귀가 쓰레기를 뒤지지 못하도록 해 놓는 장치니까 괜히 걷어 놓지마!"

"쓰레기랑 웬 까마귀?"

"흠… 요놈의 까마귀들이 아침이면 도시의 쓰레기장으로 출몰해 쓰레기봉투를 다 헤집어 놓고, 가끔은 노약자를 공격하기도 하거든. 특히나 일본에서는 이 까마귀 퇴치에 골머리를 앓고 있다구!"

미니북 한일상식 – 이사 선물(引越しそば)

우리나라도 이사를 했을 때 떡을 돌리는 관습이 있는 것처럼 일본도 마찬가지입니다. 예전에는 '히코시 소바(引越しそば)'라고 해서 이웃집에 메밀면을 돌렸습니다만 요즘은 간단한 선물을 돌리는 것이 더 일반적입니다.

이웃들과는 복도, 현관, 베란다에서 늘 마주치게 되므로 이사 당일이나 다음날 이웃집에 작은 선물을 들고 인사를 건네보세요. 선물은 500엔~1,000엔 사이의 쿠키, 김 등의 작은 것이 좋습니다. 또 가벼운 인사를 하는 것도 잘 지낼 수 있는 또 다른 방법이 되겠습니다. 이렇게 이웃인 옆집 아주머니와 친해지면 여러모로 도움받을 일이 많으니 기억해 두세요.

선물은 간단한 것으로 준비하자.
히요코 사브레(1050엔)

일본에서는 어떤 교통편을 타고 다닐까?

일본에서 생활할 때 높은 물가를 실감하는 두 가지는 바로 교통비와 음료값이다.

"흐흑. 캔 음료는 아무리 작아도 120엔, 전철 기본 요금은 130엔. 우리나라 돈으로 계산하면 캔음료는 1,680원, 지하철비는 1,820원이래."

이렇게 원으로 계산하면 직접 피부로 와 닿는 것이 느껴지지 않는가?
뭐 어쨌든 생활비를 아끼려고 가계부를 써 보면 우리나라와의 물가 차이를 더욱 확실하게 알 수 있다. 하지만 비싸다고 마냥 걸어만 다닐 수는 없는 노릇! 지금부터는 유학생들이 이용하는 교통편에 대해 알아보자.

주 교통수단 전철

택시 10분 타면 알바 1시간 시급이 날아간다는…

이런거 타고 학교 다니는 사람은 없음 ㅋ

버스터미널 이정표

방범 등록

THEME 01. 자전거

초기 구입비가 5,000엔~15,000엔 정도 지출되는 것과, 월 주차료 2,000~3,000엔을 감안하면 가장 저렴한 교통수단이다. 학교나 아르바이트 장소가 숙소와 지하철 서너 정거장 사이라면, 자전거가 편리하다. 자전거는 구입 후 꼭 구입처나 파출소에 방범등록(防犯登録, 500엔)을 하고 등록카드를 받아둬야 한다.

우리나라에서는 '전철'과 '지하철'을 혼용해서 사용하는 경우가 많다. 그러나 일본에서는 지상으로 다니는 것은 전철(電車), 지하로 다니는 것은 지하철(地下鉄)로 구분해서 부른다. 기본요금은 130엔부터이고, 일정 구간이 지나면 요금이 상승되는데, 이 상승분이 상당히 가파르다.

"가급적 학교를 다닐 때는 1개월이나 3개월 단위로 정기권을 끊는 것이 저렴해!"

또 학교별로 정기권 할인이 되는 곳들이 있으니 정기권을 끊기 전에 할인 여부를 확인하자. 일본에서는 전철, 지하철 노선이 복잡하고 이용객이 많다 보니 출퇴근 러시에 전철이 늦거나 멈추는 사고가 자주 발생한다. 이때는 도착한 역에서 '지연증명서(遲延証明書)'를 나누어 준다. 앞부분에서도 설명했지만, 일본은 출근시간을 엄격하게 지키는 국가로, 5분 지각하면 학교는 물론, 아르바이트처나 회사에서 불이익을 당할 수 있으니, 사고로 인한 지각일 경우 꼭 지연증명서를 도착한 역에서 받아 제출하도록 한다.

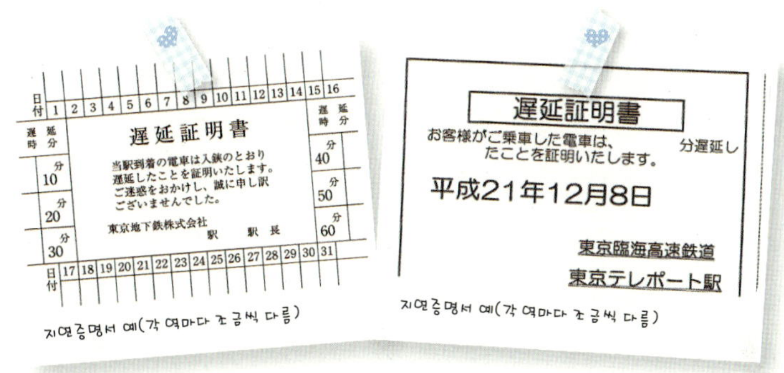
지연증명서 예(각 역마다 조금씩 다름)

지연증명서 예(각 역마다 조금씩 다름)

THEME 03. 버스

일본의 버스는 우리나라처럼 도시를 가로지르는 버스가 아닌, 마을버스 수준의 노선을 가진 버스가 대부분이고, 노선도 다양한 편은 아니다.

"그래서인지 유학생들 중에 버스를 타고 다니는 학생은 그리 본 적은 없는 것 같아."

버스의 기본요금은 150~200엔이고, 버스를 탈 때 요금을 내면 된다.

"일본버스는 잔돈을 주지 않으니 미리 잔돈을 마련할 것!"

버스도 정기권(약 7,000~9,000엔/1개월)이 있으므로, 전철과 동일하게 기간 단위로 요금을 지불하는 것이 편리하다.

시외로 나가는 버스로는 고속버스, 심야버스가 있다. 언젠가 여행이나 콘서트 같은 이유로 심야버스를 이용한 적이 있는데, 우리나라 버스와는 확실히 다른 점이 있었다.

"뭐? 버스에 화장실이 있다고?!"
"그렇다니까. 근데 좌석이 좁아서 허리랑 어깨를 반으로 접어 가느라 죽는 줄 알았어.
  고문당하다 온 것 같아."

THEME 04. 택시

택시는 기본요금이 710엔으로, 우리나라의 두 배 가까이 비싸다.(각 현 별로 기본요금은 10~20엔 차이가 있다.) 도쿄의 경우 288m마다 90엔씩 올라가기 때문에 아무리 가까운 거리라도 1,000~2,000엔은 바로 넘어가, 내릴 때는 호흡곤란이 올 수도 있다.

THEME 05. 신칸센(新幹線)

우리나라의 KTX와 같은 고속전철이다. 지역과 지역을 짧은 시간에 연결하고, 차량 내부도 쾌적하지만 요금이 비싼 것이 흠.

일본은 교통비도 비싸지만 그 못지않게 비싼 것이 주차비다. 때문에 대부분의 학생이나 직장인들은 차량 소지자라 하더라도 전철, 지하철, 자전거로 등교, 출근하는 것 일반적이다. 이 비싼 교통 요금에 적응된 유학생들이나, 일본 관광객이 한국에서 택시를 '싸다!' 며 겁 없이 세우게 되는 것도 이런 이유 때문이다.

CHECK

교통카드(IC card)

전철, 지하철, 버스를 이용할 수 있는 교통카드에는 'PASMO', 'Suica' 두 종류의 카드가 있고, 사용 방법은 동일합니다. 초기 구입 시, 카드 보증금 500엔이 소요되며, 원하는 만큼 충전(チャージ)해서 사용할 수 있기 때문에 여행자들에게도 사용을 권합니다.
카드 구입 시, 자신의 정보(이름, 성별, 생년월일, 전화번호)를 기입할 수 있는 '기명(記名)카드'를 선택하면, 분실 시, 재발급이 가능하며 편의점이나 자판기, 물품보관소 등의 소액 결제도 가능합니다. 단, 우리나라 같은 환승 할인은 없다는 것이 단점이라고 할 수 있습니다.

도쿄 메트로가 발행하는 교통카드
파스모(Pass+More)

JR이 발행하는 교통카드
Suica(Super Urban Intelligent Card)

신분증인 체류카드나 여권을 가지고 다니다 분실하는 경우가 연수생들 사이에 의외로 많이 일어나는 듯하다. 이를 위해 사전에 여권번호, 체류카드번호, 건강보험번호 등은 메모를 해 두거나 복사하여 잘 보관해 두면 분실 상황이 발생했을 때 유용하게 사용된다. 간혹 핸드폰 카메라로 촬영을 하는 이들을 봤는데, 이는 핸드폰 분실 시, 범죄에 악용될 수 있으므로 절대 하지 않도록 한다.

먼저 중요 서류를 잃어버리면 인근 파출소나 경찰서에 분실신고를 하는 것을 기본으로 생각하면 된다. 각종 신청서는 담당 부서마다 비치되어 있고, 간단한 이름, 연락처 등의 기본 정보를 쓰는 정도이니 어려워 말고 신속히 신고하도록 하자.

THEME 01. 여권 분실 시에는?

여권을 분실하면 바로 근처 파출소, 경찰서에 가서 이를 알리고 분실신고(紛失届)를 작성한 후, 분실증명확인서(遺失事実証明書)를 발급받는다. 도난인 경우는 도난증명확인서(盗難届出証明書)를 발급받으면 된다. 이 증명서와 필요서류를 구비하여 대사관 영사과에서 재교부 신청을 한다. 재교부 시에 여권번호, 발행일, 유효기간 등을 알아야 하므로 반드시 미리 복사하거나 메모해 두어야 한다. 신청 후 발급까지는 며칠의 기간이 소요된다.

MEMO 여권을 분실했다면?

- 분실신고처 : 파출소, 경찰서
- 재발급 신청 : 주 일본 대한민국 대사관 영사과
- 필요서류 : 여권 재교부신청서, 신분증(체류카드, 건강보험증 등),
  분실을 증명하는 서류(遺失届出証明書, 盗難届出証明書, り災証明書 등),
  증명사진(4.5cm x 3.5cm)
- 누누료 : 약 4,400엔

Q&A

Q. 주 일본 대한민국 대사관 영사과는?

A. ● 주소 : 東京都 港区 南麻布 1-7-32(民団韓国中央会館 2, 3階)
- 전화번호 : (03)3455-2601~3
- 업무시간 : 비자 접수 오전 9시~오후 12시,
  비자 교부 오후 1시 30분~오후 4시
- FAX : (03)3455-2018

THEME 02. 체류카드 분실 시에는?

분실사실을 인근 파출소, 경찰서에 신고하고, 분실증명서와 기타 필요서류를 준비해 주거지 관할 입국관리국을 방문한다. 체류카드의 경우 당일 교부가 가능하다.

MEMO 체류카드를 분실했다면?

- 분실신고처 : 파출소, 경찰서
- 재발급신청 : 주거지 관할 입국관리국
- 필요서류 : 체류카드재교부신청서, 증명사진(4cm x 3cm), 분실을 증명하는 서류(遺
  失届出証明書, 盗難届出証明書, り災証明書 등), 체류카드한자이름표기신
  청서(在留カード漢字氏名表記申出書, 희망자에 한함), 여권, 자격외활동허
  가서, 신분증(학생증, 건강보험증 등)
- 누누료 : 없음

THEME 03. 국민건강보험증 분실 시에는?

관할 건강보험협회를 방문하여 분실 사실을 알리고 재교부받도록 한다.

THEME 04. 통장 및 체크카드 분실 시에는?

통장은 각 은행마다 처리 방법이 조금씩 다를 수 있으므로, 은행의 분실센터 대표전화로
전화를 걸어 상황을 말하고 거래 중지를 시킨 후 재발급을 받는다.

● 주요 은행 분실센터 연락처(24시간 접수)

① ゆうちょ銀行 : 0120-794-889

② 三菱東京UFJ銀行 : 0120-544-565

③ 三井住友銀行 : 0120-956-999

④ みずほ銀行 : 0120-415-415

⑤ 埼玉りそな銀行 : 048-826-0321

THEME 05. 정기권 분실 시에는?

자신의 정보가 들어있는 교통카드(PASMO, Suica)는 분실 시, 재발행이 가능하다. 해당 역
의 영업소로 찾아가 분실신고(紛失の申込)를 하면 본인 확인 후 재발급을 해 준다.

THEME 06. 지갑 분실 시에는?

지갑을 분실, 도난당하면 바로 신용카드, 체크카드 사용정지 신청을 해야 한다. 그 후 인근 파출소나 경찰서로 가서 분실신고를 해 두고, 신분증 등을 재발급받도록 하자.

THEME 07. 자전거 도난 시에는?

자전거가 없어졌을 경우, 먼저 생각해 봐야 할 것은 견인을 당했는지의 여부이다. 지정 주차장이 아닌 곳에 자전거를 세우면 바로 견인이 되기 때문이다. 견인이 아닌 도난으로 생각되면 가까운 관할 파출소를 찾아가 피해신청서를 쓴다. 이때 방범등록카드를 지참하도록 한다. 자전거 분실의 경우 도난 신고를 한다고 해서 100% 다시 찾을 수 있는 것은 아니지만 일단 신고를 해 두는 것을 권한다.

THEME 01. 관공서를 이용할 때는 자신감이 먼저!

집과 학교만 왔다갔다 할 때는 전혀 문제가 없는데, 막상 구청, 입국관리국 같은 관공서나, 우체국, 은행, 하다못해 미용실을 이용하려고 하면 부담이 몰려온다.

"왜냐고? 뭘 뻔한 걸 물어! 당연히 일본어 때문이지!"

일본인 틈에 들어갈 때는 일본어를 완벽히 구사해야 한다는 부담감이 생기고, 상대방이 빠른 속도로 말을 걸어오면 어느새 머릿속이 백지장이 되어 버린다.

"흐흑… 뭘 도와줄까라고 친절하게 물어봤었는데… 바보같이 말도 못하고 삽질만 하다왔어."
"이제부터라도 잘하면 돼! 우리에게 필요한 건 뭐? 자신감!"

그렇다. 일본 현지인이 친절하게 말을 걸어올 때면 알 수 없이 작아지는 본인의 모습에 스스로 바보 같아 보일지라도….
일단은 당당해지자. 가장 중요한 것은 그것이다. 외국인이니 일본어를 못하는 건 당연하지 않은가? 기가 죽어 버리면 들리던 말도 안 들리고, 하려던 말도 다 까먹기 마련이다.

처음부터 당당해지기는 힘들지만, 한두 번 다니다 보면 '별거 아니군' 하는 생각이 들기 시작한다.

"이들은 '고객 응대 매뉴얼'대로 말을 해서 매번 똑같은 말을 하고 있거든. 햄버거집에서 '햄버거 몇 개? 땡큐~'하는 거랑 다를 바 없어!"

따라서 관공서를 방문할 때는 반드시 1층이나 입구에 마련된 안내소에 들러, 내가 무엇을 하러 왔는지 이야기하면 친절하게 어디로 가라, 무엇을 하라고 알려준다. 우체국이나 은행은 우리나라와 시스템이 동일하다. 방문과 함께 홀 한쪽에 마련된 번호표를 뽑고 기다리면 된다.

이런 곳들은 외국인이라는 점을 배려해 주는 편이라, 긴장하지 말고, 내가 하고 싶은 것을 말하고 상대의 말을 찬찬히 들으면 된다. 간혹 이들이 어려운 말(존경어)을 써서 일본어 초급자인 우리를 당황시킬 때가 있다. 이럴 때 그들이 하는 말을 100% 알아들으려 하다간 혈압이 급격히 내려갈 수 있으니, 중요한 단어를 하나씩 캐치해 내도록 하자. 그래도 걱정된다면 방문 전에 관련된 단어나 동사를 찾아보고 메모해 가는 것도 좋다.

THEME 02. 연수생들의 일상을 편리하게 할 시설 이용법
그렇다면 일상생활의 편의시설은 무엇이 있을까?

01 현지 미용실 이용하기

일본은 커트비가 3,000~4,000엔대이다. 우리나라와 두세 배 차이가 난다. 펌이나 염색 역시 한국과 비교하면 호흡이 곤란한 가격이다. 특히 아르바이트로 하루 벌어 하루 먹고 사는 유학생들에게는 더욱 그러하다.

그러면 유학생들은 어떻게 머리를 커트하는가? 포기하는 학생들이 많다. 특히 여학생들은 1년 정도 기르는 거야 샴푸값 좀 더 나오는 거 말고 별도 지출 요소가 없다. 덕분에 한국 여학생 중에는 물미역처럼 자라버린 긴 머리를 휘날리며 돌아다니는 학생들이 많다. 반대로 남학생들은 최대한 짧게 깎아버리기도 한다.

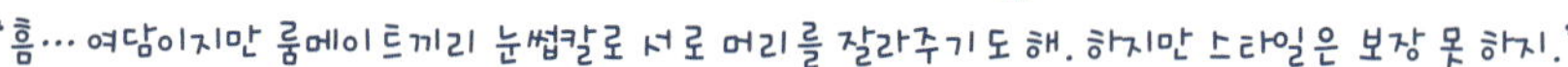

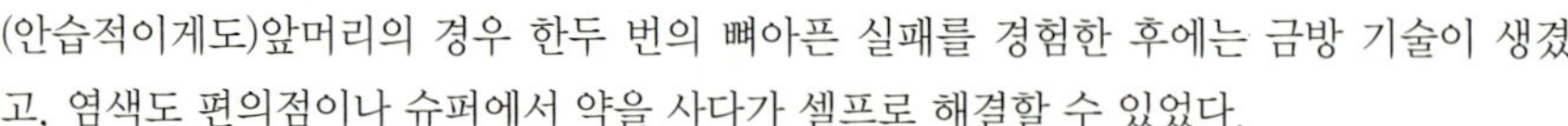

(안습적이게도)앞머리의 경우 한두 번의 뼈아픈 실패를 경험한 후에는 금방 기술이 생겼고, 염색도 편의점이나 슈퍼에서 약을 사다가 셀프로 해결할 수 있었다.

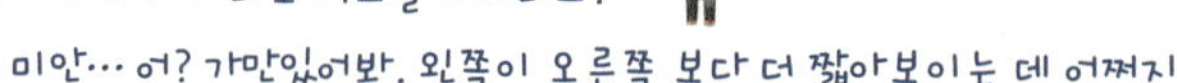
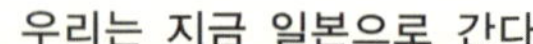

다시 생각하니 불쌍하기 짝이 없다. 쿵.

뭐 어쨌든. 조금 싸게 머리를 하는 방법 그 첫 번째 비법(?)을 소개하자면 이렇다. 바로 한인타운의 미용실 이용이다. 완벽한 한국 시세는 아니지만 일본 미용실보다 머리를 싸게

할 수 있지만 스타일이 좀 올드해지는 것은 감수해야 한다.

"이게 뭐예요. 디지털 펌으로 해달랬더니… 웬 돼지털 펌으로 해놨어요."
"어머? 아가씨가 뭘 잘 모르네… 이게 최신 스타일이야! 돼지털 몰라?"

두 번째 비법은 쿠폰북을 이용하는 것이다.
편의점이나 지하철역에는 'HOT PEPPER' 같은 무
료 쿠폰북이 그득그득 쌓여있다. 인터넷에도 쿠폰
(クーポン)이라고 검색을 하면 쿠폰을 받을 수 있는
홈페이지들이 좌르륵 나온다. 여기서 마음에 드는
쿠폰을 찾아, 해당 샵에 예약 전화를 하고 방문하도
록 한다. 보통 20~50%까지 할인을 받을 수 있다.
샵에 예약 전화를 할 때는 반드시 '쿠폰북을 보고
전화했습니다.(クーポンブックを見て電話しました)'라
고 분명히 밝혀야 한다. 일본은 사전 예약문화가 정
착된 곳이니 이런 시설을 이용할 때는 반드시 전화
를 먼저 걸어 시간 예약을 하고 늦지 않게 도착해야
한다.

hotpepper

02 영화관은 어떨까?

인터넷 예약을 하는 방식은 우리나라와 비슷하지만, 영화 요금이 무려 1,800엔!!!

"뭐야? 예매를 할 때는 신용카드가 필요하다고?"

따라서 인터넷 예약보다는 시간의 여유가 있는 유학생들은 직접 극장을 찾는 것이 좋다.
게다가 매월 1일은 '영화의 날'로 모든 영화가 1,000엔, 매주 수요일은 '레이디스 데이'
로 여성관객에 한해 영화가 1,000엔이다. 또한 극장별로 외국인 유학생에게도 1,000엔으
로 영화를 보여주는 곳들이 있으니(학생증, 체류카드 지참), 평소 자주 이용하는 영화관의
요금표를 미리 확인해 둔다면 싸게 영화를 즐길 수 있다.

일본의 영화관은 대체로 작은 상영관들이 많다. 큰 화면에서 영화를 보기가 어려운 점은
섭섭하다 하겠으나, 단편영화나 비주류 영화들도 비교적 오랜 기간 상영을 해 주기 때문
에, 영화를 좋아하는 이들에게는 분명 괜찮은 환경이라 할 수 있다.
또 일본 영화관에서 재미있는 점은 카탈로그나 관련 기념품을 판다는 것이다. 우리나라
영화관에서는 홍보 전단지가 주욱 나열되어 있는 정도인데, 홍보 전단 외에 올칼라의 볼
륨감 있는 사진집이라던지, 기념 열쇠고리나 T셔츠 등 다양한 제품을 판매한다.

지금까지 관공서와 편의시설 이용법에 대해서 살펴보았다. 여기에서 가장 중요한 점은 '미리 알아보는 것' 이다. 따라서 가고 싶은 곳을 미리 찾아보는 잠깐의 귀찮음이 정신건강 보존과 파격적인 할인으로 이어진다는 점을 꼭 명심하도록 하자.

THEME 01. 에비스(恵比寿)는 어떤 곳?

에비스(恵比寿)는 특별한 뭔가가 있는 지역이라기보다, 조용하게 저녁을 즐길 수 있는 곳이랄까? 무엇보다 고급스럽고 조용한 이미지가 있어 천천히 저녁식사를 즐기고 싶을 때 들리는 곳이 바로 이곳이다. 이곳의 맥주기념관은 관광객들에게 유명하긴 하나, 개인적으로 돈 아까운 곳이라 비추.

봄에 앉아 있으면 기분이 좋아지는 에비스 가든 플레이스

THEME 02. 가는 법

전철 · 지하철	하차역	출구
JR 山手線	恵比寿駅	ガーデンプレイス方面
東京メトロ　日比谷線	恵比寿駅	1

THEME 03. 에비스(恵比寿)에서 무엇을 볼까?

● 가든 플레이스

가든 플레이스의 입구에는 드라마 '꽃보다 남자'에서 츠쿠시와 츠카사의 만남의 장소로 유명한 조형물이 서 있다. 이 주위는 차량도 별로 없고, 한적한 공원과 같은 분위기를 주기 때문에 저녁시간을 보내기 좋다. 혹은 테라스 카페에 앉아 시간을 보내는 것은 어떨까?

만화 '꽃보다 남자'에서 츠카사와 츠쿠시가 만난 곳.

● 맥주기념관

1890년부터 120여년간 일본의 대표적인 맥주로 성장한 삿포로 맥주에서 만든 에비스 맥주기념관(エビスビール記念館)에는 일본 맥주의 역사를 살펴볼 수 있는 무료견학 코스와, 성인을 위한 유료견학 코스가 마련되어 있다.

시음을 해 볼 수 있는 유료견학 코스를 이용해보자!

처음에는 치즈케이크인 줄 알았어.
이건 치즈맛 순두부.

● 〈식당〉 오토오토(音音)

도쿄에서 격하게 아끼는 곳이 바로 오토오토(音音)이다. 점원이 눈앞에서 직접 만들어 주는 전골 요리(겨울 한정)도 좋고 정식 메뉴들도 훌륭하다. 편안해지는 내부 분위기는 물론, 치즈케이크를 방불케 하는 두부는 몇 개라도 먹을 수 있는 완소 아이템 중의 하나! 체인점으로 신주쿠, 시부야, 이케부쿠로, 우에노에도 지점이 있다.

MEMO 오토오토(音音), 간략하게 살펴보기

● 가격대 : 1,500~2,500엔
● 위치 : 에비스 가든 플레이스 GLASS SQUARE 지하 1층에 위치한다.
● 영업시간 : 오전 11:30~오후 11:30(중간 휴식 없음)
● 추천 메뉴(일본어)
  치즈맛 순두부(ふんわり手つくり笹餅豆冨) 780엔
  굴튀김 정식(カキフライ膳) 1,300엔
  북해 해선 5종과 닭고기 완자 전골(北海海鮮五種と鳥つくねの海鮮ちゃんこ鍋) 1,148엔
● 홈페이지 : www.otooto-gohan.jp

THEME 01. 오다이바(お台場)는 어떤 곳?

'다이바(台場)'의 뜻은 '서양식 해상포대'로, 원래 이곳이 외부 세력을 방어(1850년경, 에도시대)하기 위해 만들어졌다는 것을 알 수 있다. 이후 태평양 전쟁이 끝나고(1947년) 매립과 매몰을 반복하며 인공섬으로 자리를 잡기 시작했다.

1990년대 이후 도시재개발 프로젝트를 시행하면서 대형 쇼핑몰과 국제전시장, 후지 TV 본사, 오에도 온천 등이 들어서며 많은 관광객 유치에 힘쓰는 곳이기도 하다.

오다이바를 가기 위해서는 심바시역(新橋駅)에서 모노레일인 유리카모메(ゆりかもめ)를 타야 한다.

> **Q&A**
>
> **Q. 유리카모메(ゆりかもめ)란?**
>
> A. 인공섬을 왕복하는 무인모노레일로, 역마다 옮겨 다니며 관광을 해야 하니, 1일 프리패스(800엔)를 구입해서 사용하는 것이 비용을 아낄 수 있는 교통수단입니다.

THEME 02. 가는 법

전철 · 지하철	하차역	출구
JR 山手線	新橋駅	汐留口
東京メトロ 銀座線	新橋駅	1A

THEME 03. 오다이바(お台場)에서 무엇을 볼까?

● 후지(FUJI) TV

유리카모메 다이바역(台場駅)에서 내리면 역 앞에 바로 멋들어진 후지 TV 건물이 서있다. 방송국 건물이라고는 생각하기 힘든 유니크한 디자인이다.

건물 중앙에는 동그란 공이 끼어 있는데 이것이 하치다마(はちだま)라 부르는 전망대이다. 전망대 입장권(500엔, 매주 월 휴무. 입장시간 오전 10:00~오후 06:00)을 사기 위

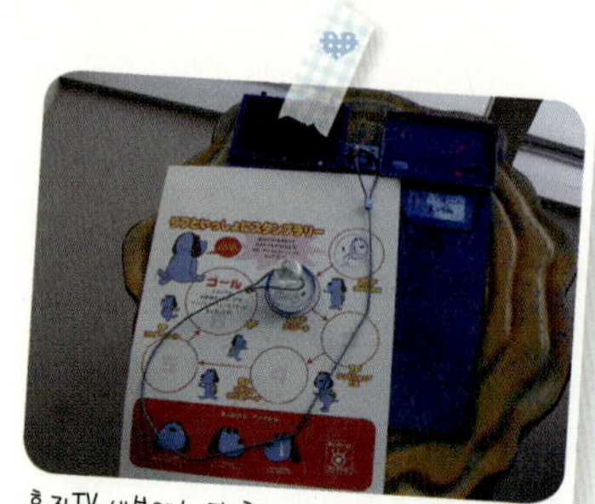

후지TV 내부에는 각 층마다 스탬프를 찍는 놀이를 할 수 있다.

해서는 에스컬레이터를 통해 7층 광장으로 올라간 다음 티켓 부스에서 입장권을 사고 그 옆에 있는 엘리베이터를 타면 바로 25층 전망대에 도달한다.

일부 층을 관광객들에게 오픈하는데, 전망대에 마련된 스탬프 용지에 관광객이 들어갈 수 있는 층을 표시해 놓았다. 25층(전망대), 24층(레스토랑), 7층(옥상 정원, 기념품샵), 5층(스튜디오 관람), 1층 순으로, 도장을 다 찍으면 1층 교환처에서 클리어 파일이나 휴지 같은 작은 기념품을 준다.

● 아쿠아 시티(AQUA CITY)

아쿠아 시티, 쇼핑몰과 레스토랑, 라면박물관이 모여 있다.

후지 TV와 마주보고 있는 아쿠아 시티로 가고자 횡단보도를 건너 아쿠아 시티 건물로 들어가기 전 2층으로 향하는 에스컬레이터를 타면, 레인보우 브리지가 보이는 광장과 연결된다. 이곳은 많은 드라마에서 데이트 코스로 나올 때가 많으니 사진 한 장을 남겨 두는 것이 좋다. 아쿠아 시티는 일반 쇼핑몰이고 그와 붙어 있는 메디아주(メディアージュ)는 영화관이다.

● MEGAWEB과 비너스 포트(ヴィーナスフォート)

직접 차를 시승해 볼 수 있는 것이 재미.

아오미(青海)역에 내리면, 도요타 쇼룸과 비너스 포트가 있다. 도요타 쇼룸장인 'MEGAWEB'은 규모면에서도 상당히 큰 편이고 시승 코스도 'RIDE ONE'이 1.3km로 마련되어 있어 국제면허가 있다면 언제든 도요타의 최신차를 탈 수 있다. 또한 내부에는 미니카를 파는 샵과, 옛날 차들을 모아놓은 자그만 테마 파크도 있어 차를 좋아하는 사람들이라면 즐거운 시간을 보낼 수 있다.

비너스 포트는 대형 쇼핑몰로, 중가 브랜드들이 입점해 있고, 3층에는 아울렛도 있다. 이곳은 '여성을 위한 테마파크형 쇼핑몰'인데, 내부가 중세 유럽 같이 꾸며져 있다. 여느 쇼핑몰과 점포는 다를 바 없으나, 천장 컬러가 시간마다 변하는 '천공'이 신기해 발걸음을 하는 사람들이 많다.

● 팔레트 타운(Palette town) 대관람차

한 바퀴 도는데 16분이 걸리고 높이는 116m까지 올라가기 때문에, 하네다공항이나 신주쿠까지 훤히 볼 수 있다. 또 13,000개의 네온을 사용한 일루미네이션이 일품인데, 프로그램이 다양해서 한참 보고 있어도 질리지 않는다.

시스루 곤돌라를 타면 심장마비 걸리지 않을까?

이를 반영하여 이름지은 '시스루 곤돌라(이름 한 번 잘 지었다)'라는 이 녀석을 타기 위해 일부러 오래 기다리는 팀들도 있다.

● 오에도 온천(大江戸温泉)

텔레콤센터역(テレコムセンター駅)에 있는 오에도 온천은 '온천'이라기보다 '큰 목욕탕'이라 생각하면 되겠다. 우리나라 찜질방처럼 안에서 팔찌로 계산하며 식사도 할 수 있고, 다양한 온천탕을 즐길 수 있으니 친구들과 삼삼오오 온 팀들이라면 추천할 만하다.

테마파크처럼 재미난 오에도 온천

THEME 04. 오다이바(お台場)에서 무엇을 먹을까

뽀무노키, 이미 한국인들에게 유명한 식당.
창가자리를 강추한다.

● 〈식당〉 뽀무노키(ポムの樹)

무난한 식사를 할 수 있는 퓨전 오므라이스 전문점으로, 음식맛보다 오다이바의 멋진 전경이 보이는 창가 자리에 앉을 수 있다는 것이 무엇보다 큰 매력이다.

MEMO 뽀무노키(ポムの樹), 간략하게 살펴보기

● 가격대 : 900~1,500엔

● 위치 : 오다이바 아쿠아시티 5층 9호

● 영업시간 : 오전 11 : 00~오후 11 : 00

● 추천 메뉴(일본어)

　기본케첩 오므라이스(定番ケチャップオムライス)

　푹 우려낸 비프스튜 오므라이스(じっくり煮込んだビーフシチューのオムライス)

● 홈페이지 : www.pomunoki.com

하와이 보다 크기가 작긴 하지만 실한 햄버거임은
확실하다!

● 〈식당〉 쿠아아이나(クアアイナ)

하와이에서 온 수제 햄버거 전문점으로, 가벼운 식사를 원한다면 이곳도 괜찮다. 아보카도를 넣은 샌드위치와 햄버거로 유명한 집이니 메뉴 선택 시에 참고해 두자!

MEMO 쿠아아이나(クアアイナ), 간략하게 살펴 보기

- 가격대 : 1,000 ~1,500엔
- 위치 : 오다이바 아쿠아 시티 4층 21호
- 영업시간 : 오전 11:00~오후 11:00
- 추천 메뉴(일본어)

  BLT&아보카도 (BLT&アボカド) 1050엔

- 홈페이지 : www.kua-aina.com

● 〈식당〉 시라카바산죠(白樺山荘)

여기 5층에 모여 있는 라면집들은 어느 곳이나 그 지역에서 사랑 받고 있는 라면집들이다.

"맛없는 집은 없으니 걱정하지 말자!"

단지 본인의 입맛과 취향에 따라 메뉴를 선택하면 되겠다. 시라카바산죠는 삿포로 지역에서 유명한 된장라면집이다. 꼬들한 면발과 고소한 국물을 함께 먹을 때 느껴지는 뿌듯함을 느껴보자.

5층의 라면 테마 파크는 어느 집이든 다 맛있다. 따라서 본인 취향에 맞는 집을 선택하기만 하면 끝!

"다만… 라면을 먹은 후 인지하게 되는…
 밀려오는 다이어트의 압박은 알아서 걱정하도록…."

MEMO 시라카바산죠(白樺山荘), 간략하게 살펴 보기

- 가격대 : 700~1,300엔
- 위치 : 오다이바 아쿠아시티 5층
- 영업시간 : 오전 11:00~오후 11:00
- 추천 메뉴(일본어) : 미소라면(味噌ラーメン) 780엔
- 홈페이지 : www.shirakaba-sansou.com

겪어봐야 아는 일본문화 이야기
Japan
J
N A
A P
N A
A P
Japan
POLICE

THEME 01. 이자카야에서 생긴 일

요즘은 우리나라도 더치페이를 많이 하곤 하니 일본인들의 와리캉(割り勘)은 별스러운 이야기도 아닐 듯싶다. 그러나 막상 또 일본 친구들과 어울리다 보면 다르긴 다르다~ 싶을 때가 있으니….

그 일은 이자카야에서 시작되어 나를 충격의 도가니로 빠트렸다.

먼저 일반적으로 우리나라의 경우….

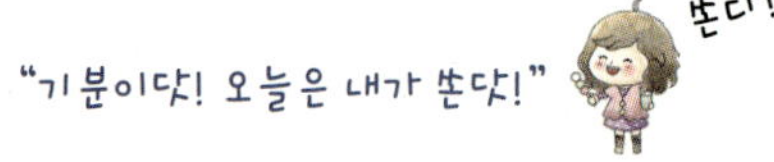

혹은…

이처럼 대표로 한 명이 계산을 하고 갹출한 비용을 건네는 것이 익숙하다고 생각할 게다.
자. 그럼 충격의 시발점이었던 이자카야로 다시 돌아가 보자.

일본 현지에서 회사를 다니며 일을 끝내고 이자카야를 갔다. 보기만 해도 군침이 도는 안주들을 좌악! 시켜놓은 채 왁자지껄 이야기꽃을 피워놓았고….

데바사끼, 닭 날개를 바싹 튀겨 소금 후추로 짭짤하게 간을 했다. 맥주 안주로 최고.

야끼토리, 닭고기 사이에 대파를 함께 꼬챙이에 꿰었는데 구운 파와 닭은 정말 잘 어울린다.

이것저것 시켜서 먹고 마시다 보니 어느새 돌아갈 시간이 아닌가? 그렇게 슬슬 일어날 준비를 하자 갑자기 친구 하나가 핸드폰을 꺼내 들었다.

"…"
'흠… 문자라도 보내나?'

슬쩍 뭐하나 봤더니, 이런 세상에나!

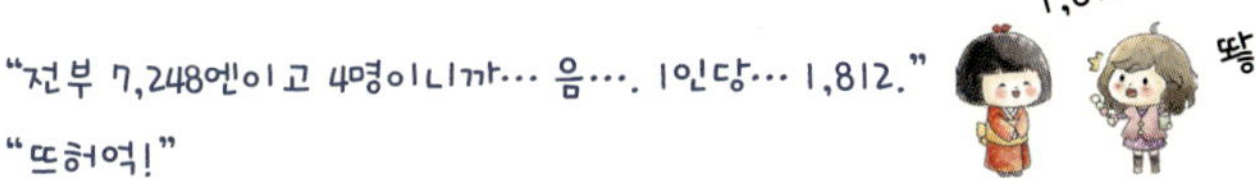

"전부 7,248엔이고 4명이니까… 음…. 1인당… 1,812."
"뜨허억!"

핸드폰 계산기로 오늘 먹은 술값을 1인당 비용이 얼마인지 계산하고 있는 것이 아닌가? 그리고는 계산한 내용을 보여주며, 총 7,248엔이니 1인당 1,812엔씩 내란다.

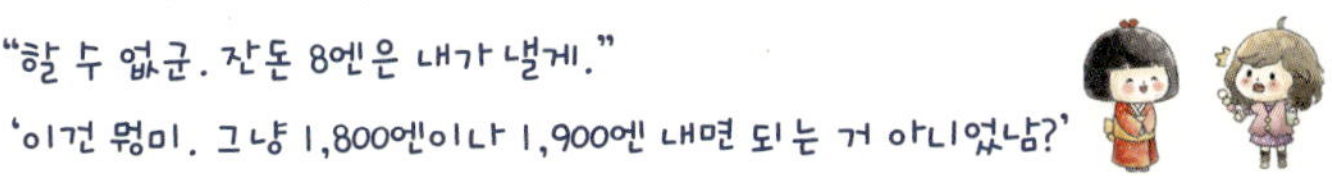

"할 수 없군. 잔돈 8엔은 내가 낼게."
'이건 뭥미. 그냥 1,800엔이나 1,900엔 내면 되는 거 아니었남?'

선심 쓰듯이 한 명이 끝자리 잔돈 8엔을 내겠다고 성은을 베풀어 주기까지 한다. 먼저 한 명이 몰아내고 그 한 명에게 각자의 가격을 주는 우리네 문화에 익숙한 정통 한국인인 나는 상당한 충격이 아닐 수 없었다.

이후부터 음식점이나 이자카야를 가면 테이블마다 계산기로 각자 지불해야 할 값을 계산하는 팀들만 눈에 들어오기 시작했다. 더욱 놀란 것은 핸드폰 자체에 일반 계산기 외에도 와리캉만을 위한 프로그램이 따로 내장되어 있다는(요즘에는 스마트폰 어플) 사실을 친구의 핸드폰을 보고 알았다는 사실!

THEME 02. 와리캉을 계산해 주는 친절한(?) 가게?

또 하나 재미있었던 일은 더치페이 문화를 대리해 주는 가게에서 일어났다.

자주 가던 단골집 중에 토리요시(鳥よし)라는 곳에서는 계산서에 와리캉을 하면 1인당 얼마인지 써준다는 것이다.

짜잔! 위의 계산처럼 1명은 2,046엔, 3명은 2,045엔이라고 나눠 계산되어 있는 것이다. 계산서에까지 이렇게 찍혀 나오는 걸 보면서 그저 웃음이 나올 뿐이었다.

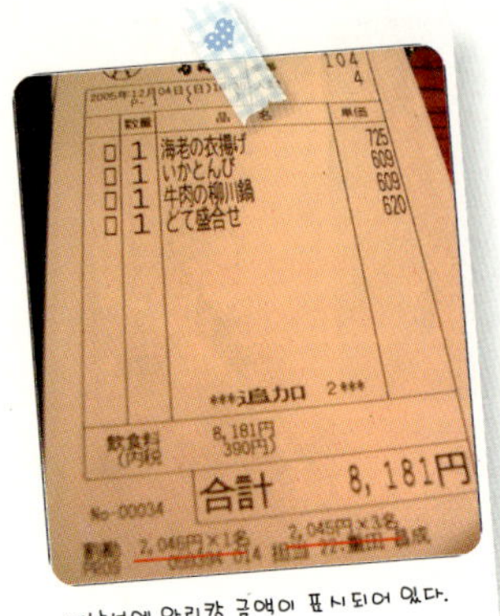
계산서에 와리캉 금액이 표시되어 있다.

THEME 03. 남녀 사이도 와리캉은 예외 없다!

남녀간의 데이트에도 그럴까? 답을 먼저 한다면 '그렇다' 이다.

남녀간의 데이트에서도 일본인들은 와리캉이 일반적이다. 주변에서 일본인들이 사귀는 걸 보면 처음 만나서 정식으로 '사귀자' 라고 말을 하기 전까지는 남자 쪽에서 비용을 많이 부담하는 편인데, 일단 사귀고 나면 와리캉이 일반적이다.

사귀는 사이에도 상대에게 '부담 주는 것' 을 먼저 생각하는 일본인들.
우리나라와는 확실히 아니아니… 너무 익숙하기 힘들 정도로 서프라이즈한 차이점이 아닌가 싶다.

일본은 개인주의가 강한 나라이다. 내가 할 수 있는 것은 내가 해야 하고, 누군가에게 도움(恩)을 입었다면 반드시 그 은혜를 갚아야(恩返し)한다. 그렇기 때문에 함부로 내가 선의를 베풀면 상대는 나에게 꼭 은혜를 갚아야 하기 때문에 계속 마음의 부담을 가지게 된다. 한국 스타일을 보여준다며 호기 있게 커피니 밥이니 내가 계산을 해 버리면, 일본인은 이걸 어떻게 갚아야 하나 그때부터 고민에 빠지게 되니 너무 심각한 고민거리를 주지 않는 것도 그네들을 위한 배려(?)가 아닐까 한다.

청결을 위한 손수건은 일본에서 필수품

얼마 전 통영에 계신 부모님 집을 다녀오다가 들른 휴게소 화장실에서 손을 씻고 얌전히 손수건에 손을 닦는 내 모습에 피식 웃음이 나왔다.

"이렇게 손수건을 갖고 다니는 건 일본에 있을 때 생긴 습관이라구!"

옛날에는 스승의 날 선물로 드렸던 단골 품목이 손수건 세트였던 기억도 있는데 손수건이 선물로써 인기가 없어진지도 꽤 오래된 듯하다.

가끔 깔끔한 척 한답시고 여행용 티슈와 물티슈를 가방에 넣어 다니곤 하지만, 손수건을 사용하는 습관이 없던 터라 처음에 손수건을 산다는 것 자체가 좀 어색했다. 그렇지만 한 번 쓰다 보면 분명 편안한 매력을 느낀다. 그리고 이런 것이 나 혼자의 경험은 아닌 듯, 일본에서 유학이나 직장생활을 하는 많은 한국인

손수건 모으는 것이 취미가 되어 버렸다.

들이 한국에 돌아와서도 손수건을 사용하는 습관을 버리지 못하고(?) 있는 것을 종종 목격하곤 한다.

명품 소비로 유명하고, 제품 가격도 우리나라보다 훨씬 비싼 일본에서는 일본인들의 생활필수품, 손수건만큼은 아주 저렴한 가격에 판매되고 있다. 실제로 현지에 있는 백화점 1층에 가면 버버리, 셀린느, 안나수이, 코치 같은 명품 브랜드의 손수건이 국내에서 샀을 때의 절반 정도 가격을 자랑하는 700엔~1,500엔에 팔리고 있는 현장(?)을 목격할 수 있다. (덕분에 출장을 갈 때면 여유 있게 사와서 신세진 분들께 선물을 하곤 한다.)

일본은 용변용으로 두루마리 휴지를, 일반용도로 사용하는 휴지는 각티슈로 사용하는 것이 일반적이다.

때문에 일본의 공중 화장실에는 손 닦는 1회용 티슈가 없다. 어느 화장실을 가더라도 토일렛 페이퍼(トイレットペーパー)라고 하는 두루마리 화장지가 변기에 비치되어 있을 뿐, 세면대에 손을 닦을만한 그 뭔가가 없어서 슬며시 옷이나 머리카락에 손을 닦으며 나온 적이 한두 번이 아니었다.

편의점이나 도시락 전문점, 케이크샵 등을 보면 1회용 용기는 정말로 많이 사용되고 있는데, 화장실에 손 닦을 휴지가 없다는 것은 좀 아이러니하기도 하다. 종이가 아깝다면 우리나라처럼 재생지로 쓰면 될 것을…….

어느 날은 각티슈가 없어서 두루마리 휴지를 책상 위에 올려놓았더니 지나가는 사람들이 뜬금없는 탐정 놀이에 빠져있는 것이 아닌가?

누가 이 휴지를 여기에 놨는지 색출해 내려는 회사 동료의 집요함에 결국 두손두발 다 들고, 두루마리와 각티슈의 차이가 무엇인지도 모른 채 당당하게(!) 책상 위에 올려놓은 사람이 '나!' 라고 실토했다.

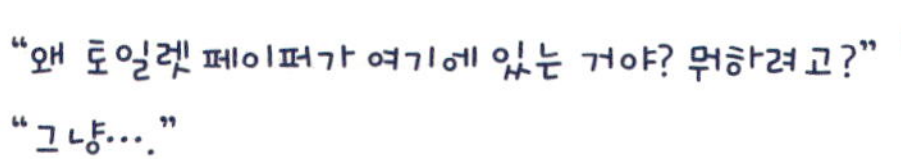

진실을 대답했다가는 무언가 위험해 보이는 분위기여서… 대답을 얼버무렸다. 그 후로도 왜 그 휴지를 거기에 놨는지 계속 물어봤지만…
아마 지금 추측해 보면 인간의 복숭아를 닦는 두루마리 휴지로 코를 푼다거나 입을 닦는다는 건 별로 생각하고 싶지 않았던 듯하다.

아무튼, 화장실에서 손 씻는 사람을 유심히 보니, 다들 손수건을 가지고 있었다. 회사에 가서 일본 동료들 책상을 보면 한 켠에 손수건을 얌전히 접어 놓은 친구들이 많았다.
심지어 남자 직원들도 손수건을 어디엔가 휴대하고 있었다. 어디에 사용하냐고 물어보면 다들 이렇게 대답했다.

"손 닦으려고."
"에티켓이니까…."

실제로 어느 설문에서 손수건을 가지고 다니냐는 질문에 70%는 항상 휴대하고 있다를, 14%는 자주 가지고 다닌다라는 결과를 답을 하기도 했다.
(2010년, TOPORE 조사)

"더 놀라운 건! 손두건을 사용하지 않는 사람은 5.2%에 불과했다는…."

우리나라는 언제부터인지 손수건을 잘 사용하지 않게 되었다. 어딜 가도 손 닦는 휴지가 비치되어 있으니 딱히 필요성을 못 느끼는 것은 아닐는지….

일본인과 한국인들의 차이를 바로 알 수 있는 것이 음주문화이다. 이 음주문화를 얘기할 때는 비즈니스 접대문화가 아닌 친구들과의 술자리문화에 대해 생각해 보도록 하겠다.

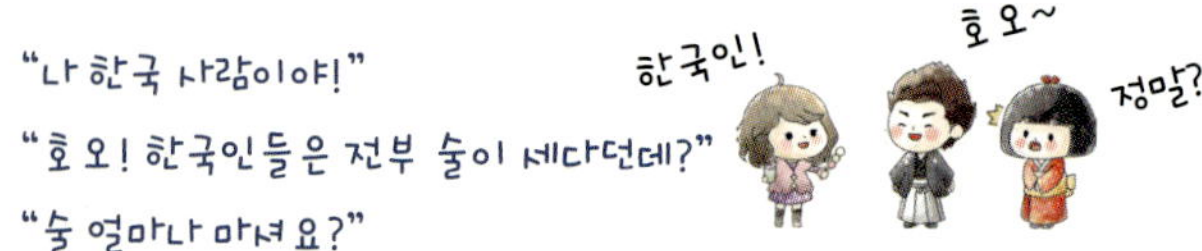

이렇듯 일본인에게 한국 사람들은 술이 세다는 이미지가 있다. 그도 그럴 것이 한국 드라마에서 연거푸 소주잔을 원샷하는 장면이 자주 나오니 그렇게 생각할 것이고, 실제로 한국 남성들은 원샷을 자주 하거나 마시는 속도가 빨라 자연스럽게 '한국인은 술에 세다' 라는 이미지가 생긴 것 같다. 심지어 일하면서 만나는 일본인들은 한국 사람들이 술 마시러 가자고 하면 겁부터 내는 경우까지 있을까?

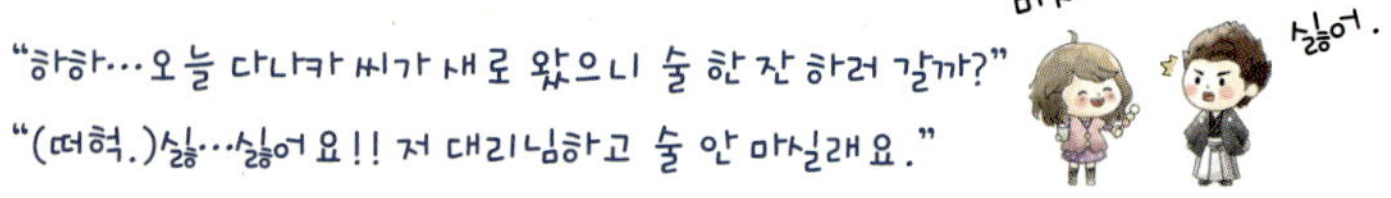

오죽하면 좀처럼 '싫다', '안 된다' 라는 말을 잘 하지 않는 사람들이 손사래를 치며 술자리를 거부할까? 또 '한국인들과의 술자리는 너무 힘들다' 며 도망가는 경우도 있었다.
일본인들은 체질적으로 알코올을 분해하는 기능이 한국인보다 떨어지므로 독한 술을 잘 못 마신다는 설이 있는데 근거가 있는지는 잘 모르겠다. 그럼 일본인들은 술에 약한가?

실제로 술자리를 가져보면 일본 아저씨들이 독한 쇼츄를 아침까지 계속 마시고 있는 것을

자주 목격한다. 대체로 일본인들의 음주 특성은 오래가는 에너자이저라는 사실!
즉, 천천히 오래도록 마시는 것을 좋아하기에 양만 따졌을 때는 어느 쪽이 더 잘 마시는지
판가름하기는 어렵다는 것이다.

THEME 01. 일본인과 술을 마실 때 기본적인 매너는?

01 잔이 바닥을 드러내지 않도록 30% 정도 남아 있으면 술을 가득 부어 준다.

우리나라와 반대라 가장 틀리기 쉬우면서 가장 중요한 매너. 항
상 상대방의 술잔이 비어 있지 않도록 신경을 써야 한다. 술잔
에 술이 30% 정도 남으면 이렇게 말하는 센스를 갖춰보자!

잊지 말아야 할 가장 중요한 것은 술잔이 바닥을 보이지 않도
록 하는 것!

상대의 잔이 바닥을 보이지 않도록
신경 쓰는 것이 포인트.

02 술잔을 들 때도 손의 제스처가 중요하다!

상대가 술잔을 채워주면 맥주잔은 상대 쪽으로 살짝 기울이고, 니혼슈는 오른손으로 잔의
입구를 왼손으로 잔의 바닥을 받쳐서 술을 받도록 한다.

03 바로 술잔을 내려놓지 말 것

따라주는 첫 잔은 반드시 한 모금 마신 후 잔을 내려놓는다. 바로 잔을 내려놓는 것은 실례다.

04 못 마시는 사람들도 최소한의 에티켓을 갖출 것

술을 잘 못 마시는 사람이라도 건배는 같이하고, 술잔을 입에 살짝 댄 후 잔을 내려놓도록
한다. 그리고 더 이상 못 마시겠다 싶을 때는 꼭 이렇게 말할 것.

라고 의사를 분명히 밝힌다. 따르려는 사람도 이런 이야기가 나오면 무리하게 술을 따르
지 말아야 한다.

05 원샷, 절대로 강요하지 말 것

원샷(イッキ飲み)을 강요하는 것은 실례다. 맥주를 피처로 시킬 때도 있지만, 일반적으로는
자신이 마시고 싶은 술을 그때그때 주문해 마실 때가 많다.

THEME 02. 일본의 술문화

일본은 술을 천천히 즐기며 마시는 문화를 가지고 있다. '원샷(イッキ飲み)'이라는 것이
있긴 하지만, 어지간해서 그렇게 술을 권하는 문화가 아니기 때문에 '건배'로 그들과 함
께 어울리도록 한다. 담배의 경우도 같은 테이블 일행들에게 양해를 구하고 피울 수 있다.
하지만 이것은 친구들과의 자리에서 해당하는 부분이고, 비즈니스 차원에서 상대방이 담
배를 피우지 않는 사람이라면 그 자리에서 담배를 피우는 것은 실례다. 또 일본은 술자리
에서 어른에 대한 예의를 지키고자 몸을 돌려 술을 마시지 않는다. 따라서 한국인들이 이
런 행동을 하면 신기해 하고 감동받기도 한다. 또 이런 모습을 보면서 칭찬 한마디를 남기
기도 한다.

"과연! 듣던 대로 한국은 연배 있는 사람에 대한 예의가 있구만, 허허허~"

비즈니스 석에서도 일부러 이렇게 술을 마시면 반응이 상당히 괜찮다.

THEME 03. 일본인들이 자주 마시는 술은?

그렇다면 일본인들은 어떤 술을 주로 마실까?

01 맥주(ビル)

일본인들의 맥주 사랑은 일상에서 볼 수 있다. 그 예로 보통 이자카야나 식당에 들어가면
앉자마자 메뉴를 보지도 않고 여기저기서 이렇게 외치는 것을 들을 수 있다.

"일단 맥주 한 잔 주세요!(とりあえず、ビルおー つ)"
"생맥주 하나 주세요.(生一つ)"

그만큼 일본은 맥주를 사랑하는 민족인 듯하다.

02 칵테일(カクテル)

과일맛 나는 리큐르를 사용한 각종 칵테일들이 여성들에게는 큰 인기를 끌고 있다. 알코
올이 독하지 않은데다 달콤한 맛으로 마시기도 편하기 때문이다. 주로 카시스, 살구 리큐
르를 사용한 칵테일이 특별히 자주 마시는 아이템으로 자리잡고 있는 듯하다.

03 니혼슈(日本酒)

니혼슈(日本酒)라고 부르는 일본 소주는 쌀을 발효시켜 만드는 술로, 우리나라 정종과 비슷
한 맛과 향을 지닌다. 알코올은 20도 미만의 제품들이 많으나, 지역별 제조공법에 따라 40
도를 웃도는 술들도 있다. 쇼츄와 비교해 비교적 순한 맛이기 때문에 여성들도 좋아하는
편이다.

04 막걸리(マッコリ)

근래 몇 년 사이 일본에서 폭발적으로 인기를 끌고 있는 막걸리. 일본에서도 원래 '도부로쿠(濁酒)'라고 하여 비슷한 술이 있었으나, 텁텁함이 좀 다르다. 막걸리는 일본 내에 불고 있는 한류 바람으로 인해 그 인기가 무섭게 상승하고 있다. 또 유산균이 많아 피부와 다이어트에 좋다는 정보에 최근에는 여성들에게 폭발적인 지지를 받고 있다.

05 쇼츄(焼酎)

쇼츄(焼酎)와 니혼슈의 차이점은 제조공법이다. 니혼슈는 발효주, 쇼츄는 증류주로 니혼슈를 증류시키면 쇼츄가 된다.(술 좋아하는 사람들은 이미 다 아는 내용일 테지만) 사용하는 원료에 따라 코메쇼츄(米焼酎), 무기쇼츄(麦焼酎), 이모쇼츄(芋焼酎), 아와모리(泡盛) 등 여러 종류의 술이 있다.

자리에 앉자마자 맥주를 외치는 일본인들 | 아와모리가 독한 술이기에 온더락으로 주문해 본다.

니혼슈와 쇼츄를 마시는 법은 스트레이트 외에도 몇 가지가 있다. 술을 섞어 마시는 것을 일본어로 '와리(割り)'라고 표현한다. 예를 들면 '오유와리(お湯割り)'는 따뜻한 물을 섞어 마시는 것이고, '미즈와리(水割り)'는 차가운 물을 섞어 마시는 것이다. 그 외에도 '소다와리(ソーダ割り)'와 '온 더 록(on the rock)' 등이 있다.

간혹 일본 영화나 드라마를 보면 니혼슈를 따뜻하게 마시는 것을 볼 수 있는데, 위에서 설명한 오유와리도 이에 해당하지만 술 자체를 데워서 마시기도 한다.

그럼 온도에 따라 술 마시는 것을 어떻게 표현할까?

● 히야(冷や) : 상온으로 마심
● 히야자케(冷酒) : 냉장고에 넣어 차갑게 해서 마심
● 히토하다칸(人肌燗) : 사람 체온 정도로 미지근함
● 죠칸(上燗) : 45도 전후, 아츠칸보다는 미지근함
● 아츠칸(熱燗) : 50도 전후, 따끈히 마심

나는 술을 잘 못 마시는 편에 속하지만, 추운 겨울 따끈하게 마시는 니혼슈 한 잔의 매력은 참으로 대단한 것 같다는….

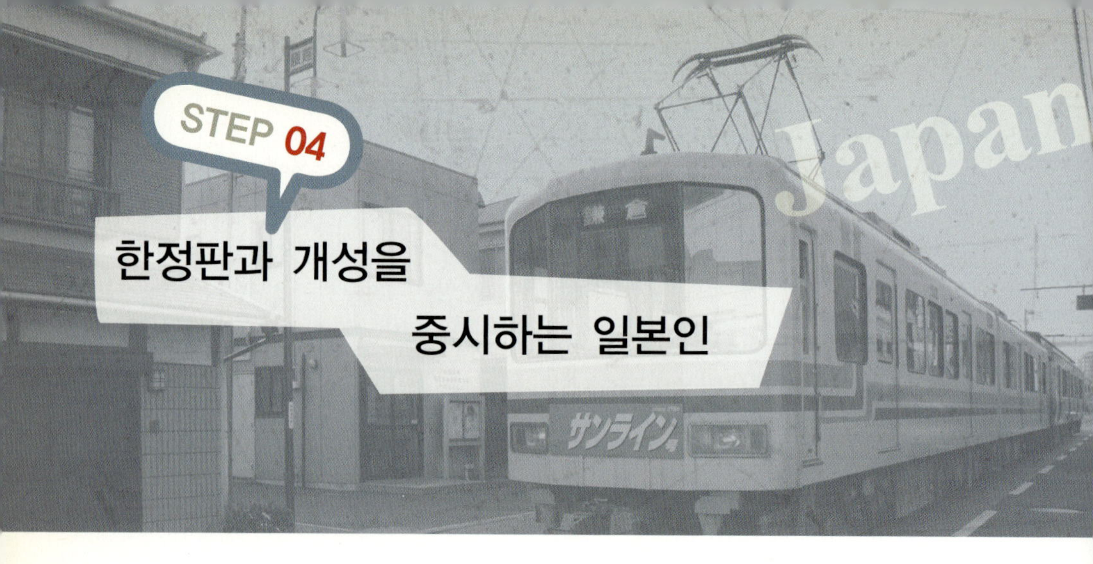

한정판과 개성을 중시하는 일본인

일본에 도착한지 얼마 되지 않았을 때, 신주쿠에 아이쇼핑을 간 적이 있었다. 그때 베네통 매장에 들려 웃었던 일이 있는데, 그 이유인즉슨 일본 베네통 매장에 진열된 옷들이 기존 베네통의 컬러풀함이 아닌 카키색이나 베이지색과 같은 차분해 보이는 톤이었기 때문이다. 알록달록한 컬러로 많은 사랑을 받는 베네통이 일본에서 그런 컬러를 버리고 일본 스타일로 옷을 만들고 있다는 사실이 놀랍기도 하고 재미있기도 했다.

뿐만 아니라 우리나라에도 이미 마니아가 많은 버버리의 블루라벨은 일본에서만 판매되고 있는 라인이다. 아마도 자신의 개성이 중요한 일본인에게 '한정판'이란 치명적인 매력이 있는 아이템으로 다가오는 것이리라.

이렇듯 자신의 개성을 중요시하는 일본인들의 센스는 재미있다.

THEME 01. 일본인들이 궁금해 하는 한국의 유행 따라하기

언젠가 일본인 친구가 서울에 여행을 왔다.

"왜 한국 여자들은 다 단발머리에 앞머리를 일자로 자르고 있는 거야? 완전 무엇이 무엇이 똑같을까야."

그때는 가수 서인영의 단발머리 스타일이 한창 유행하고 있었을 때였다. 연예인을 따라한 것이라고 했더니 명동에 지나가는 여자들마다 다 그 머리를 하고 있다며 이게 뭔가 싶어 놀랐다고 한다.

또 한 번은 일본에서 생활하고 있을 때였다. 일본 친구들과 한국인, 일본인, 중국인 구별법에 대해 이야기를 하고 있었는데, 한 명이 그런 말을 했다.

순간 왠지 좀 부끄러워졌다. 왜냐고?

또 우리네들 커플들이 자주 즐겨 입는 커플룩(페어룩)에 대해서도 진지한 고찰을 한 듯도 하다.

입어본 적 없다고 했더니 한국 사람은 다 페어룩을 입는 줄 알았다고 얘기했다.
뭐 어쨌든 일본인들은 늘 남들과 다르게, 개성 있게 옷 입는 것을 좋아하는 터라, 남들과 같은 옷을 입는다는 것이 거북한 모양이었다. 돌이켜 생각해 보니 일본에서 이렇게 커플룩을 입고 다니는 사람도 거의 본 적이 없는 듯도 하다. 페어로 뭔가를 하는 건 디즈니 리조트에서 미키마우스 머리띠를 쓰는 정도랄까?

우리나라에서는 한 가지 디자인이 유행하면 너도나도 동일한 스타일을 찾기 마련인데, 일본은 전체적인 분위기는 유행에 따를지 몰라도 아이템 하나를 똑같이 착용하는 것을 불편해 한다.

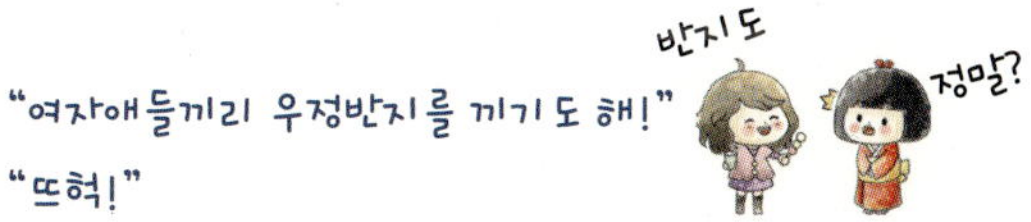

우리나라 사람들은 동질감과 소속감을 중요시 하기 때문에 동일한 장신구를 착용하는 것에 일본인들은 독특하다고 생각하는 듯하다. 아무래도 남들과 구분된 자기만의 개성을 표현하는 것에 더 익숙해서가 아닐까?

옷에 대한 에피소드 한 가지 더.
지인 중에 일본인 여성과 한국인 남성의 국제커플이 있었다. 가끔 이들이 부부싸움 중에 웃지 못할 일들이 있었는데 싸우는 원인 하나가 옷에 관한 것이었다. 한국 남자는 와이프가 아침에 입을 옷도 챙겨 주지 않는다며 맨날 자기가 골라서 입고 나온다고 불만을 터뜨

렸다. 그러자 일본 여자는 본인이 입을 옷을 왜 자기가 골라줘야 하는 건지 의아해했다. 문화적인 차이일 수도 있겠지만 한국에서는 아내가 아침에 신랑 옷을 골라주는 것이 자연스러운 일이고, 일본은 본인 옷은 각자 스스로 챙겨 입는 것이 자연스럽기 때문일 테지.

특히, 일본 남성들은 패션이나 다이어트에 대한 관심이 높은 편이라, 옷도 직접 쇼핑 하는 것이 일반적이다. 나이가 좀 있는데도 불구하고 엄마가 사주는 옷을 입는다고 하면 마마보이 소리를 듣기 십상이다.

THEME 02. 한정판의! 한정판에 의한! 한정판을 위한!

이렇게 자신만의 개성을 좋아하는 일본인들에게 치명적인 아이템이 바로 '한정판' 이다. 브랜드 안에서도 한정판이 따로 있고, 어떤 브랜드는 일본에서만 판매하는 일본 한정판 라인을 따로 출시하기도 한다. 의류뿐만이 아니라, 신발, 가방, 음반, 영상물, 식품에서도 한정판은 자주 보인다. 한정판을 좋아하는 일본인과 그것을 이용하는 기업 상술의 조화라고나 할까?

먼저 한정판 음반 이야기를 해 보자면, 일본은 인기 가수들이 앨범을 낼 때 '초회 한정판', '1만 장 한정판' 은 물론이요, 동일한 앨범에 노래 한두 곡과 재킷 사진을 다르게 구성해 'A타입', 'B타입' 을 나누어 발매하는 앨범 상술의 최고봉을 보여준다.
그리고 더욱 놀라운 것은 …

이 팻말만 보이면 발걸음이 자동으로 움직인다.

상황이 이렇다 보니 외국 가수들도 일본에서 앨범을 낼 때는 똑같은 BEST 앨범이라도 재킷 사진과 수록곡만 좀 바꾸어서 '일본 한정판' 이라며 앨범을 발매한다. 이쯤 되면 심하게 너무하지 않은가?

한정판의 또 다른 형태로 콜라보레이션(コラボレーション)이 있는데 이는 일정기간 동안 두 개의 브랜드를 합친 디자인을 내놓는다거나, 유명 아티스트나 디자이너가 특정 브랜드의 디자인에 함께 참여를 한다거나 하는 경우다.
2011년이었나? 빅뱅과 유니클로가 콜라보레이션으로 여러 종류의 티셔츠를 선보였다. 하라주쿠 유니클로에서 그 티셔츠를 사겠다고 섰던 줄이 시부야까지 이어진 것을 보고 지나가다 깜짝 놀랐던 적이 있다.

한정판이라는 것이 어떤 개성의 표현도 되겠지만, 물건을 모으기 좋아하는 일본인에게 한정판이란 또 하나의 즐거운 취미생활이 아닌가 싶다.
그럼 내가 좋아하는 한정판은 뭐냐고? 난 쟈가리코의 지역별 한정판과 하겐다즈 아이스크림의 시즌별 한정판은 눈에 띄는 즉시 바로 맛을 봐야 하는 지병을 가지고 있다. 쿵.

기간 한정 매실맛 쟈가리코

크리미 민트맛 하겐다즈

친구들과 식사를 하러 식당에 들어가면, 가끔 먹는 방법을 잘 모르는 경우가 있다. 한 번은 일본에서 자주 가던 정식집에서 식사를 했는데 달걀을 따로 종지 같은 곳에 담아주는 것이 아닌가?

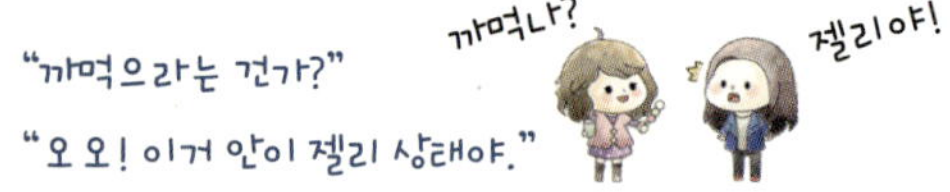

"까먹으라는 건가?"

"오오! 이거 안이 젤리 상태야."

계란의 껍질을 조금씩 까 보니… 찐 계란이 아닌 것이다. 앞에 앉은 일본인 친구가 웃으며 달걀을 톡 까서 밥 위에 올린다. 알고 보니 '온센타마고(温泉卵)'라고 하는 반숙 계란으로, 밥에 올려 먹는 것이 정석이다.(개인에 따라 샐러드에 올려 먹기도 한다.)

"그런 건 진작 알려주라규!"

고깃집의 고기는 다 잘라져서 나온다. 고기를 부위별로 시키면 이름표(?)까지 친절히 달아준다.

일본 친구들이 한국으로 놀러 오면 가장 즐거워하는 부분이 역시 음식이다. 처음 친구들을 데리고 갈비집에 간 날, 식당 아주머니가 잘 익은 갈비를 가위로 싹둑싹둑 잘라주시는 것을 본 친구들은 눈이 휘둥그레졌다. 이른바 '식가위'라는 것이 일본에는 없기 때문에, 고깃집에 가면 고기가 다 잘라져 나온다. 가위를 음식에 쓴다는 발상 자체가 일본인들에게 충격으로 다가온 듯했다.

"오오! 가위로 음식을 잘라!"

"대단한데?"

한참 가위를 보더니 그제서야 대단한 아이디어라며 감탄을 하는 것이 아닌가? 그리고 이어서 나온 식사메뉴 중에 비빔밥을 보고는 어디서 TV라도 보았는지 바로 Action을 취한다.

꼭 칭찬해 달라는 듯한 그 물음에 어찌해야 할 바를 몰랐지만….
어쨌든 일본에서 이런 덮밥류는 모양을 흐트러트리지 않고 먹는 것이 일반적인데, 한국에서 비벼 먹는다는 소리를 들었나 보다. 고추장과 비빔밥을 싹싹 비벼 한입 맛보더니 맛있다고 즐거워하는 친구들에게 고맙기까지 했다. 국가별로 서로 다른 식사법을 익히고 그것을 시도해 보는 것. 그것이 진정한 국가 간의 이해법이 아닌가 싶다.

THEME 01. 입뿐만이 아니라 눈으로도 먹는 일본의 식사

일본의 식사는 '조용히', '가지런히' 먹는 이미지가 강하다. 뭐니뭐니해도 일본에서는 음식을 내올 때는 그릇에 음식을 올리는 부분을 색상, 비율 등을 따져가며 미적으로 신경을 많이 쓴다. 그렇기 때문에 모든 음식은 처음 내온 형태를 그대로 유지하며 '보는 즐거움'을 느끼는 것이 중요하다. 일단 상을 받으면 반찬들이 어떻게 가지런히 놓여 있는지, 그릇의 뚜껑에는 어떤 모양이 있는지, 눈으로 한 번 상을 즐긴 후 젓가락을 들도록 하자.

식기의 아름다움을 즐기는 것도 중요한 매너.

THEME 02. 일본의 식사문화와 에티켓

동양문화권은 젓가락을 사용하므로, 나온 음식을 먹는데 있어서 근본적으로 어려움은 없지만 일본에서의 식사예절도 함께 알아둘 겸 먹는 방법과 몇 가지 에티켓에 대해서 얘기하도록 하겠다.

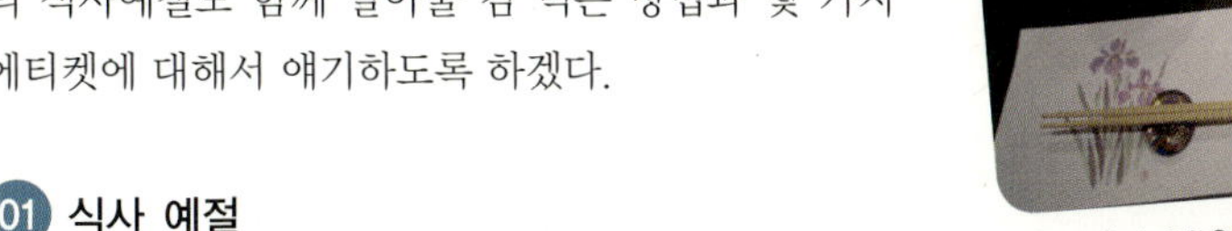

젓가락 놓는 위치와 방향이 우리나라와 다르다

01 식사 예절

- 식사 전에는 '잘 먹겠습니다(頂きます)', 식사 후에는 '잘 먹었습니다.(ご馳走さまでした)' 라고 반드시 감사를 표한다.
- 음식을 덜어 먹을 때는 개인 젓가락이 아닌 별도의 새 젓가락을 이용해 각자의 그릇에 덜어 먹는다.
- 누군가 먹어보라며 젓가락으로 음식을 떠줄 때는 앞접시로 받는다. 절대 젓가락으로 받지 않는다.(장례식 때 뼈를 옮길 때 사용하는 방법이므로 식사 시에는 절대 이렇게 하면 안 된다!)
- 밥그릇이나 국그릇에 뚜껑이 있다면 빨리 뚜껑을 열고 식사한 후 다시 제자리로 닫아 놓는다.
- 그릇끼리 부딪쳐 소리가 나지 않도록 한다.

- 입안에 있는 음식을 삼키고 말하도록 말하며 씹을 때 쩝쩝 소리가 나지 않도록 한다.
- 감자 등 익힌 야채를 먹을 때 젓가락으로 반찬을 찍어서 먹는 것은 실례.
- 음식은 먹을 만큼만 담고, 남기지 않아야 한다.(남기면 '아직 식사 중' 혹은 '맛이 없다' 는 뜻이 된다.)

오챠즈케, 각 부분부분의 다른 맛을 즐기는 것을 좋아하는 일본인들

02 올바르게 먹는 법

- **밥** : 왼손으로 밥그릇을 들고 오른손으로 젓가락을 사용해 밥을 먹는다. 숟가락은 사용하지 않는다. 돈부리(덥밥)를 먹을 때는 밥과 내용물을 섞지 말고 있는 그대로 모양을 유지하며 먹는다.

- **국** : 된장국 같은 국은 손으로 그릇을 들고 마시며 숟가락을 사용하지 않는다. 후루룩거리는 소리를 내지 않도록 한다.

- **손의 사용** : 기본적으로 식사 시, 젓가락을 사용하나 가끔 디저트류와 초밥을 먹을 때 손으로 직접 들고 먹기도 한다.

그릇을 감싸 쥐는 것은 NG!

- **앞접시(取皿) 사용** : 큰 접시나 냄비에 담겨 있는 음식은 반드시 개별 앞접시에 덜어 먹도록 한다.

- **손으로 들고 먹어도 되는 그릇** : 밥그릇, 국그릇 등 작은 그릇은 손으로 들도록 한다. 대신 그릇을 손으로 들 때는 반드시 젓가락을 내려놓고 양손으로 들어 올린 후, 오른손으로 젓가락을 잡는다.

그릇의 아래 부분을 조심히 받치는 기분으로 든다.

- **회(刺身)** : 흰살생선, 조개류, 붉은 생선 순으로 먹는 것이 일반적이다.

- **튀김(天ぷら)** : 여러 종류가 나온다면 모양을 흐트러트리지 않는 선에서 맛과 향이 연한 것부터 진한 것의 순서대로 먹는다. 단, 회나 튀김이 일렬로 가지런히 있을 때는 왼쪽부터 먹는다.

초밥은 손으로 먹어도 되나, 젓가락이 함께 나오면 젓가락으로 먹는다.

- **고추냉이와 간장** : 회나 초밥을 먹을 때 고추냉이를 간장에 섞지 않는다. 고추냉이는 회나 초밥 위에 조금 덜어 올리고, 그것을 다시 간장에 찍어 먹고 간장은 밥이 아니라 회에 찍는다.

- **소바(そば)** : 한입 사이즈씩 젓가락으로 덜어 장국(つゆ)에 찍어 먹는다. 도중에 면을 이빨로 자르지 않는다.

- **우나쥬(うな重)** : 사각형으로 생긴 장어 덥밥의 경우에 장어의 꼬리가 오른쪽에 오는 것이 일반적이고, 왼쪽에서 오른쪽으로 즉, 머리 방향부터 꼬리 쪽으로 먹는다.

03 일반적인 일본 가정식 상차림

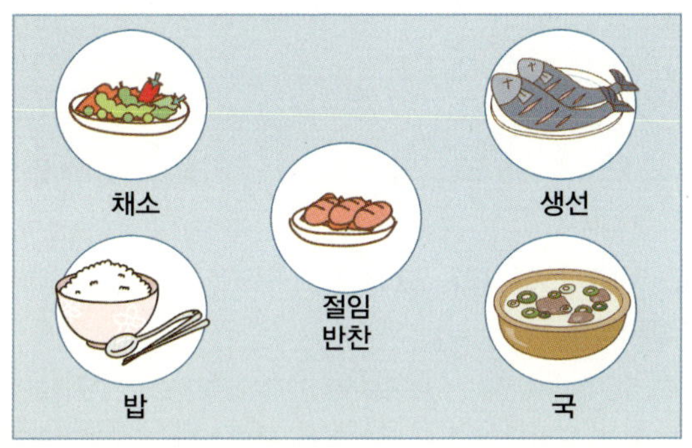

일본 현지에서 가능하면 일본음식을 많이 먹어보려고 시도한 결과 가장 힘들었던 것은 우메보시(梅干)였고, 의외로 괜찮았던 것은 낫토(納豆)였다. 매실을 소금에 절였다가 장아찌로 담그는 우메보시는 특유의 시큼함이 참 먹기 힘들었다.
우메보시의 경우 목에 좋아서 우리나라 가수들도 많이들 먹는다고 하지만, 나는 원래 신 것을 잘 못 먹는 터라 몇 번 도전했다가 포기했다.

일본인들 중에도 안 먹는 사람이 많다고 하는 낫토(納豆)는 생각보다 괜찮았다. 낫토를 사면 함께 있는 겨자와 소스를 적당량 뿌리고, 내키면 김치나 파를 송송 썰어 넣어 젓가락으로 마구마구 휘저어 먹으면 된다.

"젓가락으로 저을 때 생기는 끈끈한 부분이 몸에는 아주 좋다고해!"

낫토는 물론, 해조류를 먹을 때 보이는 끈끈한 부분을 일본인들은 참 좋아한다. 이 '끈끈하다'를 말할 때 일본인들은 '네바네바(ねばねば)'라는 표현을 쓴다. 대표적인 네바네바 식품으로 낫토, 알로에, 참마 등이 있다.

THEME 01. 옷깃만 스쳐도, 인연이 아니라, 죄악이다!

01 일본식 배려, 그 실체를 살펴보자.

예전부터 일본인은 서로에게 폐를 끼치지 않는 것(迷惑をかけない)을 중요시해 왔다. 품앗이처럼 서로 돕고 사는 것이 익숙한 우리나라와는 정반대의 문화이다. 이를 섬나라 특유의 문화라고도 하는데, 섬나라는 전쟁이 나면 피할 곳이 없기 때문에, 어느 한쪽이 몰살당할 때까지 싸울 수밖에 없다고 한다. 싸워서 지면 다른 지역으로 도망을 갈 수 있는 대륙과는 다른 지형적 특성 때문이다. 덕분에 일본인들은 최대한 싸움이나 전쟁이 일어나지 않도록 상대의 기분이 상하지 않게 말을 빙빙 돌려 하는 재주(?)가 생겼다.

또 서로가 맡은 영역의 일은 담당자가 반드시 완수해야 하는 문화도 생겼다. 사회는 하나의 단체이고, 개인은 그 단체 안에서 저마다의 역할을 나누어 가진다. 그리고 각 개개인이 속한 사회가 제대로 굴러가기 위해서는 자신의 역할을 완벽히 수행해야 한다고 생각한다. 이는 일본인들이 나에게 맡겨진 일을 제대로 하지 못하면 사회가 깨지고, 주변 사람들에게 폐가 된다는 생각을 하기 때문이다.

"음… 남을 배려하면서도 넘치는 책임감이라니…."
"그게 변질되면… 무한 예고로 돌아선다니까…."

이것이 극단적으로 가면 내 할일만 하면 된다는 지독한 개인주의로 치닫는다. 혹은, 자신 때문에 회사가 어려워지는 것을 참다못한 회사 임원들이 자살하는 것과 같은 이해하기 어려운 행동을 하기도 한다. 즉, 본인이 맡은 바 역할을 제대로 수행하지 못해 그것이 전체에 영향을 미치면 자신이 이 상황을 야기시킨 책임자라는 생각에 극단적 선택에 이르고 마는 것이다.

일본 친구들과의 사이에서 있었던 메이와쿠에 대한 에피소드를 말하기 전, 이 이야기를 들으면 일본인들에 대한 결벽증과 같은 배려심에 대해… 다소 두렵기까지 할 것임을 미리 밝혀둔다.

폭우가 퍼붓던 늦은 밤, 아르바이트를 마친 나와 일본인 친구, 유카짱은 집에 어떻게 가야 하나 고민을 하고 있었다. 우리 집은 전철을 타면 금방이었으나, 친구의 집은 초후시(調布市)라 늦은 시간에 도저히 집에 갈 엄두가 나지 않는 모양이었다. 우리 집에서 자고 가라고 설득해서 친구를 데려왔는데, 유카짱이 집에 들어와서 가만히 앉아 있는 것이다.

절대로 본인이 먼저 수건을 달라거나, 뭘 좀 먹자거나 하는 이야기를 꺼내지 않았다. 내가 수건을 줘서 욕실로 들여보내고, 갈아입을 옷을 준비해 줄 때까지, 고맙다는 말 외에 따로 내게 뭔가를 요구하는 법이 없었다. 워낙 말없는 로봇처럼 내가 얘기하는 대로 해서 오히려 무언가를 요구해 주기를 마음속으로 빌고 있었다는….
뭐 어쨌든, 우리는 그렇게 집에 오기 전 편의점에서 산 맥주와 간식거리를 들고 수다를 떨다 잠이 들었고….

다음날 아침, 유카짱이 고맙다고 하며 우리집 문을 나서는데 유카짱의 손에 뭔가 들려있었다. 이거 뭐냐고 물어봤더니 전날 밤 본인이 먹은 과자봉지와 빈 캔, 머리카락 같은 것을 봉지에 싸서 가지고 나가려 하는 것이었다.

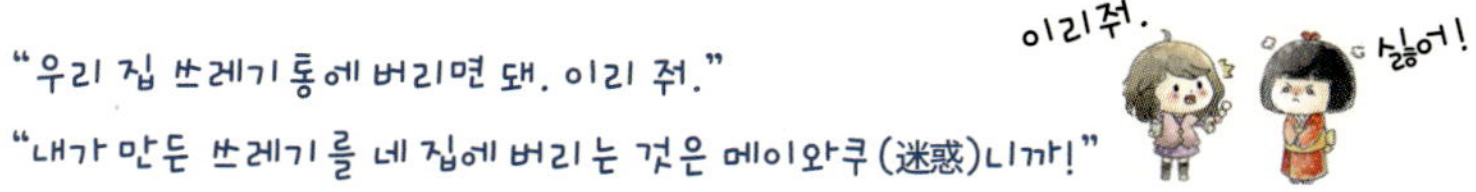

그리고 며칠 후, 유카짱은 나에게 캐릭터 열쇠고리를 선물해 주었다. 재워준 것에 대한 감사인사(お礼)라고 하면서….
이처럼 한 번 신세(迷惑)를 지면 그것에 대한 감사 표현을 반드시 해야 하는 것이 일본이다.

이 이야기를 하는 것은 유카짱이 특이했다고 생각해서가 아니다.

우리 집에 놀러 왔던 일본인 친구들이 모두 비슷한 행동을 했기 때문이다. 쓰레기는 자신들이 가지고 돌아갔고, 혹시라도 우리 집에 버리게 되면 몹시 미안해했다. 내가 일본인 친구 집에 가서 비슷하게 쓰레기를 가지고 돌아가려는 행동을 하면 대부분 '그런가 보다' 하는 표정으로 보고 있었다.

혹은…….

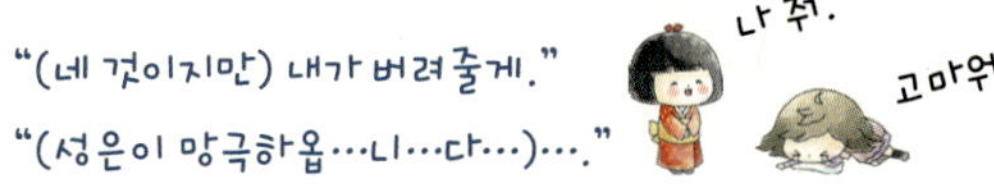

저렇게 성은과도 같은 호의(?)를 베풀었다. 나로 인해 상대방이 신경 쓰지 않도록 하는 것. 그것이야말로 일본이 사람을 대하는 중요한 포인트이다.

THEME 02. 꼬리에 꼬리를 무는 철저한 검토의 결과, 체계적인 매뉴얼!

일본에서 아르바이트를 하거나, 회사를 다니면서 놀라운 것을 하나 발견했다.

그렇다! 바로 회사의 '업무 매뉴얼'이다.

업무에 대한 흐름과 각자의 포지션에 대해 상황별로 아주 상세히 기록되어 있고, 이 매뉴얼은 정기적으로 갱신된다. 누가 갑자기 쉬게 돼도 회사가 돌아갈 수 있도록 모든 것을 매뉴얼화해 놓고 있다. 동시에 내가 어디서 어디까지 일을 해야 하는지 그 구분도 명확하기 때문에, 실수가 나올 경우 책임 소재도 분명해진다.

일본에서 직장생활을 하며 자주 들었던 말 역시 업무 매뉴얼과 무관하지 않았다!

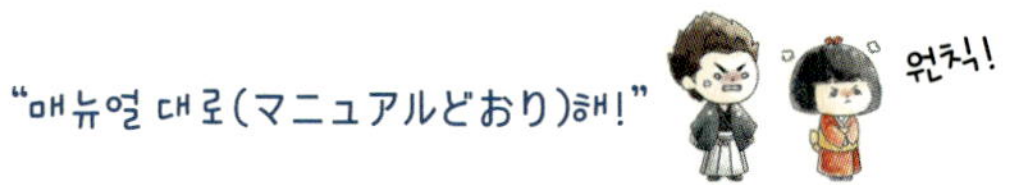

뭘 하든 두꺼운 매뉴얼을 참고하는데 그 매뉴얼을 들고 읽어보면 내용이 어찌나 상세한 부분까지 기재되어 있는지 그 정성이 놀라울 따름이다.

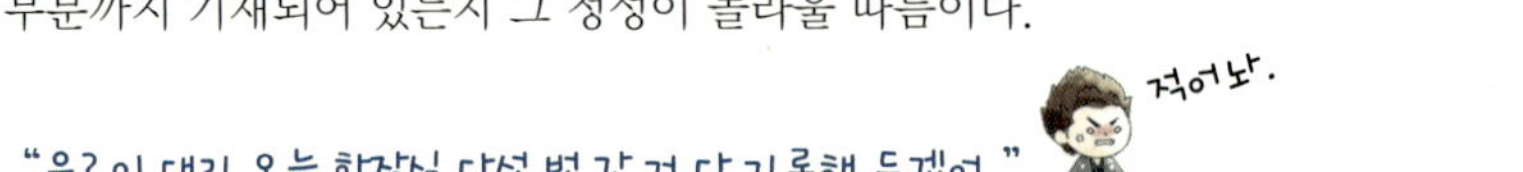

그러나 그 매뉴얼이 100% 좋기만 한 것일까? 그렇지도 않다.

일본인들은 무엇이든 시도할 때 여러 각도로 검토하고 매뉴얼을 만들고 나서야 일을 시작하는데 이럴 경우, 갑작스런 상황변화에 대한 순발력이 현저히 떨어진다는 것이다.

결론적으로 요즘같이 빠르게 변화가 이루어지는 글로벌 비즈니스 세상에서는 쉽게 따라가기 어려운 문화라 할 수 있다. 시작하기도 전에 검토를 수없이 거치니, 비즈니스 파트너들은 검토에 질려 일본을 상대로 일을 하는 것을 기피하기도 한다.

"그만 검토해! 너무 오래 걸려서 시장성이 떨어지잖아!"

예를 들어볼까? 우리나라 기업이 일본에 레이저 장비를 수출한다고 가정해 보자.
일본에 의료기기를 수출하기 위해서는 후생노동성에 의료기기 인허가를 받아야 하는데, 그 허가를 받는데 보통 2년에서 길게는 5년이 소요되고, 수억 원의 비용이 발생한다. 그 허가의 주요 포인트는 바로 해당 제품이 일본 시장에 적합한지의 여부를 후생노동성이 검토하는 것으로, 그 시간과 비용 부담을 수출하고자 하는 기업이 고스란히 지불해야 한다.
더한 것은 그렇게 5년이 걸려서 겨우겨우 인허가를 받았다 해도…
이미 그 장비는 유행에 뒤쳐져 시장성이 없는 제품이 되어 있다는 것이다.

또 하나 다른 예를 들어보자. 2011년 일본은 동일본대지진을 겪었다. 정부가 집을 잃은 피해 지역 주민들에게 교통비, 주거비 등의 비용을 지원해 주기로 약속하고 몇 개월 후, 두꺼운 여성월간지만한 정부보조기금 매뉴얼이라는 책이 배송되어 왔다.
거기에는 사용한 교통비의 영수증 붙이는 방법부터, 몇 단계에 걸친 복잡한 신청 절차가 아~주 상세히 작성되어 있었다. 지진과 쓰나미(津波)로 정신없이 피난소를 전전하던 피해 주민들이 영수증 모아놓을 시간이 어디 있나.

결국 일을 하기 위해 또 일을 하는 꼴밖에 되지 않는다. 우리나라의 경우 피해 지역이 발생할 경우, 담당 지역공무원들이 각 집을 돌아다니며, 피해를 눈으로 확인하고 즉시 현금을 지급했던 것과 비교하면 겉모습은 합리적일지도 모르지만, 당사자 혹은 이용자의 입장에서는 오히려 매뉴얼의 폐해를 고스란히 체험하는 것이다.

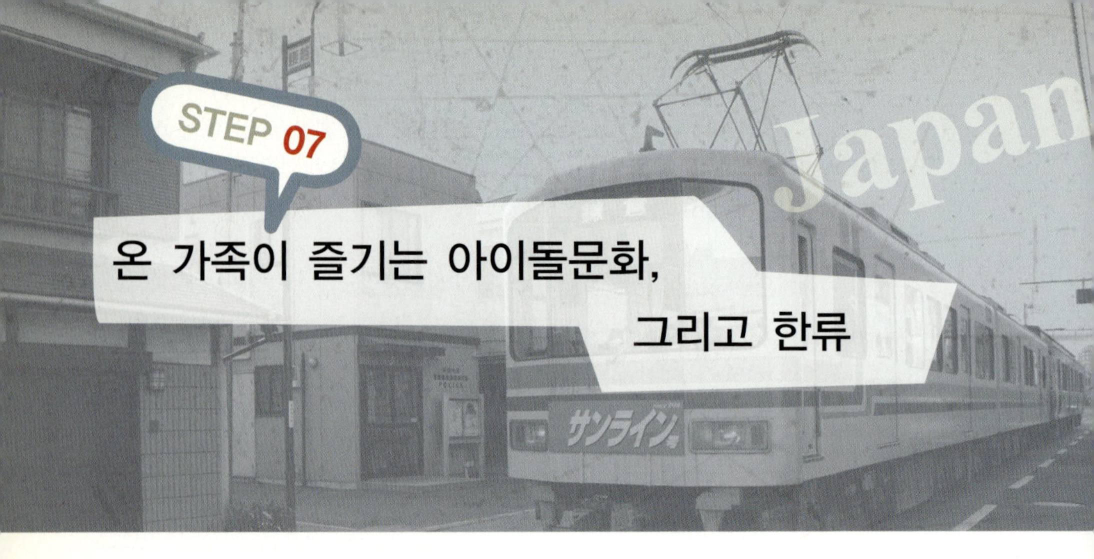

소싯적, 기무라 타쿠야에 빠져 일본 드라마에 심취하는 것으로는 성에 차지 않아, 팬클럽과 콘서트를 열심히 다녔던 시기가 있었다.(지금은 가라고 해도 피곤해서 못 가겠다.)

그 콘서트에 가면 정말로 신기한 것이, 꺅꺅 거리며 소리지르는 10~20대 여성팬뿐만 아니라 꼬맹이부터 어머니, 아버지, 할머니, 할아버지 같은 어르신들도 자주 눈에 띈다는 것이다.

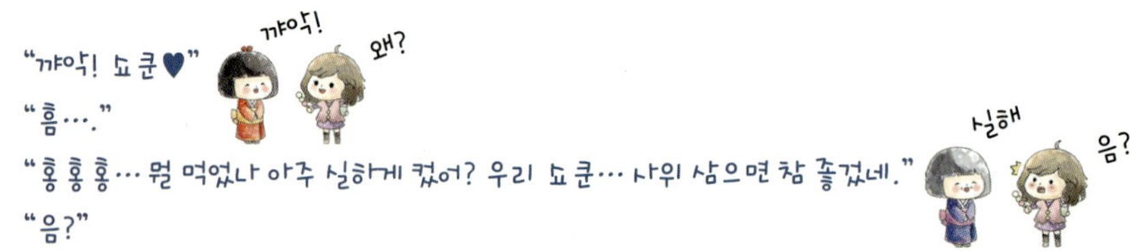

우리 엄마보다 연배가 더 보이는 아주머님들이 각 멤버의 얼굴이 프린트된 부채(うちわ)나 펜라이트를 들고 콘서트에서 노래를 따라 하는 모습은 정말 충격이었다. 게다가 가족이나 모녀지간이 함께 온 팀들이 너무도 많았다.

아이돌 그룹의 콘서트라면 10대가 중심인 우리나라와 사뭇 다른 분위기에 처음에는 적응이 힘들 정도였다. 그러면서 이들의 아이돌문화란 무엇일까 생각해 보기 시작했다.

THEME 01. 일본 아이돌 vs 한국 아이돌

일본 아이돌들은 대부분 10대의 어린 나이에 데뷔를 한다. 전문적인 교육보다 가능성과 외모 등이 선발 조건에 큰 영향을 미치는데, 데뷔 당시는 미흡한 모습을 많이 보이나 활동을 하며 점점 탤런트, 스타로서의 자질을 갖추어 가기 시작한다. 여기서 한국과 일본 아이돌의 가장 큰 차이점이 드러난다. 한국 아이돌들은 대부분 스타 시스템에 의해 충분한 교육을 받은 후 데뷔를 하는 경우가 많다. 그만큼 노래나 춤, 연기에 있어서 일본 아이돌들 보다 완성도가 높은 것이 사실이다.

그럼 일본 아이돌들은 실력이 떨어지냐고? 실력이야 개개인의 차이가 있는 것이지만, 아이돌을 대하는 시각이 한국과 일본이 다르다. 한국은 아이돌도 하나의 프로페셔널 아티스트로서 취급을 한다. 노래나 춤 실력이 없으면 호되게 비판을 당하기 마련이다. 그러나 일본 아이돌들은 다듬어지지 않은 상태로 데뷔를 하기 때문에, 데뷔 초기에 노래와 춤을 잘하는 인재를 발견하기가 쉽지 않다. 처음에는 미숙했으나 점점 실력을 키워가는 모습을 지켜보고 싶어 하는 것이 일본 대중의 바람이다.

마치 조카가 걸음마 하는 것을 보는 것 같이 '어제는 겨우 벽을 잡고 섰는데, 오늘은 걸으려고 하네' 이런 감각이랄까? '지난번엔 노래를 정말 못했는데, 이번 앨범에서는 노래가 좀 늘었구나.' 하는 성장 과정을 보고 싶어 하고, 또 그런 모습에 즐거워한다.
좀 극단적인 예이지만, 게임에서 캐릭터를 키워가는 것과 비슷한 감각이라 생각된다. 즉, 팬들과 아이돌이 함께 커가는 것이다. 어떤 이들에게는 형제 같고, 어떤 이들에게는 귀여운 자식 같은 역할을 하는 것이 일본 아이돌의 매력이랄까?

그렇기에 일본의 '국민 아이돌' 이라 불리는 그룹들이 한국 사람들이 보기에 뭔가 미흡해 보일 수밖에 없는 게 아닐까 싶다. 일본인들이 한국 아이돌을 보고 하나 같이 '노래 잘 한다', '춤 잘 춘다' 라고 감탄할 수밖에 없는 이유도 어찌 보면 당연한 것일지도 모른다.

THEME 02. 한류 1세대 조용필

'가왕' 이란 이름으로 대한민국 가요계에 우뚝 서 있는 조용필.
1975년 한국에서 발표했던 '돌아와요 부산항에' 가 1982년 일본에서 발매되어 폭발적인 사랑을 받았다. 특히 후렴구인 '돌아와요~ 부산항에~' 는 한글 가사 그대로 불려졌다.
1987년 홍백가합전에 출연 이후 1990년까지 매년 홍백가합전에 출연해 한국을 알렸다. 지금도 일본의 어르신들과 노래방을 가면 어김없이 이 노래가 나오는데, 명곡은 국경을 뛰어넘어서도 충분히 사랑받는 듯하다.

THEME 03. '한류' 라는 장르를 정착시킨 '겨울연가'

현재의 '욘사마'를 탄생시킨 2002년 배용준, 최지우 주연의 드라마 겨울연가.
한국에서 많은 인기를 끌었으나, 더한 인기는 2004년 일본에서 시작되었다. 재방, 삼방을 되풀이하는 동안 시청률은 급상승해 두 자릿수 시청률을 계속해서 지켜내며 일반 시청자뿐만 아니라 일본 방송 관계자들의 주목을 받기 시작했다. 겨울연가의 높은 인기는 드라마 성우들의 인기, 애니메이션, 만화 제작, OST, DVD 발매로 이어졌으며, 일본에서는 겨울연가의 붐을 문화현상으로 받아들이며 인기 비결을 분석하기도 했다. 드라마의 인기로 한국에 호의를 가진 여성들이 해외여행지로 한국을 방문하는 계기를 만들어 주었다.

영화 흥행 덕분인지, 정우성이
화재예방운동 포스터에 등장!

이후, '아름다운 날들(美しき日々)', '대장금(宮廷女官チャングムの誓い)' 등이 큰 인기를 얻으며 비디오 DVD 렌탈샵에는 한국 드라마 코너가 따로 마련되기 시작했다. 영화로는 '내 머리 속 지우개(私の頭の中の消しゴム)' 가 2주간 흥행 수입 1위를 기록하며, 한국 영화로써는 선전을 보여주었다.

THEME 04. 'K-POP'이라는 또 다른 장르가 만들어지다

철저한 현지화 전략으로 데뷔한 보아, 동방신기를 비롯해 빅뱅, 소녀시대, KARA까지
탄탄한 기본기로 무장한 한국 가수들이 K-POP이라는 장르를 만들어 냈다. 한때, 음악
좀 듣는다고 하면 'J-POP', 'J-ROCK'을 아느냐고 서로를 저울질하던 것을 생각하면
'K-POP'이라는 장르의 탄생은 단순히 몇 팀의 일본진출 성공이 아닌 한국의 가요가 일
본의 관심사가 되었음을 의미한다. 공연이 중심인 일본 음악계에서 실력 있는 우리 아이
돌들은 선전은 어쩌면 당연한 일인지도 모른다. 이전의 한류가 어르신들을 상대로 한 인
기였다면 K-POP은 10~20대의 팬 층을 한국으로 끌어 모은 점이 눈에 띈다.

THEME 05. 한류가 일구어낸 한국인에 대한 일본인의 인식

조용필의 인기가 가수 개인과 곡에서 기인한 것이었다면, '겨울연가'는 '한류'라는 장르
가 만들어진 결정적인 계기가 되었다. 그리고 이는 일본인들에게 '한국'이라는 국가를 뚜
렷이 인식시키는 기회였다. 국가에 대한 인식이 달라지면서, 그 국민에 대한 인식도 변했
다. 그동안 '자이니찌(在日)'라 불리던 재일동포들이 한결 살기 편안해진 것은 물론이요,
한국 유학생들을 대하는 태도도 많은 부분 상향되었다. 적어도 '한국 사람'이라 피하는
것이 아닌, '한국 사람'이니 말이라도 한마디 더 걸고 싶어 하게 된 것이 일본인의 커다란
변화라 할 것이다.

재일교포 친구가 살아온 이야기를 들으면 참 마음 아픈 부분이 많았다. 어르신들은 한국
인이라 하면 하인 대하듯 함부로 대한다던가, 학교에서 이지메는 일상이고, 재일교포라고
하면 취직자리마저 여의치 않았다.

그런데 '한류'를 통해 한국이 가지고 있던 '식민지' 이미지 위에 '욘사마', 'K-POP'
의 이미지가 덧씌워진 것이다. 실제로 내가 유학생활을 할 때, 이웃 아주머니들이나 식당
이나 미용실에서 만나는 사람들까지 본인들이 요즘 빠져 있는 한국 드라마 이야기를 하며
내게 말을 걸어 왔다.

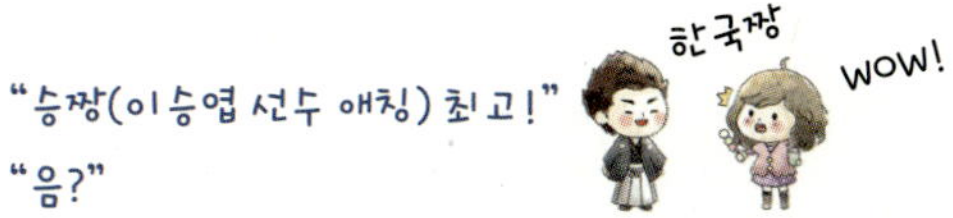

'승짱'이라며 엄지를 치켜 올리는 일본인들이 있는가 하면, 어딜 가든 한국에서 왔다는
말에 사람들이 한국인이 맞냐며 웃음지어 주기도 했다.
드라마 몇 편, 가수 몇 팀이 만든 국가의 이미지는 수많은 사람의 생활을 바꾸어 주었으
니…… 한류 스타와 K-POP 가수들, 스탭들, 만난 적은 없으나 참 고마운 일이 아닐 수 없다.

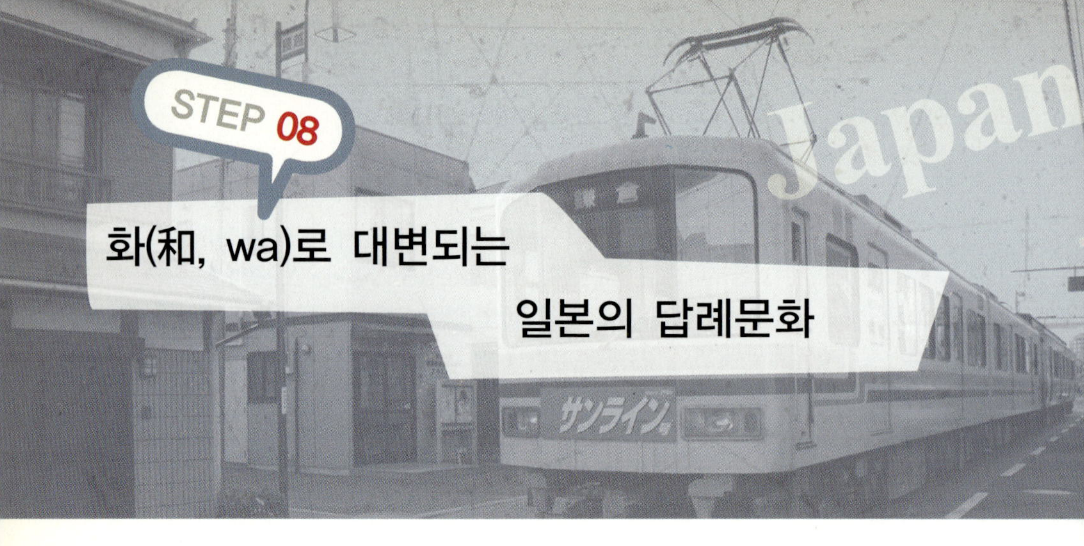

화(和, wa)로 대변되는 일본의 답례문화

일본을 대표하는 한자는 화(和, wa)이다. 이는 하나로 화합한다는 의미로, 일본인들이 스스로를 가리키는 대표적인 이미지이기도 하다. 내가 일본에서 느낀 '화' 중에 하나는 바로 '오미야게(お土産)'와 '사시이레(差し入れ)'로 대표되는 답례문화이다.

화합

"간소한 선물을 자주 나누는 일본인들의 모습에서 서로에 대한 배려와 화합을 느낄 수 있다니까?"

또, 어딜가든 회사 사람들을 위해 혹은 가족을 생각하며 작은 선물을 정성스럽게 마련하는 것도 신선했다.

THEME 01. 오미야게(お土産)와 사시이레(差し入れ)?

01 오미야게(お土産)

일본의 관광지나 공항에서 지역 토산품이나 기념품, 군것질거리 등을 잔뜩 파는 걸 볼 수 있고 거기에 줄을 길게 늘어선 일본인을 볼 수 있다. 이 기념품 가게를 바로 '오미야게(お土産屋)'라고 부른다.

역 앞이나, 공항 한 켠에 꼭 이런 코너가 자리하고 있다.

여행을 간 경우라면 그 지역 특색이 담긴 오미야게를 골라보자.

오미야게를 건네는 까닭에는 두 가지가 있다. 하나는 여행을 다녀온 기념으로 주위 사람들에게 건네는 것이고, 또 하나는 내가 사는 지역의 토산물을 선물하는 경우이다. 후자의 경우는 '테미아게(手土産)' 라는 표현을 따로 쓰기도 한다.

일본에서 근무하던 시절, 주말이나 연휴가 지나면 책상 위에 작은 쿠키가 올라와 있던 적이 가끔 있었다. 삿포로에 스키 타러 갔던 동료가 화이트 초콜렛 쿠키를 사와서 직원들 책상 위에 하나씩 올려 두거나, 디즈니 리조트에 다녀온 동료가 디즈니 캐릭터 용품을 돌리기도 했다. 더 놀라운 것은 처음에 이런 것들을 받으면 '나도 뭔가 줘야 하나' 하고 당황하기도 했는데…

"(맛있게 먹고 혹은 잘 쓰고) 어디 갔다 왔어요? 좋았겠다. 잘 쓸게요~"

이 정도의 반응이면 충분하다. 무언가를 받았는데 반응이 너무 미지근한 것 아니냐고?

"다음에 나도 어딘가에 놀러 가면 똑같이 오미야게를 사오면 되는 거거든."

일본에서 이 '오미야게' 는 하나의 문화이고, 이들과 함께 살다 보면 꼭 필요한 부분이기도 하다. 일본인들은 작은 선물 하나를 주고받는 것이 생활의 한 부분이기 때문이다. TV방송에서조차, 출연하는 연예인들이 '오미야게' 를 들고 나오는 것을 심심치 않게 볼 수 있다. 이처럼 일본인이 좋아하는 오미야게는 주고받다 보면 귀찮기도 하지만 은근히 소소한 재미가 있다.

• 오미야게, 어디서 사지?

일본은 어느 지역을 가나 그 지역만의 선물(주로 먹는 것)을 잘 구비해서 팔고 있기 때문에 여행 중 깜빡했다고 해도, 출발하기 전, 역 앞에 가면 손쉽게 오미야게를 구할 수 있다. 지역별로 유명한 기념품들은 대개 정해져 있으며, 이것 역시 기념품샵에 가면 대충 감이 온다.

"고베 지역은 푸딩, 교토는 기름종이와 야츠하시(八ツ橋)라 불리는 얇은 피의 찹쌀떡 등등…."

도쿄 지역은 딱히 지역 특색이 담긴 기념품은 없지만, 먹을거리로 '도쿄 바나나' 와 '도쿄 히요코(병아리)' 가 있다. (개인적으로는 도쿄 히요코보다 도쿄 바나나를 추천.) 또는 초콜릿바인 'KIT-KAT' 을 사는 사람들도 있는데, 이것은 '킷캣' 의 일본어 발음이 '반드시 이긴다' (킷토캇츠)와 유사해 중요한 일을 앞둔 사람에게 선물하는 것이다.

"흠…. 우리나라로 치면 찰싹 붙는 찰떡과 비슷한 의미군!"

보통 일본은 방문자가 선물을 가지고 방문하는 것이 일반적인데 언젠가 도쿄에 친구를 만나러 갔을 때였다.

"이거 주려고 가져왔어. 테미야게(手土産)야!"

그 동네에서 유명한 쿠키집의 인기 메뉴라는 말까지 덧붙이며 친구는 내게 와사비 쿠키를 내밀었다. 이처럼 그 동네나 지역의 자랑하고 싶은 작은 아이템을 종종 선물하기도 한다.

02 사시이레(差し入れ)

이들의 선물문화로 '사시이레(差し入れ)' 도 들 수 있는데, 이건 주로 직장에서 많이 사용된다. 우리도 거래처를 방문할 때 음료수를 사들고 가는 경우가 있듯이, 거래처나 본인이 일하고 있는 회사에 간식타임용으로 생각하면 된다. 일본연예정보프로그램에서 촬영 현장에 배우들이 먹을 것을 사다 놓는 모습을 볼 수 있는데, 이것이 대표적인 '사시이레' 이다. 의미인즉슨 '하나씩 먹고 힘내자' 라는 뜻이다.

THEME 02. 오미야게와 사시이레 고를 때는?

"오미야게든 사시이레든 고를 때의 중요한 포인트가 있어!"
"그게 뭔데?"
"비싼 것과 상관없이 배려가 느껴지는 ITEM을 최고로 쳐 준대!"

대개 답례선물로 고르는 것이 1인당 100~200엔 정도 하는 작은 아이템이다 보니 쿠키, 초콜릿, 컵케이크 등의 먹을거리가 대부분이다. 이런 아이템은 한 사람 앞에 하나씩 먹을 수 있도록 낱개포장되어 있어 나눠 먹기에도 좋다.

다만, 너무 거창한 아이템은 오히려 '답례'를 해야 하는 부담이 있으므로 바람직하지 않다. 단, 중요한 계약 후라던가, 높은 임직원을 만나게 되면 유명 백화점의 치즈케이크, 혹은 지역 전통술 같은 것을 선물함으로써, '오늘은 좀 신경 썼어요~' 하는 분위기를 내 주는 것도 좋다.

또, 사시이레는 고르는 사람의 센스도 체크를 하기 때문에 아주 일반적인 아이템으로 가느냐, 독특하고 기억에 남을만한 아이템으로 가느냐를 먼저 생각해 봐야 한다.

THEME 03. 한국에 돌아올 때 어떤 오미야게가 좋을까?

일본 여행에서 돌아올 때는 열쇠고리가 아닌 다양한 아이템을 고를 수 있다는 것이 매력이다. 그렇다면 실패하지 않을 만한 센스 있는 오미야게를 몇 개를 추천해 볼까?
이 아이템들은 공항에서 더 다양한 패키지로 팔고 있으니, 굳이 시내에 있는 기념품샵에서 사지 않아도 된다.

01 도쿄 바나나(東京バナナ)

바나나맛 크림과 촉촉한 빵이 인상적이다. 한 번 맛보면 다른 곳에서 비슷한 맛을 구할 수 없어 아쉬움이 큰 녀석. 바나나 우유로 케익을 만들면 이렇게 되는 걸까? 하는 생각이 든다.
다양한 수량의 패키지가 있으니, 직장이나 가족들 숫자에 맞춰 사면 된다.

달콤한 바나나맛 크림의 강한 매력

MEMO 도쿄 바나나(東京バナナ)는?
● 가격대 : 1,000엔~
● 특징 : 도쿄 오미야게로 가장 일반적인 제품이다.

 장어파이(うなぎパイ)

맛은 달콤하고 아삭한 프렌치 파이지만 표면에 장어가루가 솔솔 뿌려져 있다. 남자 직원들도 무척 좋아라하며(음? 솟아라! 힘! 때문인가?) 또 사다 달라고 하는 아이템!

영마손파이 보다 좀 더 맛있다♥

MEMO 장어파이(うなぎパイ)는?

- 가격대 : 1,000엔~
- 특징 : 포장지에 '밤의 과자', '어른의 과자'라고 쓰여 있다. 푸흡♥

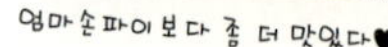

03 **쟈가폿클(じゃがポックル)**

적당히 짭조롬한 맛과 사각사각하는 식감이 일품. 쟈가폿클은 이렇게 개별포장보다 노래방용 대용량 포장이 있었으면 하는 개인적 바람이 있다.

"대용량 원츄♥"  큰거!

쟈가폿클

MEMO 쟈가폿클(じゃがポックル)은?

- 가격대 : 1,000엔~
- 특징 : 삿포로(일본의 가장 북쪽)에서 수확한 감자로 만든다는 감자스틱!

04 **양갱(ようかん)**

양갱(ようかん)은 어르신들이 옛날 일본식 양갱을 기억하시는 분들이 꽤 계시기 때문에 추천하는 아이템. 백화점 지하나 아사쿠사 상점가에서 쉽게 구입할 수 있다.

아사쿠사에서 파는 양갱

THEME 04. 한국인이 현지인에게 오미야게를 할 때는?

앞서 일본에 다녀온 한국인이 같은 한국인에게 오미야게를 할 때, 추천할만한 아이템을 이야기했다면 일본에 있는 친구나 거래처에는 어떤 아이템들이 좋을까?

먼저, 모든 선물을 고를 때는 개별포장이 되어있는지의 여부를 확인해야 한다.

"2C. 그냥 한꺼번에 포장되어 있는 걸로 주면 안 돼?"
"일본인은 대용량 사이즈를 좋아하지 않는다구!"

한 번은 김을 좋아하는 친구라고 해서 김밥용 김 대용량 사이즈를 선물로 준 적이 있었다. 그 때 그 친구의 대략난감하다는 듯한 표정을 본 이후 알 수 있었더랬지…

"일본인들은… 개별 포장이나 소량 포장을 좋아하는구나."

그러니 이점을 염두에 두고 조금씩 덜어먹을 수 있도록 낱개포장이나 소포장 상품을 고르도록 한다.

CHECK — 일본인들을 위한 센스 있는 한국 기념품

① 김 : 공항에서 판매하는 김은 가격이 비싸니, 동네 슈퍼에서 파는 도시락용김으로 선물하셔도 무방합니다. 선물을 나눠줄 사람이 많을 때 이용하는 품목으로, 거래처에 한 박스를 선물했더니 반응이 좋았습니다.
② 미니 사이즈 참기름, 볶음 고추장 : 한국음식에 관심이 있는 여성들에게 좋은 선물입니다.
③ BB크림, 마스크팩 : 미샤나 에튀드 같은 브랜드가 일본에 인지도가 높은 편이니 이곳 브랜드의 스테디셀러를 사가는 것을 추천합니다.
④ 백세주, 복분자주 등 주류 : 들고 나가는 데에 수량 제한이 있긴 하지만, 일본의 애주가들이 좋아하는 품목입니다. 특히 거래처에 중년 남성분들이 많으면 환영받을 수 있습니다.

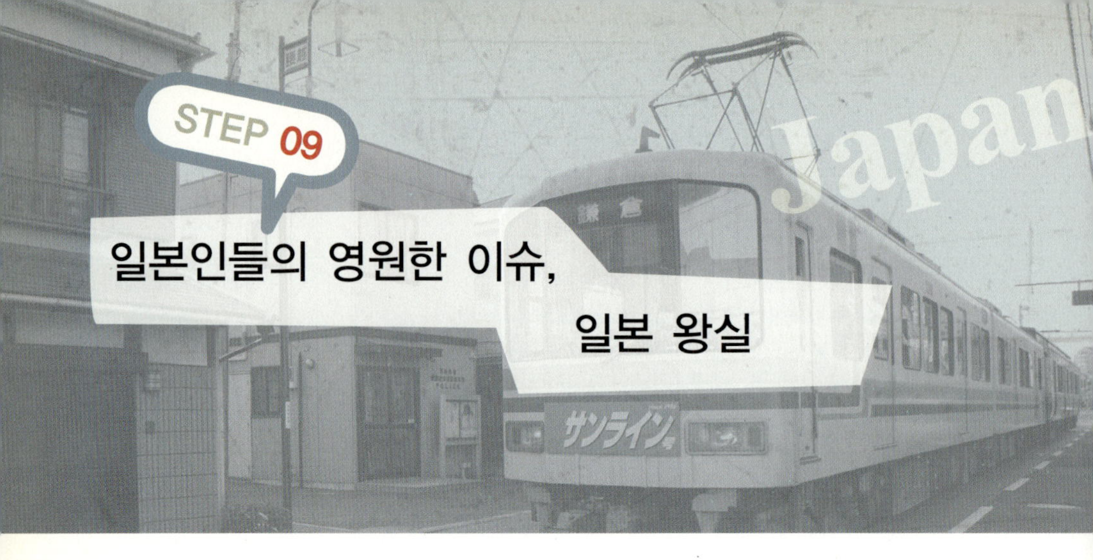

일본인들의 영원한 이슈, 일본 왕실

언젠가 일본 뉴스나 아침 정보 방송에서 유독 신경 쓰이는 코너가 있었다. 바로 매주 국왕 일가의 동향을 소개하는 코너였다. 소개하는 내용은 '오늘은 아이코 공주님께서 정원에서 산책을 하셨습니다.' 와 같은 사소한 일을 아름다운 화면에 담아 정성스럽게 전한다.

보통 뉴스에서는 평범한 어조로 정보를 전하는 앵커들이, 이 코너에만 오면 갑자기 존경어 (尊敬語, 높임말)를 사용하기 시작했는데 그때마다 적응할 수 없는 존경어에 몸에는 전율이 일기도 했다. 왜냐고?

"표준어를 쓰던 앵커들이 갑자기 분위기를 잡으면서 존경어를 사용해 왕가의 소식을 전하는 장면, 이상하지 않아?" 닭살!

국왕 일가가 살고 있는 황거(皇居) 입구의 니쥬바시(二重橋)

THEME 01. 일본 왕실에는 특별한 무언가가 있다?

일단 일본에서 국왕 일가를 부르는 '코조쿠(皇族)' 는 국적이 없다. 이게 무슨 뜻이냐고? 정확히 말하면 호적법의 적용을 받지 않으므로 선거권, 피선거권이 없다는 뜻이고, 이들의 이름은 황실의 족보(皇統譜)에 올라갈 뿐이다.

이와 달리 영국의 왕족은 왕실을 귀족으로 정해 서민과 구별을 짓고 있으나 분명 왕족이 국민임을 명시하고 있는 것과 비교하면 일본의 왕족은 예로부터 신성시되어 온 것을 알 수 있다.

공식 행사 외에 왕족이 국민에게 모습을 드러내는 것은 드문 일이지만, 매년 아키히토 국왕의 생일과, 1월 1일 신년인사 때는 방탄유리로 둘러싸인 코쿄(皇居, 황거) 테라스에서 국민에게 인사를 한다. 이 모습을 보기 위해 많은 일본인들은 일본기를 들고 코쿄로 모여드는데, 왕족이 테라스에 모습를 드러내면 일본기를 흔들며 눈물을 보이기도 한다. 우리로서는 이해하기 힘든 장면이 아닐 수 없다.

미니북 한일상식 – 현 왕가 소개

- **아키히토(明仁) 국왕** : 1933년 12월 23일생. 일본 제 125대 국왕으로, 1989년 1월 7일 즉위.
- **미치코(美智子) 왕후** : 1934년 10월 20일생. 1959년(쇼와 34년) 아키히토 당시 황태자와 결혼하여 메이지시대 이후 첫 서민 출신 황태자비로 큰 관심을 받았으며 슬하에 2남 1녀를 두고 있습니다.
- **나루히토(德仁) 황태자** : 1960년 2월 23일생으로, 1989년 부친 아키히토 국왕의 즉위에 따라 황태자로 책봉되었습니다. 1993년 평민 출신의 마사코(雅子)에게 열렬한 구애 끝에 결혼에 성공해 황태자비와의 사이에서 아이코(愛子) 공주를 두고 있습니다.
- **마사코(雅子) 황태자비** : 1963년 12월 9일생, 외교관의 딸로 태어나 하버드대학 경제학부를 졸업하고 외무고시에 합격했던 재원이나, 나루히토 황태자의 구애로 결혼에 이릅니다. 활발한 성격의 소유자였으나, 왕실의 엄격함 속에서 아들 출산을 강요당하고, 서민 출신이라는 핸디캡 등에 의해 오랜 기간 우울증을 앓고 있다고 알려져 있습니다. 2001년에는 딸 아이코를 출산했습니다.
- **아키시노미야 후미히토(秋篠宮文仁) 왕자** : 1965년 생으로 아키히토 국왕의 차남입니다. 대학 서클 후배였던 키코 왕자비와 1986년 결혼하여 슬하에 2녀 1남을 두고 있습니다. 어렸을 적부터 그는 거침없고 자유로운 언동으로 국민들로부터 주목을 받곤 했지요.
- **키코(紀子) 왕자비** : 1966년 9월 11일생으로, 23살의 어린 나이로 후미히토 왕자와 결혼. 1991년 장녀 마코(眞子), 1994년 차녀 카코(佳子), 2006년 39세에 장남 히사히토(悠仁)를 출산했습니다.
- **사야코(清子) 공주** : 1969년 4월 18일생. 결혼 전 왕족으로서 친선행사, 자원봉사 등 다방면에서 적극적으로 활동해 국민으로부터의 신망이 두터웠습니다. 둘째 오빠 후미히토의 친구인 쿠로다 요시키(黒田慶樹)와 결혼해 왕궁을 떠났습니다.

일본 왕족은 오랜 시간 일본인들에게 '텐노(天皇, 천황)'라는 이름으로 군림해 왔다. 지금은 일본의 상징적 존재로서 정치권에 실질적인 권력은 없다. 그럼에도 불구하고, 텐노는 일본인들의 인식 속에 하나의 종교처럼 자리잡고 있으며 특히 어르신들 세대에서 더욱 그러하다.

별다른 정치적 권력을 행사하지 않음에도, 이들의 행동 하나하나는 매번 뉴스의 중요한 부분을 장식하고 있다. 특히 다음 천황이 될 후계자 구도에 대해 논쟁이 짙어지면서 일본 왕실에 대해 관심을 갖게 되었다.

국왕의 차남인 후미히토 왕자 부부가 아들을 임신했다는 소문이 파다하게 퍼지며 이런 얘기들이 오가곤 했다.

나루히토 황태자의 아내인 마사코 황태자비는 처녀였던 시절, 외무고시에 합격하고 외교관의 꿈을 꾸던 재원으로, 자유롭고 활발한 여성이었다. 그녀를 향한 나루히토 황태자의 열렬한 프로포즈를 정중히 거절하고 해외로 몸을 피한 것을 계기로 그녀는 국민들의 관심을 받기 시작했다.

그녀의 부모님이 외교관 신분이지만 집안이 왕실이나 귀족이 아닌 서민이었던 관계로 '신분의 차이'를 들어 황태자의 프로포즈를 거절한 것이다. 또 왕실의 엄격한 규율은 자유로운 삶을 살던 그녀에게 답답하게 느껴졌던 것인지도 모른다.

어쨌든 아름답고 현명한 이 아가씨는 단번에 국민의 마음을 사로잡았고, 황태자 역시 포기하지 않고 끊임없는 구애로 그녀를 설득해 결국 결혼에 이른다.

국민들은 결혼 전 그녀의 활동을 보고, 그녀가 서민이라 할지라도 황태자비로서 눈부신 활약을 해줄 것을 기대했을 것이다. 그러나 진취적인 삶을 살았던 마사코 황태자비는 왕실의 엄격한 규율과 따돌림, 여기에 아들을 낳으라는 압박까지 더해져 외부 활동을 중단한 채 칩거생활에 들어가 국민들의 안타까움을 자아냈다.

그리고 2001년. 결혼 8년 만에 어렵게 얻은 공주 아이코의 출산을 계기로 일본 국민들은 화목한 왕실의 모습을 기대했다.

황태자에게는 아이코 공주가, 차남 후미히토 왕자도 공주만 둘이었기에 왕위 계승에 고민하던 왕실과 정부는 공주도 왕위를 이을 수 있도록 법령을 수정하는 작업에 착수했다. 때마침 남녀평등의 원칙에 입각해 아이코 공주가 대를 잇는 것이 타당하다는 설문 결과들이 쏟아져 나왔다.

관련 법령을 국회에서 통과시키려고 하는 찰나, 차남이었던 후미히토 왕자와 키코 왕자비 사이에서 아들이 태어나면서 상황은 반전된다. 여왕의 탄생을 준비하던 일련의 작업들이 일시에 보류, 취소되면서 2006년 9월, 히사히토 왕자는 탄생과 함께 왕위 계승 서열 3위로 올라선 것이다.

히사히토 왕자의 탄생으로 인해, 왕위 계승의 문제는 일단락된 것으로 보인다. 그러나 이들 왕실에 얽힌 속사정과 남모를 갈등에 왕실은 암묵적으로 골치를 겪고 있는 듯하다.
이처럼 복잡한 왕실 후계는 물론, 왕가의 소식에 국민들이 함께 웃고, 울며 같이 걱정하는 모습을 보며 왕가에 대한 자부심, 혹은 존경심으로 인해 일본에서만 느낄 수 있는 그네들만의 문화라는 것이 새삼 느껴지는 순간이었다.

황거 안의 '햐쿠닌반쇼(百人番所).'
예전 에도성(혀, 황거)의 경비실.
100여명의 경비원이 교대로 성을 지켰다고 한다.

THEME 01. 지진, 그 공포의 순간

내가 일본에 어학연수를 간 것은 1월 학기였고, 출국한 날은 1월 3일 아니면 4일이었던 것 같다. 한국만큼 매서운 추위는 아니었지만, 강하게 바람 부는 도쿄에 적응하기란 쉽지 않았다.

추위도 추위였지만 그때 처음 맛본 지진은 잊혀지지 않는다.
처음 일본에 입국한 후 3개월간 나를 맞이해 준 '지진'이라는 녀석은 충격의 도가니로 사정없이 몰아넣었는데 초반에 겪었던 지진 몇 건으로 인해 아직까지도 나는 지진이라는 단어에도 공포를 느낀다.

우리나라는 일본과 가까이 있으면서도 지진을 직접 체험할 가능성은 거의 없다 할 정도로 안정되고 축복받은 지역이다. 반대로 일본은 한 달간 수도 없이 일어나는 지진으로 인터넷 포털 사이트의 날씨 코너에는 반드시 일본 전역의 실시간 지진 정보가 실려 있다. 또 TV를 보노라면 하루 이틀 건너 한 번씩 어느 지역에 진도 몇의 지진이 났다는 자막이 뜬다.

처음 겪은 지진은 새벽이었다. 침대가 부르르르 떨리는가 싶더니 창문이 우당탕탕 움직이는 소리가 나는 것이 아닌가?

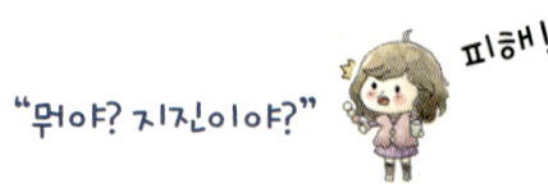

옆방에서 자던 친구들마저 웅성거리기 시작했다. 재빨리 TV를 틀자, NHK에서 지금 지진이 발생한 지역을 방송하며 비교적 흔들림이 강했다고 떠들고 있었다. 지역별로 CCTV를 연결하여 흔들리는 신호등과 거리의 모습을 보여주자 소름이 쫙 돋으며 잠이 확 달아났다. 곧이어 비슷한 흔들림이 다시 찾아왔는데 '여진'이라는 것이다. 사실 이때는 진도 3 정도

여서 그리 위험한 상황은 아니었지만, 지진을 처음 겪어본 터라 공포가 상당했다.

"아직도 잊을 수가… 없다는… 놀이기구 탔을 때의 흔들거리는 느낌이 아냐. 뭔가 거대한 에너지가 나와 땅을 한꺼번에 삼키는 듯한 꿀렁꿀렁함이랄까… 어쨌든 엄청 안 좋았다규."

그 이후로 진도가 다소 강한 녀석과 함께 3개월간 도쿄는 상당히 흔들렸다. 보통 지진이란 것이 한 번만 쾅! 하고 흔들리는 것이 아니라, 한 번 세게 흔들리면 연이어 '여진'이란 것이 찾아오고 지반이 많이 움직이면 움직일수록 이 여진도 오래 간다는 것이다.

2011년에 3월 11일 발생한 동일본대지진(매그니튜드 9.0)의 여진이 몇 달 동안 계속되었다는 것처럼, 한 번 진도 4~5의 지진이 일어나면 몇 분~며칠새에 진도 2~3의 여진이 계속된다. 지진이라는 것이 에너지

이후의 지진 벽보은 늘 일본 열대의 지진 상황을 표시한다.

가 축척되었다가 한 번에 폭발하는 것이기 때문에, 이때 흔들린 지반이 안정되기 위해서는 몇 번의 여진을 통해 쌓인 에너지를 발산시키는 과정이 필요하다. 역으로 말하면 작은 지진이 계속된다는 것은 지반이 에너지를 내보내고 있기 때문에 큰 지진이 올 가능성은 적다고 할 수 있다.

아무튼, 두어 달간 크고 작은 지진이 계속되자, 이번에는 관동대지진(1923년, 매그니튜드 7.9) 이후 관동 지방에 100년에 한 번씩 큰 지진이 난다는 설이 급부상하며, 각종 TV 프로그램에 지진대책 방송들을 틀어대기 시작했다. 영상에는 한신대지진(1995, 매그니튜드 7.3)의 생생한 자료들이 가득 있어서 나는 짐을 다시 싸야 하나 심각하게 고민하기도 했다.

THEME 02. 지진에 대한 대책, 이렇게 해 보자!
그 와중 TV에서 지진 전문가들이 하는 말이 귀에 들어왔다.

"대지진으로 수많은 인명피해가 있지만, 대부분은 화재나 쓰나미로 인한 2차적인 피해이니 너무 걱정마세요!"

"지금 걱정 안 하게 생겼냐고!"
"준비만 잘 하면 큰 피해를 막을 수 있습니다."

나의 원망과 불만 서린 목소리에도 TV에서는 쉴새없이 방송이 흘러나왔다. 방송에서 나온 대처법을 정리하면 다음과 같은 것이었다.

 집안의 피해를 줄이는 방법

① 옷장이나 책장은 넘어지지 않게 전용 고정 장치를 사용해 고정할 것!

② 창문에는 깨짐 방지 필름을 부착할 것!

③ TV는 가급적 낮은 선반에 두고, TV 위에 물건을 놓지 말 것!

④ 부엌 그릇장이 쉽게 열리지 않도록 고정핀을 부착할 것!

⑤ 난방용품은 사용하지 않을 때 코드를 뽑아 놓거나, 자동 절전장치를 부착해 둘 것!

재난 방지용 제품은 DIY샵이나, 100엔샵 등에 가면 쉽게 구입할 수 있다.

"일본인에게 지진은 일상이기 때문에 관련 제품들은 저렴하게 팔고 있어."

"그…그러냐?"

"그러니까 시간 날 때 필요한 물건은 미리 사 두는 것이 좋아!"

사실 유학생들은 짐이 별로 없기 때문에 많은 비용이 발생하지는 않는다.

 지진이 났을 때는 어떻게 하나?

① 식탁, 책상, 침대 아래 등 안전한 곳에 몸을 숨긴다.

② 흔들림이 크면 현관문이나 베란다 창문을 열어 탈출로를 확보한다.

③ 가스를 끄고, 난방기, 가전제품 전원도 뽑아둔다.

④ TV, 라디오 등의 정확한 뉴스를 듣는다.

⑤ 대피 시에는 인근 학교 운동장, 공원 등 평지로 이동한다.

일본의 맨 밑 베란다는 외부 창이 없거나, 계단이 밖으로 나 있어 대피하기에 적합하게 되어 있다.

흔들림이 강하면 벽이나 기둥이 비틀리면서 문이 열리지 않게 된다. 그러니 먼저 탈출할 수 있는 문을 열어두고 잠시 안전한 곳에 피해 있도록 한다. 보통 흔들림은 30초에서 1분 내외이다. 이때 움직이는 것은 위험하니 흔들림이 있을 때는 안전한 곳에 몸을 피했다가 흔들림이 멈추었을 때를 이용해 움직이자. 특히 큰 지진이 오면 몇 분 간격으로 여진이 올

가능성이 높다. 흔들림이 멈추고 나서 피난용 가방을 들고 재빨리 건물을 빠져나간다.

흔들림이 강하면 천장, 간판, 유리창 등이 깨지며 아래쪽으로 떨어지는데 이것은 매우 위험하다. 길을 걷고 있는 사람이라면 근처 건물 현관에 지붕이 있는 곳으로 피했다가 흔들림이 멈추고 나면 머리를 가방 등으로 가리며 이동한다.

피난소는 집으로부터 가까운 공원이나 학교에 바로 마련된다. 일본 정부는 피난소마다 상시 일정량의 비상식량이나 모포 등을 준비해 두고 있다.

03 피난용 가방 싸는 법

피난용 가방은 미리 준비해 두는 것이 좋은데 가급적 비상약을 챙기듯 미리 한 번 만들어 두면 든든하다.

● 진도 0 : 사람이 느낄 수 없음.

● 진도 1 : 실내에서 조용히 앉아 있거나 누워 있는 사람에게 약간의 진동.

● 진도 2 : 실내에 있는 조용히 있는 사람이 대부분 느낌.

● 진도 3 : 실내에 있는 사람은 거의 다 느낌.

● 진도 4 : 모든 사람이 느끼며 전등이 크게 흔들림.

● 진도 5약 : 대부분의 사람이 공포감을 느끼며 책장에서 책이 떨어지거나,
　　　　　　찬장에서 접시가 떨어지는 경우가 있음.

● 진도 5강 : 가구가 넘어질 수 있고 걷기 힘듦.

● 진도 6약 : 서있을 수 없고 문이 안 열릴 수 있으며 벽에 있는 타일이나 유리 파손.

● 진도 6강 : 몸을 가눌 수 없거나 쓰러짐. 고정시켜 두지 않은 가구가 쓰러짐.

● 진도 7 : 건물이 기울어지거나 쓰러짐. 콘크리트 건물에 금이 감.

미니북 한일상식 - 진도와 매그니튜드(규모)

지진의 정도를 나타내는 절대적인 개념이 '매그니튜드(규모)' 이고, 상대적 개념이 '진도' 입니다. 매그니튜드는 지진파의 진폭, 주기, 진앙 등을 계산해 산출하며 소수점 한 자릿수까지 표시하고 단위는 'M' 으로 하죠.

'진도' 는 사람의 느낌이나 주변의 물체, 구조물의 흔들림 정도를 설문을 기준으로 설정한 척도로, 상대적인 기준이므로 국가별로 다소의 차이가 있습니다. 우리나라는 과거 일본 기상청 계급(JMA Scale, 10step)을 따라 표기했으나 2001년부터 미국이 사용하는 수정 메르칼리진도 계급(MM scale, 12step)을 사용하고 있습니다. 2011년 3월 동일본대지진을 우리나라에서 뉴스에서 여러 번 규모 표기의 오차와 수정이 있었던 것은 위와 같은 이유입니다. 요즘은 대체적으로 '매그니튜드(규모)' 를 사용합니다.

실제로 지진이 자주 나던 때는 룸메이트와 함께 피난가방을 만들어 침대 곁에 두고 잠이 들기도 했다. 결과적으로 이것을 쓸 일이 없었다는 게 감사할 따름이다. 오히려 귀국할 때쯤에는 지진이 나면 자연스럽게 베란다 창문을 열고, 가스를 잠그고, TV를 트는 일련의 작업(?)에 익숙해져 있었다.

"(쿠르르르르)"

"음? 지진인가? 이 정도면 진도 3이겠는데?"

"무슨 소리? 이건 진도 4정도라구!"

너무나 지진에 익숙해지다 보니 저렇게 감도 생겼을 정도다.

무엇보다 잘 기억해 둬야할 사실은 지진보다 방심이 더 무섭다는 것이다. 참고로, 일본의 지진에 대한 내용이 들어간 드라마나 애니 중에 인상 깊었던 것은 '도쿄 매그니튜드 8.0' (애니메이션)과 '구명병동 24시(시즌3)' 이었다. 두 작품 다 큰 공감이 가는 작품들이다.

THEME 01. 이케부쿠로(池袋)는 어떤 곳?

신주쿠, 시부야와 함께 3대 번화가인 이케부쿠로(池袋)는 백화점, 쇼핑센터, 드럭스토어, 라면집, 이자카야 등 다양한 장르의 점포들이 대로변에 늘어서 있어 초심자들 쇼핑에 좋다. 동쪽 출구로 나가야 번화가와 연결된다.

THEME 02. 가는 법

전철 · 지하철	하차역	출구
JR 山手腺	池袋駅	東口
東京メトロ 副都心線	池袋駅	33~35
東京メトロ 有楽町線	池袋駅	
東京メトロ 丸の内線	池袋駅	
西武　池袋線	池袋駅	

THEME 03. 이케부쿠로에서 무엇을 볼까?

● 선샤인 시티

대형쇼핑몰, 선샤인 시티에서 쇼핑 중간에 발걸음을 해 봐야 하는 곳은 2층에 있는 '난자타운'(입장료 300엔)이다. 이곳은 놀이기구는 물론이요, 교자 스튜디오, 아이스크림 시티, 도쿄 디저트 공화국 등이 손님을 기다리고 있다. 동쪽 출구를 나와 고가도로가 있는 세 번째 신호등에서 좌회전한 후 3분 정도 걸으면 오른편에 60층 건물이 보인다.

● 오토메로드

"숨겨왔던~ 나의~ ♩ 수줍은 망상 모두… 네게 줄게… 으훗♥ I love you, BL(Boys Love)!"

자자. 일본에 왔다면 금단의 사랑에 빠지는 것을(음?) 부끄러워하지 말자. 먼저 금단의 사랑에 빠져보기 위해서는 이 오토메로드를 꼭 가야할 만큼 동인녀들의 필수 코스가 이곳이다. 왜냐고? 일본의 각종 동인지와 만화, 애니들을 신품부터 중고품까지 방대하게 갖추어 놓고 있기 때문이다.

'애니메이토(アニメイト)', '만다라케(まんだらけ)'라는 단어에 엔도르핀이 솟구친다면 반드시 방문해 볼 것을 권한다♥

"꺄악! 아침 9시에 나온 것 같은데 벌써 6시야? 2C! 책 두 권 밖에 못 봤는데…."
"자자, 괜찮아. 오늘만 날이 아냐. 내일도 또 오쟈구. 푸흡♥"

이처럼 오토메로드에서의 하루는 금방 지나갈지도 모른다.

"왜냐구? 금단의 주인공들이 여러분들을 기다리니까♥"

(위치, 선샤인 시티 60의 대각선 방향. 도요타 쇼룸 골목)

● PARCO, 세이부(西武)백화점

동쪽 출구에서 그대로 연결되어 있어 바로 찾아볼 수 있는 이곳은 일본 여성들에게 많은 사랑을 받고 있는 쇼핑센터이다. 세이부백화점의 특징은 저렴한 브랜드들도 다수 입점해 있다는 점이다. 사실 궁핍한 유학생으로서는 백화점 쇼핑이 부담되기 마련인데, 그런 부담 없이 돌아볼 수 있는 곳이 세이부백화점과 PARCO이다.

THEME 01. 지브리미술관(三鷹の森ジブリ美術館)은 어떤 곳?

지브리미술관(三鷹の森ジブ리美術館)에서 애니메이션의 세계로 빠져보자.
이곳은 우리나라에도 많은 팬을 가지고 있는 지브리 스튜디오의 작품을 만나볼 수 있는
공간으로, 2시간 정도면 다 둘러볼 수 있다. 다만 한 가지 걸리는 점이라면…

"뭐야? 인근에 맛집이 없다고?!"

"여행의 묘미가 맛집 들르는 것인데….”

또 미술관 내부 카페는 가격 대비 비추인 관계로 식사는 이동해서 하는 편이 좋다.

입구에 토토로가 표를 내 놓으라는 듯.

미술관 옥상의 조형물

THEME 02. 가는 법

전철·지하철	하차역	출구
JR 中央線	三鷹駅	南口

신주쿠역에서 추오(中央)선을 타고 미타카(三鷹)역에서 하차한 후 남쪽 출구(南口)에서 도
보로 15분 거리에 위치한다. 혹은 남쪽 출구에 있는 고양이 버스를 타면 5분 정도에 도
착한다.

도쿄 신주쿠로부터 약 20분 정도 떨어진 곳에 있는 지브리미술관은 입구부터 토토로가 티켓을 확인할 것처럼 떡하니 버티고 있어 보는 사람마다 입가에 웃음이 걸려 있다. 이곳의 기획전시실과 일반전시실에서는 '이웃집 토토로'를 비롯해 '천공의 성 라퓨타'의 전시 등, 애니메이션이 만들어지기까지의 과정이 보이는 제작실도 엿볼 수 있다. 이곳에서만 상영하는 단편 영화도 있으니 팬이라면 충분히 두어 시간 즐겁게 관람할 수 있다. 게다가 귀엽기 짝이 없는 캐릭터용품은 관광객들의 지름신을 강림하게 하여 끝없는 구매의 길로 인도하기도….

지브리미술관은 입장권(1,000엔, 매주 화요일 휴무)을 예매해야 들어갈 수 있고, 당일권은 구하기 힘들다. 일본 현지에서는 LAWSON 편의점의 티켓 자판기(Loppi)에서 구입이 가능하다. 입장시간도 10시, 12시, 14시, 16시로 4회로 정해져 있고, 30분이 지나면 입장이 제한되니 늦지 않도록 하자.

일본은 1년에 무슨 행사가 있을까?
東京正氣神道参拝
Japan

일본은 1년에 무슨 행사가 있을까?

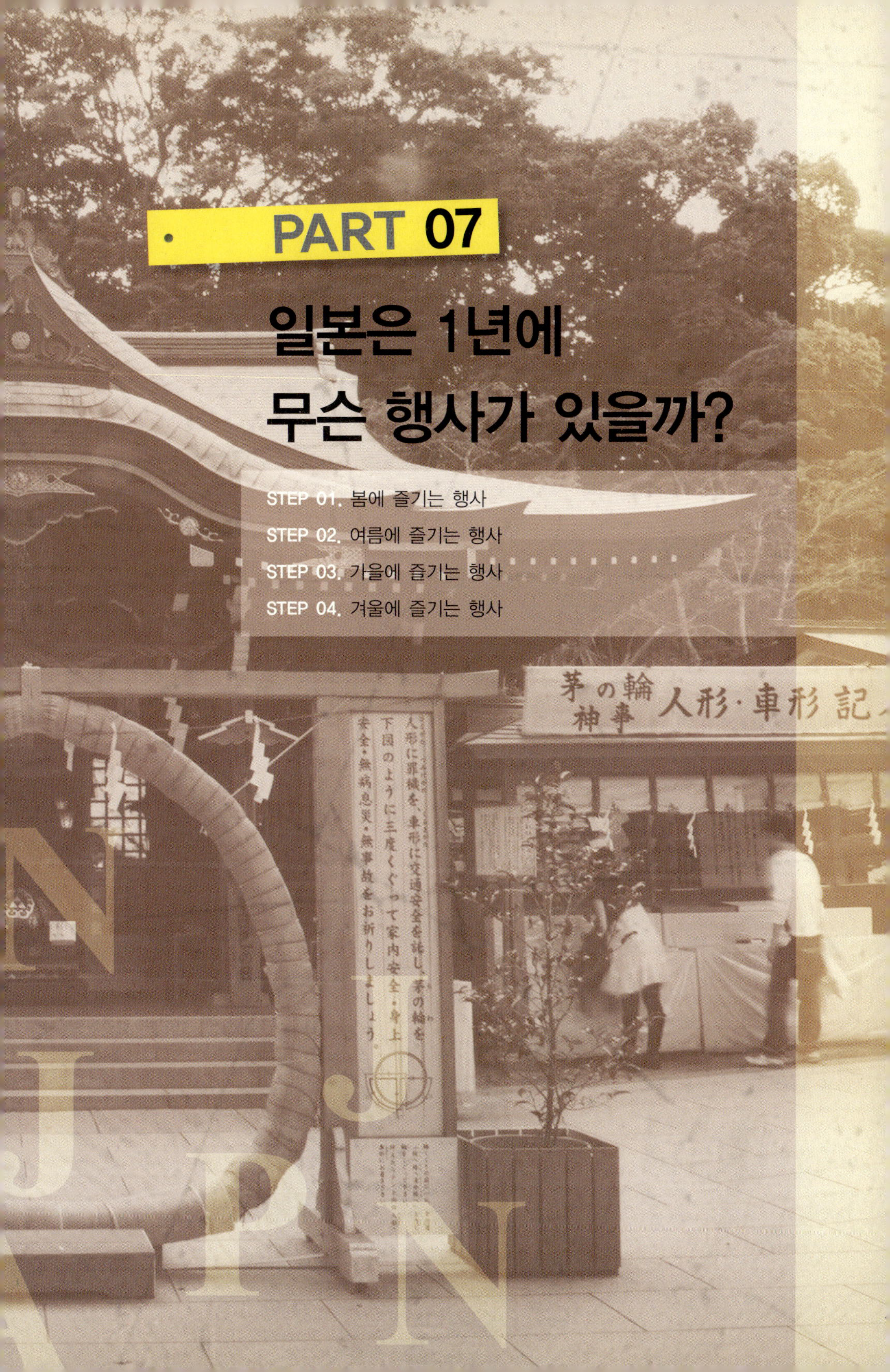

봄에 즐기는 행사

일본은 4계절이 즐거운 나라이다. 늘 그 시즌에 맞는 축제가 있고, 그것 때문에 TV며 거리가 들썩거린다. 지금이 벚꽃 시즌이다 싶으면 TV에는 하나미(花見, 꽃놀이)를 할 수 있는 공원 안내 및 근처 맛집 소개가 하루 종일 나오고 편의점에는 벚꽃 모양을 넣은 한정판 제품들이 넘쳐난다. 이렇듯 시즌별로 축제가 가득한 일본의 1년은 어떻게 지나갈까?

THEME 01. 절분(節分, 2월 3일)

원래 절분은 계절을 구분한다는 뜻으로, 입춘, 입하, 입후, 입동의 전날을 의미한다. 그러나 현재 일본에서는 입춘의 전날 2월 3일을 절분으로 하고, 이에 맞추어 전국 각지의 신사와 절에서는 절분 행사를 연다. 귀신을 쫓아내기 위한 '콩 던지기(豆まき)'는 '귀신은 밖으로, 복은 안으로!(鬼は外、福は内)'라고 외치며 콩을 던지면, 이를 자기 나이만큼 주워서 먹는 대표적인 행사이다.

이렇게 행렬이 시작되면 사람들이 모인다.

손에 콩이 든 함을 가지고 있다.

미니북 한일상식 – 절(お寺)과 신사(神社)

● **절(お寺)** : 불교의 부처를 모시는 곳으로, 본존을 안치하는 금당과 예불을 올리는 예당이 하나로 되어 있어 부처를 보다 가까이 느낄 수 있는 곳입니다. 왕실에서 별도의 불교 행사를 실시하지 않으나, 왕족의 타계 시에는 절에서 불교식으로 장례를 치릅니다.

● **신사(神社)** : 일본의 종교인 신도(神道)의 신(神)을 모시는 곳으로, 예배나 예불의 장소가 아닌 참배용 시설이지만 원래는 제사를 지내기 위한 장소였습니다. 신궁(神宮) 혹은 타이샤(大社)는 격식이 높고 규모가 큰 신사를 이르며 국왕이나 왕실의 조상을 모시고 있는 경우가 대부분입니다. 신사나 신궁의 이름은 모시고 있는 신의 이름을 따르며 신사 입구에는 토리이(鳥居)라는 문이 있어 인간이 사는 세계와 신이 내려오는 신사를 구분합니다.

메이지신궁(明治神宮)으로 들어가는 입구의 토리이(鳥居)

메이지신궁 본전

지고쿠대사(慈覚大師)가 건립한 우시지마 신사(牛鳥神社)

스미다가와구에 있는 우시지마 신사. 스카이트리 가까이에 있다.

일본에서 발렌타인데이는 일주일 전부터 축제를 이룬다. 특히 유명 백화점들은 앞다투어 유럽의 초콜릿 장인들을 초대해 다양한 이벤트와 한정제품 생산에 박차를 가한다. 축제의 주인공(?)인 초콜릿은 고가의 제품들이 많아서 한 알에 몇 백엔씩 하는 초콜릿이 평범하게 느껴질 정도다. 게다가 초콜릿을 주는 상대에 따라 이름도 구분해서 부르는데 이는 초콜릿 판매에도 영향을 미치는 것 같다.

CHECK

- 혼메초코(本命チョコ) : 좋아하는 이성에게 선물하는 초콜릿.
- 기리쵸코(義理チョコ) : 의리초콜릿. 평소 감사의 마음을 전하는 것으로 직장 동료나 친구들에게 돌리는 초콜릿.
- 지분쵸코(自分チョコ) : 나 자신을 위한 초콜릿. 스스로에게 주는 선물.

2012년 프렝탕백화점에서 발표한 앙케이트에 따르면 70%의 여성이 어떤 형태로든 초콜릿을 구입한다고 답했다. 예산적인 부분은, 혼메초코의 경우 약 3천엔, 기리초코는 1천엔, 지분초코는 2천 8백엔으로 조사됐다. 앙케이트에서 가장 재미있는 부분은 자신에게 주는 초콜릿에 대한 비용이 상당히 높다는 것이다.

일본에 있었던 시절, 전철 안의 대부분의 여성들이 자그만 종이가방을 들고 있었다. 길을 지나다니는 여성들도 모두 손에 작은 종이가방을 들고 있었는데, 너도나도 다 하나씩 들고 있어서 이상하다 싶었다. 헌데 알고 보니 그날이 발렌타인데이였다.

발렌타인데이가 오면 시끌벅적한 우리나라와는 달리 일본 거리는 상당히 조용하다. 의외로 차분한 분위기에서 발렌타인데이를 보내는 것이다. 또 우리나라에서 화려하고 꽃과 리본으로 치장된 초콜릿이 쌓인 가판대가 빼곡히 진열되어 있는 것과는 달리 편의점의 발렌타인데이 코너를 제외하고 일본의 거리는 조용한 편이다.

"흠… 차분한 분위기에서 치러지는 발렌타인데이라…"

일본에서 발렌타인데이를 맞아, 볼 수 있었던 진풍경은 신주쿠의 이세탄백화점 앞에서였다.

백화점 지하매장부터 밖의 도로까지 질서정연하게 줄을 서 있는 사람들이 눈에 들어온 것이다. 이게 뭔가 싶어서 봤더니, 해외의 유명 초콜릿 장인이 와서 만드는 초콜릿을 사기 위한 줄이었다. 여기에서 사람들이 초콜릿을 사는 것을 보면 유명 브랜드의 작은 초콜릿을 구입해, 해당 브랜드의 비싸(!) 보이는 종이가방 혹은 백화점 종이가방에 넣어 들고 다닌다. 그런데…

THEME 03. 히나 마츠리(雛祭り, 3월 3일)

히나 마츠리(雛祭り)는 여자 아이들의 건강과 행복을 비는 전통행사로, 어린 딸이 있는 가정에서는 붉은 단에 히나인형(雛人形), 꽃, 복숭아, 떡, 과자 등을 올린다. 단은 보통 2단부터 8단이 있고, 일반 가정은 간소하게 하는 편이다. 인형들은 일본 전통 옷을 입은 신랑신부의 모습을 하고 있는데 인형 자체가 상당히 비싸다. 단은 히나 마츠리가 오기 며칠 전부터 진열을 하고, 마츠리 당일에 가족들이 모여 음식을 나눠 먹으며 축하를 나눈다.

일반 가정뿐만 아니라, 사람들이 모이는 곳에 여러 단을 진열해 놓는다.

상단에는 전통 복장을 한 신랑신부 인형이 앉아 있다.

THEME 04. 하나미(花見, 4월)

봄이 왔음을 알리는 벚꽃이 만개하는 시즌, 하나미(花見)가 다가오면 일본 전국민들은 꽃놀이를 즐긴다. 일본은 정해진 국화(国花)는 없지만, 오랜 시간 국민의 사랑을 받아온 벚꽃(桜)과 왕실의 문양에 쓰이고 있는 국화(菊)가 일본을 상징하는 꽃으로 일컬어지고 있다. 3월 중순부터 4월 말까지가 벚꽃 시즌으로, 지역별로 벚꽃을 즐길 수 있는 기간은 일주일에서 열흘 내외이다. 또 공원별로 야간에 조명을 밝히는 Light-up을 실시하는 곳들이 있으니 미리 인터넷으로 알아보고 가면 다양한 볼거리를 즐길 수 있다.

좀처럼 타인 앞에서 흐트러지는 것을 싫어하는 일본인들이 이 시기가 되면 벚나무 아래 자리를 깔고 음식과 술을 즐기며 왁자하게 노는 모습을 볼 수 있다.

또 회식을 하나미와 함께 하는 회사들도 많으며, 신입사원들은 아침부터 공원이나 강변에 나가 좋은 자리를 잡아놓는(場所取り) 미션을 수여받기도 한다.

하나미(花見)를 즐기려면 자리를 잡아두자!

하나미를 즐기려면 일본인들처럼 아침에 돗자리를 가지고 공원으로 출근해서 자리를 잡아두는 것이 좋습니다.(전날 깔아둔 돗자리는 경비 아저씨들이 치워버리는 곳이 많아요.) 그리고 슈퍼나 백화점 음식코너에서 먹을 것과 음료를 사와 흩날리는 벚꽃 아래서 즐기면 됩니다. 다만 음식 반입 혹은 화기를 금하는 공원들이 있으니 사전에 공원 홈페이지에서 확인이 필요합니다.

도쿄에서 조금 떨어진 코가네이 공원(小金井公園)의 하나미도 장관이다.

● 유명 벚꽃 Spot

01 우에노온시공원(上野恩賜公園, 도쿄)

● 위치 : JR 우에노역 하차(東京都台東区上野公園5-20)

● 개화 시기 : 3월 중순~4월 상순

● 벚나무 : 약 1,200그루

● Light-up : 유동적

● 주의 : 화기, 병류 반입금지

● 기타 : 도쿄 지역에서 하나미로 가장 사랑받는 곳. 야간에 조명을 밝히는 '요자쿠라(夜桜)'로 또 다른 정취를 즐길 수 있다. 최근 밀려드는 인파로 최근 화기 사용을 엄금하고 있다.

02 히로사키공원(弘前公園, 아오모리)

- 위치 : 아오모리현 히로사키시(青森県弘前市下白銀町 1)
- 개화 시기 : 4월 하순~5월 초순
- 벚나무 : 2,600그루
- Light-up : 오후 06:00~오후 11:00
- 주의 : 화기엄금, 쓰레기는 가지고 각자 돌아감, 자리잡기 금지, 차량진입금지
- 기타 : 1611년에 성을 쌓기 시작해 당시 공법 형태를 간직한 건물들이 중요문화재로 지정되어 있다. 낮에는 벚나무 너머 보이는 후지산과의 절경이 아름답고, 밤의 조명 아래 요자쿠라는 환상적이기까지 하다.

03 요시노야마(吉野山, 나라)

- 위치 : 나라현, 요시노야마역 앞(奈良県吉野郡吉野町)
- 개화 시기 : 4월 상순~4월 하순
- 벚나무 : 30,000그루
- Light-up : 오후 06:00~오후 10:00
- 주의 : 4월 하나미 시기에 교통제한이 있음.
- 기타 : 30,000 그루의 다양한 색상의 벚나무가 연출하는 장관은 말이 필요 없을 정도이다. 하나미 시기에 맞춰 요시노미쿠마리진자(吉野水分神社)에서 오타우에마츠리(御田植祭, 4월 3일)도 열린다.

봄이 왔음을 알리는 벚꽃

봄기운이 완연하고 슬슬 돌아다니기 좋아지는 5월이 시작되면 또 하나의 축제가 일본인들을 기다린다. 바로 5월 3일부터 5일의 휴일과 주말, 대체휴일(振替休日) 등이 합쳐지며 일주일 정도의 연휴가 바로 그것이다. 직장인들에게 주어지는 이 기간을 골든 위크(GW)라고 부르는데 일본 직장인들은 따로 '하계휴가'라는 개념이 없기 때문에 이 골든 위크가 여행 시즌이기도 하다. 따라서 이 시기에는 명동에 일본인이 유난히 가득 차며 항공권 비용도 상승한다. 반대로 도쿄나 오사카는 한산해져서 유학생들도 함께 들뜨는 기간이기도 하다.

미니북 한일상식 – 일본의 휴일은?

1. 대체휴일(振替休日) : 공휴일이 다른 공휴일 혹은 일요일과 겹칠 경우, 월요일 이후를 임시 공휴일로 정해 전체 공휴일 일수가 감소하지 않도록 하는 제도입니다. 진심으로 부러운 제도이기도 하죠.

2. 일본의 공휴일(国民の祝日)

날짜	공휴일명	설명
1월 1일	元日	신정
1월 둘째 주 월요일	成人の日	성인의 날
3월 20일 (혹은 3월 21일)	春分の日	춘분
4월 29일	昭和の日	쇼와(昭和) 국왕 탄생일
5월 3일	憲法記念日	헌법이 시행된 날
5월 4일	みどりの日	자연의 은혜를 감사하는 날
5월 5일	こどもの日	어린이 날
7월 셋째 주 월요일	海の日	바다의 날
9월 셋째 주 월요일	敬老の日	경로의 날
9월 22일 (혹은 9월 23일)	秋分の日	추분
10월 둘째 주 월요일	体育の日	체육의 날
11월 3일	文化の日	문화의 날, 헌법이 공포된 날
11월 23일	勤労感謝の日	근로감사의 날
12월 23일	天皇誕生部	국왕 탄생일

1년 중 공휴일로 지정된 것은 총 15일입니다. 우리나라에서 공휴일인 석가탄신일(음력 4월 8일)과 성탄절(12월 25일)은 공휴일이 아니지만, 관련 행사는 화려하게 하는 편입니다.

여름에 즐기는 행사

사람들 사이에 섞여 축제를 즐기는 여름은 높은 습도와 더위에 쉽게 지치지만 이 시기에만 즐길 수 있는 축제들이 가득해 즐거운 시기이다. 7월에 접어들면 인터넷 혹은 서점에서 마쓰리와 불꽃놀이 일정이 수시로 올라온다. 그렇다면 지금부터 한여름을 즐겁게 수놓는 대표적인 마쓰리와 불꽃놀이를 알아보자.

마쓰리에 빠지지 않는 '귀신의 집(お化け屋敷)'

그리움을 부르는 음료 '라무네(ラムネ).' 일본식 옛날 사이다.

포장마차에서 파는 음식들

장난감 뽑기도 이럴 땐 하고 싶어진다.

아이들이 좋아하는 군것질거리

화려한 장식들만 봐도 흥분지수 up!

01 기온 마쓰리(祇園祭)

기온 마쓰리(祇園祭)는 9세기부터 시작되어 1100년간 이어져 오고 있는 일본의 3대 마쓰리이며 일본 마쓰리의 기원이기도 하다. 이 마쓰리는 869년 수많은 사람을 죽음으로 몰고 갔던 전염병을 퇴치하기 위해 시작되었다. 한 달에 걸친 기나긴 축제지만 뭐니뭐니해도 축제의 하이라이트는 '요이야마(宵山, 전야제)'인 7월 14일에서 16일, '야마보코준코(山鉾巡行)'라고 불리는 7월 17일 퍼레이드 행렬이다. 32개의 화려한 야마보코(산 모양의 장식대)가 시내를 돌며 벌이는 퍼레이드는 세계적으로도 유명하며, 일본의 중요유형민속문화재로 선정되어 있다.

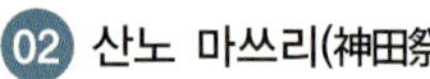

MEMO 기온 마쓰리(祇園祭)는?
- 시기 : 7월 1일~28일
- 장소 : 교토 야사카 신사(八坂神社)

02 산노 마쓰리(神田祭)

도쿠가와 이에야스(德川家康)가 세키가하라 전투(関ヶ原, 1603년)에서 승리한 것을 기념하기 위해 벌인 축제가 기원이다. 당시(에도시대)에는 일반인들의 에도성 출입이 어려웠던 시기였으나, 마쓰리 기간만큼은 출입이 허락되기도 했다. 그 이미지가 지금까지 이어져 많은 마쓰리 중에 서민적 마쓰리의 이미지가 강하다.
오미코시(御輿, 神輿)라 불리는 화려한 가마를 청년들이 짊어지고 인근을 순회하는 퍼레이드가 산노 마쓰리의 하이라이트.

Q&A
Q. 오미코시(御輿)란?
A. 오미코시(御輿) 혹은 신여(神輿)라고 부르는 가마는 신이 나들이할 때 타는 가마를 뜻합니다.

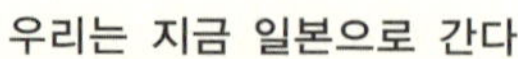

MEMO 산노 마쓰리(神田祭)는?
- 시기 : 5월 중순(5월 15일에 가까운 토요일)
- 장소 : 도쿄 칸다신사(神田明神)

오미쿄시, 신이 타는 가마.

오미쿄시(御神輿)를 메고 가는 청년들

03 오사카 텐진 마쓰리(天神祭)

951년부터 시작되었다고 알려진 일본의 대표적 마쓰리의 하나로, 큰 강에 배를 띄워 그 배가 닿는 곳에서 제사를 올렸던 것이 기원이 되었다. 100여대의 배로 강을 거슬러 올라가는 독특한 행사와 함께 화려한 불꽃놀이가 진행되며 물과 불의 조화를 볼 수 있는 마쓰리이다.

MEMO 텐진 마쓰리(天神祭)는?
● 시기 : 7월 24일 ~ 25일
● 장소 : 오사카시 텐만궁(天満宮)

신주쿠 하나조노신사(花園神社) 마쓰리

마쓰리 해렬에 등장한 다시(山車)

THEME 02. 불꽃놀이(花火大会)

불꽃놀이는 장소에 크게 구애 받지 않고 즐길 수 있는 여름 밤의 축제다. 규모가 큰 불꽃놀이일수록 행사장에서 즐길 수도 있지만, 멀리 주택가의 옥상이나 골목에서도 볼 수 있다. 불꽃놀이는 주로 토요일 저녁에 열리는데, 날씨에 영향을 많이 받기 때문에 반드시 전날 인터넷으로 개최 여부를 확인하는 것이 좋다. 불꽃놀이의 규모는 300~400발 정도의 작은 규모에서부터, 2만발을 쏘는 대형 불꽃놀이까지 다양하다.

도쿄에 있으면서 직접 불꽃놀이를 보러 간 것은 스미다가와구(隅田川区)와 도쿄만(東京湾)이었다.

불꽃이 잘 보이는 골목에 자리를 깐다.

맛있는 음식과 맥주는 필수!

스미다가와 불꽃놀이는 일본인 친구의 초대로 이루어졌다.

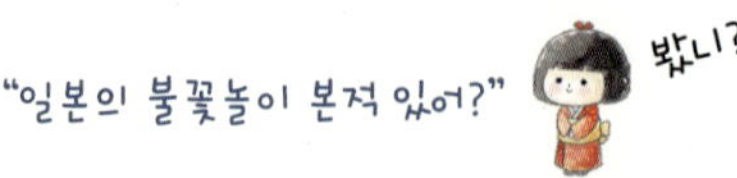

아르바이트를 하면서 친해진 친구가 이렇게 물어봐 준 것이 불꽃놀이를 보게된 계기였다. 하지만 일본 불꽃놀이를 본 적도 없거니와 불꽃놀이가 거기서 거기겠지라는 무지한 생각

에 심드렁하게 본 적 없다고 대답했더니 친구는 고맙게도 나를 불꽃놀이에 초대해 주었다.

"우리 집이 스미다가와구인데, 집 앞에 골목에서도 불꽃이 잘 보이거든.
가족들이 다 함께 불꽃놀이를 보려고 하는데 너도 올 수 있으면 와."

흠… 그래도 일본에 왔으니 경험할 수 있는 것은 가급적 경험하는 것이 좋을 거라는 생각에 더 이상 튕기는 것을 멈추고 냉큼 가겠다고 했다.
불꽃놀이 당일은 친구네 집 근처 백화점에서 만나 지하식품매장에서 이것저것 음식을 사고, 음료를 사서 친구집으로 갔다. 오후가 되자 조용한 주택가에 하나둘씩 돗자리가 깔리기 시작했고 친구가 핸드폰 DMB로 불꽃놀이 실황 방송을 틀었다.

"스미다가와구 불꽃놀이는 역사도 길고, 2만발이라는 엄청난 숫자의 불꽃을 쏘아 올리기 때문에
중계를 해 줘."

불꽃놀이 시작 전에 음식을 초토화시키고, 캔맥주를 홀짝거리며 불꽃놀이가 시작되기를 기다렸다. 근처에 자리잡은 이웃들은 편안한 유카타 차림에 집에서 만든 음식들을 들고 나와 나누어 먹는 모습이었다. 방송에서는 오늘 불꽃놀이에 참가하는 장인들 소개에 바쁘다가 불꽃이 올라가면 그 불꽃의 이름이나 의미를 하나씩 설명해 준다. 말 그대로 '불꽃놀이 대회(花火大会)' 이기 때문에 어떤 장인, 혹은 어떤 팀의 불꽃이 더 멋진지를 겨루고 있는 것이다.

'뜨헉… 이거 보다보니 한국에서 보던 불꽃놀이와 색다른 재미가….'

생각했던 것보다 훨씬 비주얼한 불꽃 모양은 물론이요, 축제 역시 한눈 팔기 힘들 정도의 흡인력을 자랑하는 것이 아닌가? 설명을 들으며 불꽃 모양을 보는 것도 놓칠 수 없는 재미였다. 흔히 내가 보아왔던 원 모양, 민들레씨 같은 불꽃은 정말 흔하디 흔한 것이고…

"반지 모양, 스마일 모양, 용 모양, 피카추 모양도 있어!"
"이거 흔한 거야."

여러 가지 다채로운 불꽃 모양이 하늘로 솟아오르자 내 입에서는 환호성은 물론, 불꽃이 만들어내는 예상하지 못했던 모양의 불꽃들을 보면서 한동안 넋을 잃었던 것 같다.
뭐니뭐니해도 가장 웃겼던 것은 찌그러진 피카추였다.

불꽃이 올라가는 동안 사람들은 다 함께 환호성과 박수를 치며 응원을 한다. 이렇듯 주위의 분위기도 불꽃놀이의 즐거움을 배가시켜준다.

도쿄만 불꽃놀이는 오다이바에 친구와 놀러간 날과 불꽃놀이날이 우연히 겹쳐서 볼 수 있었다. 후지 TV 전망대에 올라가서 아래를 내려다보는데, 그날따라 아쿠아 시티 옥상이며 해상공원에 파란 돗자리들이 빼곡히 깔려 있었다.

"응? 이거 뭥미?"
"흠. 오늘 불꽃놀이가 있는 모양인데?"
"뭐야? 그런 건 빨리 말했어야지!!!"

오늘 불꽃놀이가 있는 것 같다는 친구의 이야기에 서둘러 근처 편의점에 가서 과자와 맥주, 신문지를 구해 우리도 공원 한구석에 자리를 잡았다.

"흐흑… 남들은 비싼 돗자리에 앉아 있는데…우리는 신문지야…."

뭐 어쨌든 신문지에 쪼그리고 앉아있던 모양새는 약간 추레했으나 우리는 곧 불꽃놀이의 아름다움에 빠져들었다.

도쿄만 불꽃놀이는 오다이바 해상공원 앞의 섬에서 불꽃이 올라가기 때문에 바다 위에서 터지는 불꽃들이 참 아름답다. 저녁에 부는 선선한 바람도 오다이바만의 매력일 것이다.

● 대표적인 불꽃놀이

지역	일시	대회명	불꽃놀이 규모
도쿄 中央区	8월 초순	東京湾大華火祭	약 12,000발
도쿄 新宿区	8월 초순	神宮外苑花火大会	약 10,000발
도쿄 江戸川区	8월 초순	江戸川区花火大会	약 14,000발
도쿄 墨田区・台東区	7월 하순	隅田川花火大会	약 20,000발
도쿄 足立区	10월 중순	足立の花火	약 15,000발
도쿄 調布市	10월 중순	調布市花火大会	약 9,000발
도쿄 板橋区	8월 초순	いたばし花火大会	약 5,500발
카나가와현 足柄下郡湯河原町	8월 초순	湯河原温泉海上花火大会	약 6,000발
카나가와현 横浜市	8월 초순	神奈川新聞花火大会	약 10,000발
카나가와현 厚木市	8월 초순	あつぎ鮎まつり花火大会	약 10,000발
카나가와현 相模原市	8월 하순	相模原納涼花火大会	약 8,000발
치바현 市川市	8월 초순	市川市民納涼花火大会	약 14,000발
치바현 千葉市	8월 초순	千葉市民花火大会	약 12,000발
치바현 館山市	8월 초순	館山観光まつり館山湾花火大会	약 10,000발
효고현 神戸市	8월 초순	みなとこうべ海上花火大会	약 10,000발

THEME 01. 칠월칠석(七夕)

음력 7월 7일에 각지에서 칠월칠석 마쓰리가 개최되는데 그중에서 유명한 마쓰리로는 '센다이 마쓰리(仙台七夕祭り)', '히라츠카 마쓰리(平塚七夕)', '안죠 마쓰리(安城七夕)'가 있다.

이맘때쯤 되면 '단자쿠(短冊)'라고 하는 세로로 길쭉한 직사각형의 종이와 대나무를 슈퍼마켓 등에서 판매한다. 왜 이것을 판매하느냐고?

학교나 가정집 입구에 대나무와 함께 단자쿠를 걸어놓은 집이 자주 눈에 띈다.

소원을 쓰는 단자쿠(短冊)

단자쿠를 쓰고 있는 아이들

THEME 02. 단풍놀이(紅葉)

가을 바람이 불기 시작하는 10월부터 11월, 산이 붉게 물들기 시작하면 많은 행락객들이 단풍을 즐기기 위해 산과 공원을 찾는다. 도쿄 인근에 있는 사람들은 닛코(日光), 킨키 지역에 있는 사람들은 교토(京都)로 몰려든다. 어쨌든 단풍이라 하면 나에게는 그저…

"에이… 단풍 구경 뭐 별거 있어? 그냥 등산화 신고 배낭 짊어지고 산을 오르면 땡 아냐?"
"무슨 소리! 일본의 단풍은 인근 공원이나 절, 신사 등 비교적 몸이 힘들지 않고 찾아갈 수 있는 지역들이 많다구!!"

처음으로 단풍이 예쁘다고 느낀 것은 요요기공원(代々木公園)을 산책하면서였다.
거대한 나무들이 주홍빛으로 물든 공간에 가족 동반, 애인끼리, 친구끼리 공원에서 노니는 모습이 평화로워 보였다. 그 다음은 마음먹고 교토를 찾았다. 새빨갛게 물든 단풍이 장관인 아라시야마(嵐山)는 경사가 완만하게 이어져 있어 산책하는 기분으로 몇 군데 절과 신사를 돌아다니며 단풍을 즐겼다. 산에 있는 단풍도 아름다웠지만, 돌과 물과 단풍을 이용해 아기자기하게 꾸며 놓은 절의 정원이 인상적이었다.

"흠♥ 뭐니뭐니해도 가을은 식욕의 계절♥ 단풍 보는데 맛차(抹茶)에 화과자(和菓子)를 빼놓을 수 없지!!"

선선한 바람 아래 앉아서 정갈한 정원을 내려다보며 따뜻한 차와 달콤한 화과자를 먹는 재미. 이곳은 다시 한 번 찾게 만들 만큼 매력적이다.

교토의 단풍

THEME 01. 일루미네이션(イルミネーション)

차가운 겨울 밤을 화려하게 채우는 일루미네이션은 겨울철을 수놓는 대표 볼거리다. 특히 크리스마스가 가까워져 오면 거리에는 화려한 조명이 들어서기 시작한다. 유동인구가 적어지는 겨울, 사람들을 끌어 모으기 위해 많은 지역에서 일루미네이션을 설치하는 것은 아닌지…. 1905년 긴자(銀座)에 일루미네이션이 설치되었다는 기사가 있을 정도로, 오래 전부터 화려한 조명쇼에 많은 이들이 매료되었던 것 같다.

"흐흑. 춥고…배고프고… 외롭고….(이 추운 겨울, 솔로는…결코 무적이 아니야!)"

또 바닥 난방이 되지 않는 집에 있어봐야 썰렁하기만 하니, 코트를 챙겨 입고 주변에 일루미네이션 구경을 가보는 것은 어떨까?

일루미네이션으로 유명한 도시는 삿포로, 도쿄, 요코하마, 나고야, 오사카, 고베, 후쿠오카이다. 삿포로 지역은 일루미네이션 시즌이 '눈 축제(さっぽろ雪まつり)' 시즌과 겹친다. 얼음으로 만든 조형물과 조명이 어우러지는 것이 하이라이트로, 활기가 넘치는 오사카는 도시 곳곳에 크리스마스 트리와 일루미네이션을 함께 세워 화려함을 더하고 각종 이벤트로 즐거운 분위기를 고조시킨다.

"특히 도쿄의 일루미네이션은 거대한 규모와 다양한 디자인으로 보는 즐거움이 좀 짱!"

도쿄에서 생활할 때, 아르바이트가 끝나면 시간이 남아 일루미네이션을 보기 위해 여기저기를 기웃거렸다. 오다이바(お台場), 도쿄역(東京駅), 테이코쿠호텔(帝国ホテル), 유락초역(有楽町駅), 롯본기(六本木) 등이 바로 그 장소였다. 특히 크리스마스가 되면 레인보우 브리지가 무지개색 조명을 밝히고 있어 많은 사람들이 셔터를 누르기 바쁘다.

도쿄타워에서는 크리스마스에 잠시 정전을 시켰다가 하트 무늬를 띄워 많은 사람들이 길을 가다 멈춰서 환호했다. 이런 작은 이벤트가 일본의 겨울을 즐기는 또 하나의 재미이다.

THEME 02. 올해의 한자

매년 12월 12일은 '한자의 날'로, 그 한 해를 상징하는 '올해의 한자(今年の漢字)'의 발표가 교토의 기요미즈테라(清水寺)에서 행해진다. 올해의 한자 행사는 1995년부터 일본한자능력검정협회가 실시해 온 이벤트였으나, 점차 국민적 관심을 받는 이벤트로 성장하였다. 올해의 한자를 보면, 일본 국민이 한 해 동안 가장 관심있었던 이슈가 무엇인지를 알 수 있다.

● 최근 10년간의 올해의 한자

한자	연도	선정 사유
金	2012년	런던 올림픽의 금메달 소식, 소비세 및 생활보조비 등의 법안 변경이 화제.
絆	2011년	동일본대지진과 태풍 등의 자연재난 앞에서 서로 돕고 배려하며 연결고리를 만들어감.
厚	2010년	기록적 무더위로 수많은 사람들이 피해를 입음.
新	2009년	일본의 정권교체, 오바마 대통령 당선 등으로 새로운 바람이 불기 시작함.
変	2008년	일본 내각총리대신 교체, 주가 폭락, 엔고(円高) 등 경제적 변화 및 식품안정성에 대한 의식 변화가 일어남.
偽	2007년	식품에 표시되는 정보의 잘못된 표기, 연금 기록문제 등 위조 문제가 급부상.
命	2006년	히사히토 왕자의 탄생, 초등학생, 중학생의 자살 사건, 장기 이식, 의사부족 사건이 이어지며 생명의 소중함이 부각.
愛	2005년	아이치현(愛知県)에서 열린 사랑 · 지구전(愛 · 地球博)의 성황. 사야코 공주의 결혼.
災	2004년	니가타현 지진(M 6.8) 발생, 연이은 태풍피해, 미하마 발전소 사고 등
虎	2003년	한신타이거즈(阪神タイガース, 오사카 야구팀)의 18년 만에 정규리그 우승.

THEME 03. 연하장(年賀状)과 하츠모데(初詣)

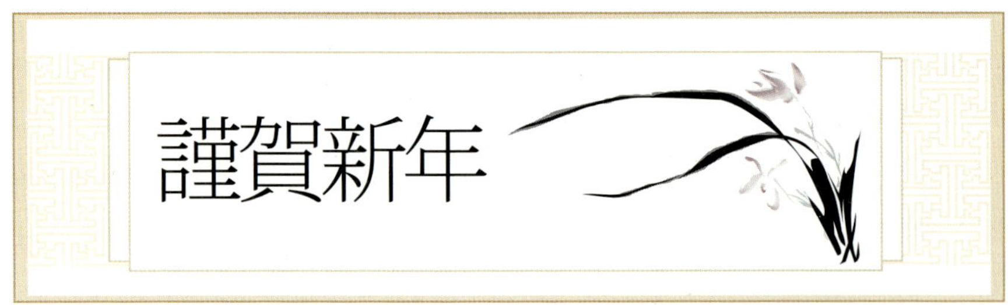

얼마 전 센다이에 사는 친구가 이사를 했다며 자신의 집주소를 메일로 알려왔다. 한국 사람들 사이에서 이사한다는 것은 그냥 '나 이번에 이사해~' 정도의 이야깃거리인데, 집주소를 보내오는 것은 일본인 특유의 문화인 '연하장(年賀状)' 때문이다.

연말에 일본 현지인 친구들이 저렇게 말을 한다면 집주소를 정확히 알려주고, 나도 상대의 주소를 꼭 받아둔다.

올해의 마지막을 앞두고 일주일 전이면 저마다 앞다투어 우체국에 가서 연하장을 발송한다. 연하장은 친인척, 회사동료, 친구, 신세진 분들, 올해 인연이 닿았던 분들에게 연하장을 주고받으며 한 해를 마무리하는 마지막 행사이다. 대체로 한사람이 보내는 연하장은 적어도 30~40장 이상이다.

연하장은 카드를 직접 사서 손으로 써도 되지만, 프로그램을 이용해 가정용 PC에서 인쇄하는 것이 일반적이다. 집주소 리스트와 내용을 입력하면 간편하게 편집할 수 있는 무료 프로그램들이 많으니 인터넷 검색을 통해 연하장을 편집하는 것도 좋다.

미니북 한일상식 – 연하장 쓰는법

① 근하신년(謹賀新年) 같은 어구를 첫 부분에 크게 쓴다.

② 올해를 무사히 넘긴 것에 대한 감사와 올해 나에게 일어났던 일들의 간략한 보고.

③ 이후로도 좋은 관계를 유지할 수 있도록 당부.

④ 상대의 건강과 축복을 빈다.

⑤ 날짜를 쓰고 마무리.

주의 1 연하장은 12월 31일 이전에 도착하는 것이므로 '새해(新年)', '새해 복 많이 받으세요.(明けましておめでどうございます)' 등의 표현은 쓰지 않는다. 이 표현은 1월 1일 이후에 사용한다.

주의 2 연하장은 반드시 연내(12월 31일까지)에 도착하도록 한다.

주의 3 연하장은 교환하는 것이 원칙이다. 내가 보내지 않은 사람에게 연하장이 도착한 경우는 반드시 2주 이내 답장을 보내도록 한다.

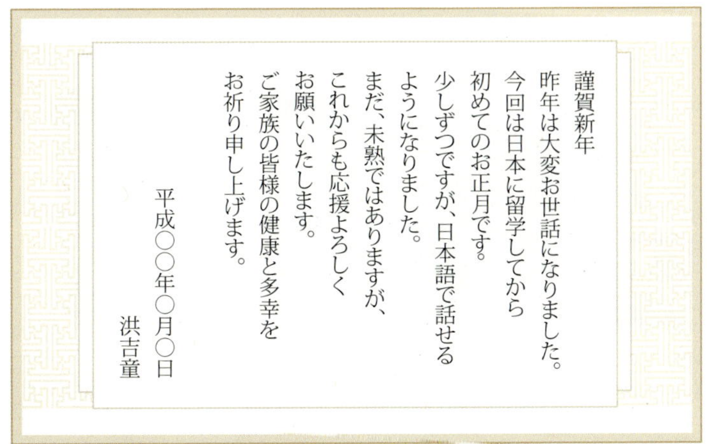

12월의 마지막 날 일본인들은 무엇을 할까?

아마 가족들끼리 모여 토시코시 소바(年越しそば)를 먹으며 한 해를 마무리하는 것이 평범한 일상일 것이다. 또 TV를 틀어놓고 다양한 연령대의 가수들이 출연하는 홍백가합전, 가요대전 등을 보기도 한다. 이렇게 가족들과 단란하게 한 해의 마지막 날을 보내고, 새해 1월 1일 아침 근처 절이나 신사에 '하츠모데(初詣, 첫 참배)'를 가기 때문에 유명한 절이나 신사는 밤 12시를 지나면서 인산인해를 이룬다.

신사 멀리서부터 줄을 서서 기다린다.

신사 한쪽에서 하마야를 태우고 있다.

하츠모데에 가면 무엇이 다를까? 우선 사람들이 손에 끝이 둥근 화살을 들고 있다.

이 화살은 하마야(破魔矢)라고 하여 1년 동안 행운을 가로막는 악마를 쫓기 위한 화살이다. 보통 하츠모데에서 화살을 구입해 집에 걸어 두고, 다음해 하츠모데에 가져와 불태운다. 그리고 다시 새 하마야를 사서 돌아간다. 하츠모데는 1월 1일에 하는 것이 정석이긴 하나, 요즘은 1월 한 달 이내 가는 사람들도 많다. 따라서 절이나 신사에는 하마야를 수거하는 통을 따로 비치해 놓고 있다.

오미쿠지 사는데 줄이 끝도 없다!

올해는 대길!

본당에 가서 참배를 하고 나면 사람들은 하마야를 사거나 오미쿠지(おみくじ, 점)를 뽑거나, 오마모리(お守り, 부적)를 구입하기도 한다. 덕분에 신사나 절의 구석구석까지 사람들이 구름 떼처럼 모여 있다. 다소 피곤함이 밀려오면 입구의 포장마차로 가자. 이 시기에 절이나 신사 앞에는 포장마차 여러 대가 야키소바, 오코노미야끼, 아마자케, 오뎅 등등 따끈한 먹을거리를 팔고 있다. 추운 겨울, 밖에서 싸늘해진 몸을 데우기에 아마자케(甘酒, 감주)만한 것이 없다. 우리나라 식혜에 약간의 알코올이 들어간 듯한 느낌인데 한 잔 마시면 금방 몸이 훈훈해진다.

사람들이 많이 모인 곳이면 어김없이 포장마차가 등장

따뜻한 아마자케 한 잔이면 추위가 스르륵 녹는다.

참, 여기서 '참배'에 대해 잠시 생각해 보자.

절에서 예불을 올리거나 공양을 드리는 것이 아닌, 신사 참배는 몹시 중요한 부분이다. 앞에서도 잠깐 언급했듯이 '신사', '신궁'은 일본의 왕족이나, 영웅들을 신격화하여 모신 장소이다.

"신사에서 참배를 한다는 건 일본인에게 기도를 올린다는 의미가 돼!"

다른 사람들이 한다고 분위기에 쓸려 무턱대고 가서 기도하지 말자. 예전에 이런 사실들이 알려지지 않은 상태에서, 우리나라 연예인들이 여행이나 촬영차 신사를 찾았다가 참배를 해 그것이 문제가 된 적이 있었다. 우리나라 사람들 보기에 절과 신사의 생김새에 큰 차이가 없으니 착각했을 법도 하지만, 유학까지 가는 우리가 이런 걸 몰라서야 되겠는가.

THEME 04. 성년의 날(成人の日, 1월 둘째 주 월요일)

만 20세의 성인이 된 것을 축하하는 날로 전국 각지에서 성인식이 거행된다. 남성들의 경우는 하카마(袴)를, 여성의 경우에는 후리소데(振袖)를 입는데 이는 기모노의 한 종류이다. 최근 남성들이 정장을 입는 경우가 늘고 있지만, 여성들은 여전히 화려한 후리소데를 입고 성인식에 참석을 한다. 성인식은 해당 지방청에서 공식적으로 열어준다. 지금까지 키워주신 부모님에게 감사하고 친구들과 우정을 나누는 장으로 꾸며진다. 성인식이 끝나면 삼삼오오 거리로 몰려나와 서로 축하를 하는 모습을 볼 수 있다. 한복을 입을 일이 전혀 없는 우리나라와 달리 일본은 성년의 날에 입는 후리소데, 마쓰리 기간에 입는 유카타 등 전통 복장을 자주 갖추는 점은 부럽기만 하다.

이날 치러지는 전국 각지의 성인식은 방송을 통해 하루 종일 소개되는데 연예인, 특히 아이돌 중에 성인이 되는 이들의 성인식 모습을 촬영하려고 방송국에서 행사장으로 몰려들곤 한다.

미니북 한일상식 – 일본의 와후쿠(和服, 전통의상)

● **기모노(着物)** : 일본 전통의 의상 와후쿠를 이르는 말.

● **후리소데(振袖)** : 미혼여성이 입는 기모노의 한 종류. 소매부분이 길며 자수 문양이 화려하며 성인식과 결혼식 피로연에 주로 입습니다.

● **토메소데(留袖)** : 기혼여성이 입는 기모노의 한 종류로, 소매가 짧아 움직이기 편합니다. 검은 색상의 쿠로도메소데(黑留袖)는 가문의 문양을 넣어 행사 시에 입습니다. 그러나 왕실에서는 검은색이 죽음을 상징한다하여 쿠로도메소데는 입지 않는다고 합니다. 색상이 있는 기모노를 이로도메소데(色留袖)라 부릅니다.

● **유카타(浴衣)** : 가까운 외출을 할 때 입는 약식 기모노. 남녀노소 다 입을 수 있습니다. 불꽃놀이나 마쓰리 같은 축제의 장에 자주 입습니다.

● **오비(帯)** : 기모노의 허리를 고정시키는 띠입니다.

● **하카마(袴)** : 바지로 된 평상복. 남녀 모두 입을 수 있으나, 여성의 경우 졸업식이 아니면 입을 기회가 드문 편입니다. 일반적으로 드라마나 만화에서 남자들이 입고 있는 전통의상은 대부분 하카마입니다.

소매가 긴 후리소데

마쓰리가 있는 날은 젊은 학생들이 남장오오 유카타 모습으로 다닌다.

미쓰리의 육감적인 도쿄 탐방기
13. 요코하마(横浜)편

THEME 01. 요코하마(横浜)는 어떤 곳?

요코하마(横浜)는 항구도시로, 깨끗한 바다와 푸른 잔디가 어우러진 야마시타공원, 쇼핑가인 모토마치(元町), 세계 최대의 차이나타운, 외교관의 언덕 등이 있어 다양한 문화를 즐길 수 있다. 또 일본인들이 데이트 코스 No.1으로 꼽을 정도.

우선 '메모리얼 파크 → 붉은 벽돌 창고 → 야마시타공원'은 바다와 주변 건물들이 깨끗하게 조화를 이루고 있어 추천하는 산책 코스다. 이 밖에 지역이 넓기 때문에 다른 지역으로 이동할 때는 '아카이 구츠(あかいくつ, 100엔)'를 타고 이동하는 것이 편리하다.

미나토미라이21 지역

THEME 02. 가는 법

전철 · 지하철	하차역	출구
JR 根岸線	桜木町駅	みなとみらい方面

THEME 03. 요코하마(横浜)에서 무엇을 볼까?

● 미나토미라이 메모리얼 파크
  (みなとみらい メモリアルパーク)

니혼마루 범선

사쿠라기초역을 나와 랜드 마크 방향으로 걸으면 거대한 범선이 나온다. 니혼마루 범선은 1930년 항해사를 양성하기 위해 만들어진 훈련용 범선으로, 실제로 54년간 183만km(지구 45.4주)를 항해하고, 1984년부터 일반인에게 공개되었다. 범선은 고층 빌딩과 묘한 조화를 이루며 떠 있고 내부는 전시관으로 쓰이고 있다. 이 주변을 메모리얼 파크라 부르는데, 커플이나 친구들끼리 잔디밭에 앉아 캔음료를 하나씩 들고 시간을 보내는 모습들이 한가로워 보인다. 이 지역은 저녁에 불빛이 들어오면서 끝내주는 야경을 자랑하니 돌아가기 전 다시 한 번 들려서 야경을 즐기도록 하자!

아카렌가, 내부는 쇼핑몰과 카페가 들어서 있다.

● 아카렌가(赤レンガ倉庫)

아카렌가(赤レンガ倉庫)는 2011년에 설립 100년을 맞는다. 과거에는 개항부두의 창고로 사용되었지만, 지금은 쇼핑몰과 레스토랑으로 리뉴얼해서 손님을 맞이하고 있다. 아카렌가의 쇼핑센터도 재미있지만, 무엇보다 이곳 카페들은 둘러볼만한 곳이니 전부 강추!

● 차이나타운(中華街)

밝고 활기찬 기운, 그리고 풍성한 먹을거리, 화려한 기념품들이 보는 사람을 UP시켜주는 착한(?) 관광지.

"온 김에 사진이나 찍어가세."

화려한 차이나타운

차이나타운의 길거리는 다양한 음식으로 넘실거리고 있다. 또 코스 요리를 저렴한 가격으로 즐길 수 있는 음식점부터, 고기만두, 군밤, 중국 옛날 과자 등을 파는 거리 상점이 빼곡하게 들어차 있다. 상점의 언니 오빠들도 열심히 손님을 대하며 '이래도 안 살 테냐~'하는 기운으로 관광객들을 대한다.(음?)

"우리 일본인들은 이곳에 가족단위로 외식할 때 주로 많이 찾아와!"

● 외교관의 언덕

관광지만 도는 버스, 아카이구츠(あかいくつ)를 타고 '항구가 보이는 언덕공원(港の見える丘公園)'에서 내린다. 이 자그만 공원에서는 요코하마의 전망을 즐길 수 있는 전망대가 설치되어 있다. 그리고 이곳부터 언덕을 따라 쭉 걷다보면 외교관들이 살던 집(外交官の家)들이 있다. 마치 외국에 온 듯한 착각을 불러일으키는 외교관들의 집은 현재 관광객들에게 전부 오픈을 하고 있어 들어가서 사진을 찍고 놀기에 안성맞춤이다.

외교관의 집은 사진놀이 하기 좋은 장소

● 모토마치(元町)

일본인들이 좋아하는 쇼핑의 거리. 예쁘게 돌담으로 장식한 거리는 그냥 앉아있어도 화보를 찍을 수 있다.

● 오오산바시(大さん橋)

국제여객터미널. 기둥이 없는 특이한 형태의 구조물도 볼만 하지만, 오오산바시 근처에는 작고 예쁜 카페들이 많아서 여성들에게 인기가 많다.

국제터미널이지만 조용하고 깨끗한 것이 매력

THEME 04. 요코하마(橫浜)에서 무엇을 먹을까?

아침 일찍 가야 기다리지 않는다.

● ⟨Café⟩ bills

이곳은 분위기도 맛도 참 행복한 곳! 때문에 이곳에 대해 다시 설명하다가는 내 입이 아플 지경이다! 팬케이크는 브런치로 더 없이 훌륭하고, 식사도 괜찮으니 꼭 들려보기를 권한다. 특히 매장 안쪽의 바다가 보이는 통유리 앞자리를 추천한다. 또 이곳에서는 혼자 와서 팬케이크를 먹고 있는 여자 손님들도 몇몇 테이블 눈에 띄니 혼자라도 주저 말고 들어가자. 다만 워낙 인기가 많아 아침 이른 시간을 공략해야 한다.

MEMO bills, 간략하게 살펴보기

- 가격대 : 1,000~2,500엔
- 위치 : 요코하마 붉은 벽돌 창고 2호관 1층에 위치한다.
- 영업시간 : 오전 09:00~오후 11:00
- 추천메뉴(일본어)
베리베리 팬케이크 W/베리버터 (ベリーベリーパンケーキw/ベリーバター) 1,400엔

블랙화이트 (フラットホワイト) 600엔
- 홈페이지 : bills-jp.net

● ⟨Café⟩ 차노마(chano-ma)

차노마(chano-ma)는 좌식 카페로 피곤해진 다리를 쉴 수 있다는 장점이 있으며 이곳에서 식사할 때는 꼭 창가 쪽 소파 자리에서 할 것을 추천한다.
이곳의 런치는 그날 아침 구운 빵을 계속해서 리필해 준다. 무엇보다도 호박, 깨, 무화과 등의 따끈따끈한 모닝롤과 크로와상을 무서운 속도로 흡입할 염려가 있으니 조심할 것.

밀차 파르페

● 〈Café〉 THE BUND

이곳 파스타들은 기본적으로 계절 재료를 듬뿍 쓰는 것이 가장 마음에 든다. 때문에 파스타는 어떤 것을 시켜도 선택의 실패가 없다. THE BUND에서 야마시타공원이 보이는 커다란 창문 앞자리는 낮이나 밤이나 아름다운 요코하마의 풍광을 즐길 수 있다.

트립프 스크램블 에그 는 가장 강추하는 메뉴.

MEMO   THE BUND, 간략하게 살펴보기

- 가격대 : 1,500~2,500엔
- 위치 : 요코하마 마린타워 1층
- 영업시간 : 오전 11:30~오후 11:00(오후 휴식시간 있음)
- 홈페이지 : www.zetton.co.jp/bund
- 추천 메뉴(일본어)

  솥에서 튀긴 잔멸치 시금치 상큼한 토마토의 페페론치노

  (釜揚げシラスほうれん草フレッシュトマトのペペロンチーノ) 1,280엔

  햇채소와 쇼난 포크의 볼로네제 가정식 타리아텔레

  (地野菜と湘南ポークのボロネーゼ自家製タリ アッテレ) 980엔

  트뤼프를 넣은 스크램블 에그의 오픈 토스트

  (トリュフ入りスクランブルエッグのオープントースト) 1,180엔

  파나콘타 에스프레소 소스 추가 (パンナコッタ エスプレッソソース) 560엔

THEME 01. 디즈니 리조트는 어떤 곳?

어린이들의 로망 '디즈니 랜드'와 어른들의 로망 '디즈니 씨'가 함께 있는 디즈니 리조트. 처음 가는 사람이라면 '디즈니 씨'를 추천한다. 일본의 디즈니랜드는 우리네 롯데월드와 에버랜드를 합쳐 규모를 좀 키운 정도의 수준이라, 국내에서는 경험하기 힘든 '디즈니 씨'를 추천한다. 단, 디즈니 캐릭터를 너무나 사랑하는 오타쿠 레벨의 애정의 소유자라면 디즈니 랜드를 가볼 것을 권한다.

THEME 02. 가는 법

전철 · 지하철	하차역	출구
JR 京葉線	舞浜駅	南口

THEME 03. 디즈니 리조트에 가기 전 준비할 것들은?

준비물	왜 필요한데?
생수 혹은 음료수	● 음료수를 큰 사이즈로 하나 구입하기 ● 안에서는 음료수값이 비싸다.
얇은 카디건 혹은 머플러	● 디즈니 리조트가 바다에 붙어 있어 저녁에는 춥다!
크로스백이나 백팩	● 놀이기구를 타거나 돌아다닐 때 가방 안 내용물이 쏟아지지 않는 가방을 준비한다.
손수건	● 땀도 많이 나고, 가끔 물이 튀는 불상사(?)를 방지하자!

자외선 차단제	• 강력하고 자주 쓸 수 있는 것으로 겨울에도 필수 준비물
카메라	• 여분의 충전지

핫팩(겨울)	• 겨울에는 반드시 필요한 준비물
	• 일본은 핫팩이 다양하게 발달해 있다!
	  (신발 안, 의류 부착용 등 다양한 버전)
	• 옷에 붙이는 핫팩을 아랫배나, 등 위쪽에 붙여놓으면
	  하루종일 한기 예방 끝!

기념품 비용	• 이곳에서 만들어내는 기념품들은 꽤 퀄리티가 높다! • 가족이나 소중한 친구들에게 선물용으로 구입하기 • 대략 5,000엔~10,000엔 예상.
티켓 비용	• 1-Day Passport(6,200엔), Starlight Passport(4,900엔), After 6 Passport(3,300엔)

THEME 04. 디즈니 씨 추천 어트랙션

① 메디테러니언 하버 : 베네치안 곤돌라

② 아메리칸 워터프런트 : 타워 오브 테라, 토이 스토리 매니아

③ 포트 디스커버리 : 스톰 라이더

④ 로스트리버 델타 : 인디아나 존스 어드벤처 – 크리스털 스컬의 마궁, 레이징 스피리츠, 미스틱 리듬(공연)

⑤ 아라비안 코스트 : 매직 램프 극장(공연)

⑥ 미스터리어스 아일랜드 : 센터 오브 디 어스

각 테마지역별로 다양한 팝콘을 판다.
어녀석은 스트로베리.

건축물들이 너무 리얼해서 놀라고 마는 디즈니 씨

THEME 05. 디즈니 씨 MUST BE 공연

● the legend of mythica(1일 1회, 중앙호수)

낮에 하는 공연 중에 가장 크다.(대개 오후 2시 30분경) 계절에 따라 시간대가 달라질 수 있으니 입장할 때 프로그램을 체크하자! 자리는 하버랜드 한쪽에 위치한 작은 공연장인 '리도아일'에서 보는 것이 좋다.

● 환타스믹!!! & Disney Magic In the sky(1일 1회, 중앙호수)

저녁 8시경부터 메인 호수에서 펼쳐지는 최고의 쇼. 사실 이것 하나만 봐도 입장료가 아깝지 않다.(단, 계절이나 시기에 따라 공연이 없는 시즌이 있으니 반드시 홈페이지에서 스케줄 체크!) 장소는 하버랜드를 정면으로 바라볼 수 있는 입구 쪽이 좋다.

● 머메이드 라군 극장(머메이드 라군, 공연 상시)

인어공주와 그녀의 친구들이 벌이는 음악과 춤이 있는 쇼. 극장의 허공을 이용한 공중 쇼는 커다란 감동을 준다. 특히 애니메이션과 똑같은 움직임을 보여주는 에리얼의 연기가 일품.

● 미스틱 리듬(로스트 리버 델타, 1일 4~5회)

역동적인 출연자들의 춤과 화려한 볼거리가 가득한 공연.

콜롬비아호의 야경

밤이 되면 더욱 아름다워지는 디즈니 씨는
데이트 추천코스 되시겠다.

부록 – 일본 지역 일본어학교 일람

지역	학교(일/영)	목적	교사수 (전임)	수용 정원	학비(円) (1년 기준)	홈페이지
홋카이도	北海道ハイテクノロジー専門学校 HOKKAIDO COLLEGE OF HIGH TECHNOLOGY	진학	5(3)	40	744,000	jpn.hht.ac.jp/kr
홋카이도	札幌ランゲージセンター日本語科 SAPPORO LANGUAGE CENTER JAPANESE COURSE	진학	15(5)	300	712,500	www.sapporo-language-center.asia/kr
홋카이도	インターナショナル アカデミー INTERNATIONAL ACADEMY	진학	16(3)	144	929,100 (1년 3개월)	www.myiay.com/j/k
홋카이도	札幌国際日本語学院 JAPANESE LANGUAGE INSTITUTE OF SAPPORO	진학	14(5)	234	710,100	www.jli.co.jp/korean/frame.html
홋카이도	吉田学園情報ビジネス専門学校日本語学科 YOSHIDAGAKUEN COMPUTER & BUSINESS COLLEGE DEPARTMENT OF JAPANESE LANGAGE	진학	11(3)	120	780,000	www.yoshida-g.ac.jp
홋카이도	創研学園看予備日本語科 SOKEN INSTITUTE OF JAPANESE LANGUAGE COURSE (SJC)	진학	5(2)	80	626,000	www6.ocn.ne.jp/~kanyobi/j
야마가타	新庄コンピュータ専門学校 日本語コース SHINJO COMPUTER ACADEMY THE COURSE OF JAPANESE EDUCATION	진학	3(3)	40	435,000	sca.core.ac.jp
이와테	盛岡情報ビジネス専門学校 MORIOKA INFORMATION AND BUSINESS COLLEGE	진학	8(3)	120	961,000 (1년 6개월)	www.mjls.jp/korean/index.html
후쿠시마	福島日本語学院 FUKUSHIMA JAPANESE SCHOOL	진학	10(3)	220	903,000 (1년 6개월)	www.k-hikari.com
이바라키	東海学院文化教養専門学校 TOKAI-GAKUIN LIBERAL ARTS COLLEGE	일반	4(3)	80	700,000	www.tokaigakuin.ac.jp
이바라키	日本語学校つくばスマイル JAPANESE LANGUAGE SCHOOL TSUKUBA SMILE	진학	6(3)	100	1,186,000 (1년 6개월)	www.tsukuba-smile.jp
이바라키	国際アカデミー日本語学院取手校 INTERNATIONAL ACADEMY JAPANESE LANGUAGE INSTITUTE, TORIDE SCHOOL	진학	4(3)	100	986,800 (1년 6개월)	–
이바라키	常陸学院 HITACHI LANGUAGE SCHOOL	진학	5(3)	100	862,000 (1년 3개월)	www.hitachi.or.k
이바라키	水戸国際日本語学校 MITO INTERNATIONAL JAPANESE LANGUAGE SCHOOL	진학	8(3)	148	810,000 (1년 3개월)	www.mito-nihongo.jp
이바라키	茨城国際学院 IBARAKI INTERNATIONAL LANGUAGE INSTITUTE	진학	5(3)	80	960,000 (1년 6개월)	www.jsdi.or.jp/~nihongo
도치기	アティスインターナショナルアカデミー ATYS INTERNATIONAL ACADEMY	진학	8(4)	72	770,000 (1년 6개월)	www.atys-academy.org
도치기	宇都宮日本語学院 UTSUNOMIYA JAPANESE LANGUAGE SCHOOL	진학	5(2)	60	934,500 (1년 6개월)	www2.ucatv.ne.jp/~ujls.sea
도치기	国際情報ビジネス専門学校 KOKUSAI INFORMATION BUSINESS COLLEGE	진학	5(3)	80	720,000	www.tbc-u.ac.jp
도치기	セントメリー日本語学院 ST. MARY JAPANESE SCHOOL	진학	12(5)	234	808,500 (1년 3개월)	www.iac.or.jp/stmary
도치기	国際テクニカルデザイン・自動車専門学校 INTERNATIONAL TECHNICAL DESIGN · AUTOMOBILE COLLEGE	진학	7(3)	80	1,040,000 (1년 6개월)	www.oyama.ac.jp

도치기	ティビィシィ日本語学校 TBC JAPANESE SCHOOL	진학	4(2)	60	1,030,000 (1년 6개월)	−
도치기	専門学校 足利コミュニティーカレッジ A PROFESSIONAL SCHOOL ASHIKAGA COMMUNITY COLLEGE	진학	7(4)	80	680,000	onuki-acc.jp
도치기	東日本国際アカデミー HIGASHINIHON KOKUSAI ACADEMY	진학	2(1)	60	648,000	−
도치기	好学院 KOGAKUIN INSTITUTE	진학	5(3)	100	797,500 (1년 3개월)	www.kogakuin.info
군마	Fuji Language School	진학 일반	3(1)	60	850,500 (1년 6개월)	www.fuji-ko.com/fls/jp
군마	NIPPON語学院 NIPPON LANGUAGE ACADEMY	진학	27(8)	470	740,250	www.nila.jp
사이타마	浦和国際教育センター URAWA INTERNATIONAL EDUCATION CENTER	진학	15(3)	138	875,000 (1년 3개월)	www.uiec.jp
사이타마	与野学院 日本語学校 YONO-GAKUIN JAPANESE LANGUAGE SCHOOL	진학	18(6)	192	981,350 (1년 6개월)	www.yono-gakuin.co.jp
사이타마	埼玉日本語学校 SAITAMA JAPANESE LANGUAGE SCHOOL	진학 일반	12(6)	218	1,020,000 (1년 6개월)	www.s-jls.com
사이타마	東京日語学院 TOKYO NICHIGO GAKUIN	진학 일반	19(5)	224	882,500 (1년 3개월)	www.tokyonichigo.co.jp
사이타마	学校法人三井学園武蔵浦和日本語学院 GAKKO HOJIN MITSUIGAKUEN MUSASHI-URAWA JAPANESE LANGUAGE INSTITUTE	진학	16(4)	150	1,060,000 (1년 6개월)	www.musashi-nihongo.jp
사이타마	東京国際学園外語専門学校 TOKYO INTERNATIONAL LANGUAGE COLLEGE	일반	7(2)	57	1,325,000 (2년)	www.tflc.ac.jp
사이타마	東京アジア学友会 ASSOCIATION OF TOKTO ASIA EDUCATION	진학	6(2)	60	1,055,000 (1년 6개월)	www.tokyo-aa.com
사이타마	埼玉国際学園 SAITAMA INTERNATIONAL SCHOOL	진학	13(4)	160	900,000 (1년 3개월)	www.saisc.jp
埼玉	平成国際教育学院 HEISEI INTERNATIONAL EDUCATION ACADEMY	진학	7(2)	100	984,400 (1년 6개월)	www.h-iea.com
사이타마	中央情報専門学校 CHUO COMPUTER AND COMMUNICATIONS COLLEGE	진학	7(5)	160	936,000 (1년 6개월)	www.ccmc.ac.jp
사이타마	国際情報経済専門学校日本語本科 INTERNATIONAL COMPUTER and BUSINESS COLLEGE JAPANESE LANGUAGE SCHOOL	진학	11(2)	100	910,000 (1년 6개월)	−
사이타마	山手インターナショナルスクール YAMATE INTERNATIONAL SCHOOL	진학	3(1)	80	1,019,000 (1년 6개월)	yis.ygnet.jp
사이타마	東洋アカデミー日本語学院 TOYO ACADEMY JAPANESE SCHOOL	진학	6(2)	68	978,000 (1년 6개월)	www.toyoacademy.jp
사이타마	王子国際語学院 OJI INTERNATIONAL LANGUAGE INSTITUTE	진학	7(2)	54	1,015,000 (1년 6개월)	www.oji-gaigo.com
치바	明友日本語学院 MEIYUU JAPANESE LANGUAGE SCHOOL	진학	4(2)	60	975,000 (1년 6개월)	meiyuu-ac.jp
치바	水野外語学院 MIZUNO GAIGOGAKUIN	진학	6(3)	80	770,000 (1년 3개월)	www.mizunogaigogakuin.com
치바	市川日本語学院 ICHIKAWA JAPANESE LANGUAGE INSTITUTE	일반	20(5)	270	830,000 (1년 3개월)	aiueo.ws
치바	大同国際学院 DAIDO INTERNATIONAL SCHOOL	진학	8(2)	60	1,020,000 (1년 6개월)	www16.ocn.ne.jp/~daldokg

지역	학교명	구분			학비	홈페이지
치바	習志野外語学院 NARASHINO INSTITUTE OF FOREIGN LANGUAGES	진학	14(4)	118	980,000 (1년 6개월)	www.nfl8.com
치바	明生情報ビジネス専門学校 日本語科 MEISEI INSTITUTE OF CYBERNETICS JAPANESE LANGUAGE DEPARTMENT	진학	11(4)	135	709,000	www.meisei-mic.ac.jp
치바	KEN日本語学院 KEN SCHOOL OF JAPANESE LANGUAGE	일반	18(4)	162	859,950 (1년 3개월)	www.kenjp.com
치바	松戸国際学院 MATSUDO INTAERNATIONAL SCHOOL	진학 일반	9(2)	100	850,000 (1년 3개월)	www.mijpschool.com
치바	成田日本語学校 NARITA JAPANESE LANGUAGE SCHOOL	진학 일반	10(3)	150	716,000	www.sun-valley.jp
치바	幕張日本語学校 MAKUHARI JAPANESE LANGUAGE SCHOOL	진학	8(2)	100	985,000 (1년 6개월)	www.makuhari-jls.com
치바	中央国際文化学院 THE CENTRAL INTERNATIONAL CULTURE ACADEMY	진학	5(2)	80	928,000 (1년 6개월)	–
치바	上野法科ビジネス専門学校日本語学科 UENO LOW & BUSINESS COLLEGE	진학	14(3)	140	1,060,000 (1년 6개월)	jp.uenohouka.ac.jp
치바	国際トラベル・ホテル専門学校日本語科 INTERNATIONAL TRAVEL & HOTEL SCHOOL	진학	4(2)	60	955,000 (1년 6개월)	–
치바	双葉外語学校 COLLEGE OF FUTABA FOREIGN LANGUAGES	진학 일반	33(5)	316	661,000	www.eastwest.ac.jp/Futaba/JP
치바	スリー・エイチ日本語学校 THREE H JAPANESE LANGUAGE SCHOOL	진학	15(3)	180	815,000 (1년 3개월)	www.go3h.com
치바	ＪＬＡ日本語学校 J L A (JAPAN LIBERAL ARTS)	진학	14(5)	270	699,100	www.jlaschool.com
치바	SMIビジネスカレッジ SMI BUSINESS COLLEGE	진학	5(1)	100	955,000 (1년 6개월)	e-smibc.com
치바	オンリーワン日本語学校 ONLY ONE JAPANESE LANGUAGE SCHOOL	진학 일반	5(2)	100	1,030,000 (1년 6개월)	www.e-ojls.com
치바	船橋国際外語学院 FUNABASHI INTERNATIONAL LANGUAGE SCHOOL	진학 일반	12(5)	225	870,000 (1년 3개월)	www.e-fils.com
치바	千葉国際学院 CHIBA INTERNATIONAL ACADEMY	진학	8(2)	70	1,017,500 (1년 6개월)	www.chiba-cia.jp
치바	朝日国際学院 ASAHI INTERNATIONAL SCHOOL	진학	21(3)	180	787,000 (1년 3개월)	–
카나가와	国際総合健康専門学校日本語科 INTERNATIONAL WELLNESS COLLEGE JAPANESE LANGUAGE SCHOOL	진학	5(2)	80	1,010,000 (1년 6개월)	www.kokusai-kenko.school-info.jp
카나가와	神奈川文理学院 語学研修センター KANAGAWA BUNRI GAKUIN LANGUAGE TRAINING CENTER	진학	15(8)	408	1,016,500 (1년 6개월)	–
카나가와	横浜秀峰国際学院 YOKOHAMA SHUHO INTERNATIONAL SCHOOL	진학	11(4)	196	877,500 (1년 3개월)	www.shuuhou.school-info.jp
카나가와	横浜国際日本語学校 YOKOHAMA INTERNATIONAL JAPANESE LANGUAGE SCHOOL	진학	6(2)	100	979,000 (1년 6개월)	www.yijls.com
카나가와	横浜国際教育学院 YOKOHAMA INTERNATIONAL EDUCATION ACADEMY	진학	42(9)	516	710,000	www.yiea.com
카나가와	学校法人石川学園横浜デザイン学院 YOKOHAMA DESIGN COLLEGE	진학	27(5)	280	775,000	www.ydc.ac.jp

카나가와	東京国際文化学院横浜校 TOKYO INTERNATIONAL ACADEMY, YOKOHAMA	진학	12(4)	240	765,500 (1년 3개월)	www.tokyo-kokusai- bunkagakuin.jp
카나가와	岩谷学園テクノビジネス専門学校 IWATANI COLLEGE OF BUSINESS	진학	22(6)	240	989,010 (1년 6개월)	www.icb.ac.jp
카나가와	翰林日本語学院 KANRIN JAPANESE SCHOOL	진학	35(7)	460	842,000 (1년 3개월)	www.kanrin.net
카나가와	アジア国際語学センター ASIA INTERNATIONAL LANGUAGE CENTER	진학	15(3)	180	887,250 (1년 3개월)	www.ailc.asia
카나가와	横浜YMCA学院専門学校 YOKOHAMA YMCA COLLEGE	일반	24(4)	120	810,000	www.yokohamaymca.ac.jp/ gakuin-jls/jp
카나가와	飛鳥学院 ASUKA GAKUIN LANGUAGE INSTITUTE	진학 일반	30(10)	594	759,750 (1년 3개월)	www.asuka-ac.jp
카나가와	愛心国際学院 AISHIN INTERNATIONAL LANGUAGE SCHOOL	진학	11(3)	140	979,000 (1년 6개월)	–
카나가와	宏志学院 KOSHI COLLEGE	진학	5(2)	100	1,015,000 (1년 6개월)	www.koshi-edu.com
카나가와	横浜日本語学校 YOKOHAMA JAPANESE LANGUAGE SCHOOL	진학	8(2)	100	995,000 (1년 6개월)	yokohamaschool.com
카나가와	YMCA健康福祉専門学校 YMCA COLLEGE OF HUMAN SERVICES	진학	5(2)	60	960,000 (1년 6개월)	www.yokohamaymca.ac.jp/ health
카나가와	外語ビジネス専門学校 COLLEGE OF BUSINESS AND COMMUNICATION	일반	20(7)	340	810,000	www.cbc.ac.jp/jpn
카나가와	早稲田EDU日本語学校横浜校 WASEDA EDU JAPANESE LANGUAGE SCHOOL, YOKOHAMA	진학	8(3)	156	745,000 (1년 3개월)	–
카나가와	興和日本語学院 THE KOHWA INSTITUTE OF JAPANESE LANGUAGE	진학	9(3)	174	932,450 (1년 6개월)	www.kohwa-ijl.co.jp
카나가와	ロゴス国際学院 LOGOS INTERNATIONAL INSTITUTE	진학 일반	10(7)	138	990,000 (1년 6개월)	www.logos1987.jp
카나가와	日東国際学院 NITTO INTERNATIONAL SCHOOL	진학	7(2)	100	857,500 (1년 3개월)	www.ntis.jp
야마나시	ユニタス日本語学校 UNITAS JAPANESE LANGUAGE SCHOOL	진학 일반	19(6)	250	773,000 (1년 3개월)	www.unitas-ej.com
야마나시	富士言語文化学園 FUJI LANGUAGE & CULTURE ACADEMY	진학	3(2)	100	1,020,000 (1년 6개월)	www.flca.jp
나가노	丸の内ビジネス専門学校 MARUNOUCHI COLLEGE OF BUSINESS	진학 일반	8(2)	80	1,310,000 (2년)	www.marubi.ac.jp
나가노	MANABI外語学院 MANABI JAPANESE LANGUAGE INSTITUTE	진학	12(5)	180	916,125 (1년 3개월)	www.manabi.co.jp
나가노	専門学校長野外語カレッジ NAGANO LANGUAGE COLLEGE	진학	9(4)	177	970,000 (1년 6개월)	www.isi-education.com
나가노	長野国際文化学院 NAGANO INTERNATIONAL CULTURE COLLEGE	진학	13(5)	160	965,000 (1년 6개월)	www.nicc-nagano.jp
나가노	長野平青学園日本語科 NAGANO HEISEI GAKUEN JAPANESE LANGUAGE COURSE	진학	7(3)	80	988,000 (1년 6개월)	www.heisei.ac.jp/nihongoka
나가노	長野 21 日本語学院 NAGANO 21 JAPANESE LANGUAGE SCHOOL	진학	6(2)	100	787,600 (1년 3개월)	www4.ocn.ne.jp/~nagano21
니가타	国際外語・観光・エアライン専門学校 COLLEGE OF FOREIGN LANGUAGES, TOURISM AND AIRLINE	진학 일반	17(5)	300	1,035,000 (1년 6개월)	www.air.ac.jp

지역	학교명	과정	교원수	정원	학비	홈페이지
도쿄 치요다구	YMCA東京日本語学校 YMCA TOKYO JAPANESE LANGUAGE SCHOOL	진학	15(3)	160	680,000	www.ymcajapan.org/ayc/jp
도쿄 치요다구	千代田国際語学院 CHIYODA INTERNATIONAL LANGUAGE ACADEMY	진학	17(4)	270	887,250 (1년 3개월)	www.cila.jp
도쿄 치요다구	九段日本文化研究所日本語学院 KUDAN INSTITUTE OF JAPANESE LANGUAGE AND CULTURE	진학 일반	15(2)	170	952,500 (1년 3개월)	www.kudan-japanese-school.com
도쿄 치요다구	国際外語学院 KOKUSAI GAIGO GAKUIN	진학	6(2)	100	756,500 (1년 3개월)	ifls.jp
도쿄 치요다구	大原日本語学院 OHARA JAPANESE LANGUAGE SCHOOL	진학	23(8)	320	670,000	jls.o-hara.ac.jp
도쿄 츄오구	国際日本語学院 THE INTERNATIONAL INSTITUTE OF JAPANESE LANGUAGE	진학 일반	14(4)	180	820,000 (1년 3개월)	www.icea-j-school.co.jp
도쿄 미나토구	東京芝浦外語学院 TOKYO SHIBAURA INSTITUTE OF FOREIGN LANGUAGES	진학	9(3)	150	865,000 (1년 3개월)	www.tokyoshibaura.com
도쿄 미나토구	東京ギャラクシー日本語学校 TOKYO GALAXY JAPANESE LANGUAGE SCHOOL	진학	25(6)	300	718,000	www.tokyogalaxy.ac.jp/ja
도쿄 미나토구	東京日本語センター TOKYO JAPANESE LANGUAGE CENTER	진학	8(5)	159	887,250 (1년 3개월)	www.tjlc.jp
도쿄 미나토구	財団法人 霞山会 東亜学院 THE KAZANKAI FOUNDATION THE TOA LANGUAGE INSTITUTE	진학	11(6)	150	620,000	toagakuin.kazankai.org
도쿄 미나토구	江戸カルチャーセンター EDO CULTURAL CENTER	진학 일반	17(4)	240	963,375 (1년 3개월)	www.edocul.com
도쿄 미나토구	青山国際教育学院 日本語センター AOYAMA INTERNATIONAL EDUCATION INSTITUTE JAPANESE LANGUAGE CENTER	진학 일반	21(7)	420	720,000	www.aoyama-international.com
도쿄 미나토구	UJS LANGUAGE INSTITUTE	진학	21(4)	190	636,000	ujsli.jp
도쿄 신주쿠구	International Study Institute 東京 INTERNATIONAL STUDY INSTITUTE TOKYO	진학	23(6)	360	900,900 (1년 3개월)	www.isi-education.com
도쿄 신주쿠구	千駄ヶ谷日本語学校 SENDAGAYA JAPANESE SCHOOL	진학	51(19)	739	1,095,000 (1년 6개월)	www.sendagayaschool.com
도쿄 신주쿠구	早稲田京福語学院 WASEDA KEIFUKU LANGUAGE ACADEMY	진학 일반	8(4)	98	735,000	www.kfla.co.jp
도쿄 신주쿠구	早稲田外語専門学校 WASEDA FOREIGN LANGUAGE COLLEGE	진학	16(3)	160	710,000	www.waseda-flc.ac.jp
도쿄 신주쿠구	アイエスアイランゲージスクール ISI LANGUAGE SCHOOL	진학	39(10)	660	900,375 (1년 3개월)	www.isi-education.com
도쿄 신주쿠구	新宿日本語学校 SHINJUKU JAPANESE LANGUAGE INSTITUTE	진학 일반	47(12)	720	765,000	www.sng.ac.jp
도쿄 신주쿠구	MANABI外語学院新宿校 MANABI JAPANESE LANGUAGE INSTITUTE, SHINJUKU	진학	15(5)	270	945,375 (1년 3개월)	www.manabi.co.jp
도쿄 신주쿠구	東進ランゲージスクール TOSHIN LANGUAGE SCHOOL	진학	16(3)	222	830,000 (1년 3개월)	www.tsschool.jp
도쿄 신주쿠구	東京国際大学付属日本語学校 JAPANESE LANGUAGE SCHOOL AFFILIATED WITH TOKYO INTERNATIONAL UNIVERSITY	진학 일반	26(8)	440	750,000	www.jpschool.ac.jp

지역	학교명	구분	교직원	정원	학비	홈페이지
도쿄 신주쿠구	早稲田EDU日本語学校 WASEDA EDU JAPANESE LANGUAGE SCHOOL	진학	32(7)	420	852,500 (1년 3개월)	www.wasedals.com
도쿄 신주쿠구	ホツマインターナショナルスクール東京校 HOTSUMA INTERNATIONAL SCHOOL TOKYO SCHOOL	진학	6(2)	100	740,000	www.hotsuma-group.com
도쿄 신주쿠구	JCLI日本語学校 JCLI JAPANESE LANGUAGE SCHOOL	일반	27(6)	324	1,375,500 (2년)	www.jclischool.com
도쿄 신주쿠구	東京コスモ学園 TOKYO COSMO GAKUEN	진학	8(3)	154	1,025,000 (1년 6개월)	www.tokyo-cosmo.com
도쿄 신주쿠구	ヒューマンアカデミー日本語学校東京校 HUMAN ACADEMY JAPANESE LANGUAGE SCHOOL TOKYO CAMPUS	진학 일반	31(8)	480	874,750 (1년 3개월)	hajl.athuman.com
도쿄 신주쿠구	日米会話学院日本語研修所 NICHIBEI KAIWA GAKUIN, JAPANESE LANGUAGE INSTITUTE (JLI)	일반	20(4)	140	1,560,000 (2년)	www.nichibei.ac.jp/njli
도쿄 신주쿠구	ＫＣＰ共生日本語学校 KCP JAPANESE LANGUAGE SCHOOL	일반	21(7)	380	955,000 (1년 6개월)	www.japanfuji.jp
도쿄 신주쿠구	ＫＣＰ地球市民日本語学校 KCP INTERNATIONAL JAPANESE LANGUAGE SCHOOL	진학 일반	37(12)	640	980,000 (1년 6개월)	www.kcp.ac.jp
도쿄 신주쿠구	東京国際日本語学院 TOKYO INTERNATIONAL JAPANESE SCHOOL	진학 일반	31(7)	300	700,000	www.tijs.jp
도쿄 신주쿠구	新宿御苑学院 SHINJUKU GYOEN GAKUIN	진학	23(4)	190	860,375 (1년 3개월)	www.gyoen.co.jp
도쿄 신주쿠구	東新宿日本語学院 HIGASHI SHINJUKU JAPANESE LANGUAGE SCHOOL	진학	9(3)	152	890,000 (1년 3개월)	www.nishi-tokyo-jls.com
도쿄 신주쿠구	ラボ日本語教育研修所 LABO INTERNATIONAL EXCHANGE FOUNDATION, LABO JAPANESE LANGUAGE INSTITUTE	진학 일반	23(3)	150	790,000 (1년 3개월)	www.labo-nihongo.com
도쿄 신주쿠구	東京外語専門学校 TOKYO FOREIGN LANGUAGE COLLEGE	진학	18(10)	200	980,000	www.tflc.ac.jp
도쿄 신주쿠구	日本東京国際学院 JAPAN TOKYO INTERNATIONAL SCHOOL	일반	8(2)	102	1,343,000 (2년)	www.nihongo-ac.jp
도쿄 신주쿠구	ヨシダ日本語学院 YOSHIDA INSTITUTE OF JAPANESE LANGUAGE	진학 일반	22(6)	256	854,150 (1년 3개월)	yosida.com
도쿄 신주쿠구	フジ国際語学院 早稲田校 FUJI INTERNATIONAL LANGUAGE INSTITUTE WASEDA	진학	15(4)	240	898,500 (1년 3개월)	www.fuji-edu.jp
도쿄 신주쿠구	カイ日本語スクール KAI JAPANESE LANGUAGE SCHOOL	일반	21(5)	190	1,650,000 (2년)	www.kaij.jp
도쿄 신주쿠구	友ランゲージアカデミー YU LANGUAGE ACADEMY	진학	12(6)	150	685,000	yula.jp
도쿄 신주쿠구	ユニタス日本語学校東京校 UNITAS JAPANESE LANGAGE SCHOOL TOKYO	진학 일반	15(4)	150	809,000 (1년 3개월)	www.unitas-ej.com
도쿄 신주쿠구	千駄ヶ谷日本語教育研究所付属日本語学校 SENDAGAYA JAPANESE INSTITUTE	진학 일반	23(6)	360	720,000	www.jp-sji.org
도쿄 신주쿠구	新宿平和日本語学校 SHINJUKU HEIWA JAPANESE LANGUAGE SCHOOL	진학	9(2)	100	1,080,000 (1년 6개월)	www.shinjuku-heiwa.com
도쿄 신주쿠구	新宿国際交流学院 SHINJUKU INTERNATIONAL EXCHANGE SCHOOL	진학	22(3)	216	862,500 (1년 3개월)	ija-shinjuku.kohgakusha.com
도쿄 신주쿠구	エリート日本語学校 ELITE JAPANESE LANGUAGE SCHOOL	일반	13(3)	150	1,382,000 (2녀)	eliteschooljapan.com

지역	학교명	과정	합격(합격)	정원	학비	홈페이지
도쿄 신주쿠구	東京国際文化学院 新宿校 TOKYO INTERNATIONAL ACADEMY SHINJUKU CAMPUS	진학	7(2)	240	765,500 (1년 3개월)	www.tokyo-kokusai-bunkagakuin.jp
도쿄 신주쿠구	サム教育学院 SAMU LANGUAGE SCHOOL	진학	21(8)	340	841,387 (1년 3개월)	www.samu-language.com
도쿄 신주쿠구	ミッドリーム日本語学校 MIDREAM SCHOOL OF JAPANESE LANGUAGE	진학 일반	19(6)	316	705,000	www.midream.info
도쿄 신주쿠구	ヨハン早稲田外国語学校 YOHAN WASEDA FOREIGN LANGUAGE SCHOOL	진학	35(12)	618	700,000	www.yohanschool.com
도쿄 신주쿠구	フジ国際語学院 FUJI INTERNATIONAL LANGUAGE INSTITUTE	진학 일반	32(10)	640	898,500 (1년 3개월)	www.fuji-edu.jp
도쿄 신주쿠구	東京ワールド外語学院 TOKYO WORLD LANGUAGE ACADEMY	진학	41(10)	600	695,100 (1년 3개월)	www.twla.jp
도쿄 신주쿠구	日本学生支援機構東京日本語教育センター TOKYO JAPANESE LANGUAGE EDUCATION CENTER JAPAN STUDENT SERVICES ORGANIZATION	진학	55(12)	380	810,000	www.jasso.go.jp/tokyo
도쿄 신주쿠구	ミツミネキャリアアカデミー 日本語コース MITSUMINE CAREER ACADEMY JAPANESE LANGUAGE COURSE	진학 일반	27(12)	540	712,000	www.mcaschool.jp
도쿄 신주쿠구	アカデミー・オブ・ランゲージ・アーツ ACADEMY OF LANGUAGE ARTS	진학 일반	31(5)	222	702,000	www.ala-japan.com
도쿄 분쿄구	日中学院 THE INSTITUTE OF JAPANESE-CHINESE STUDIES	진학	9(2)	120	1,501,000 (2년)	www.rizhong.org
도쿄 분쿄구	和円教育学院 WAEN EDUCATION INSTITUTE	진학	6(2)	80	946,500 (1년 6개월)	waen-school.com
도쿄 분쿄구	共立財団日語学院 KYORITSU FOUNDATION JAPANESE LANGUAGE ACADEMY	진학	5(5)	108	1,050,000 (1년 6개월)	www.kif-org.com/naj
도쿄 분쿄구	財団法人 アジア学生文化協会 JAPANESE LANGUAGE INSTITUTE, ASIAN STUDENTS CULTURAL ASSOCIATION	진학	28(8)	400	780,000	www.abk.or.jp
도쿄 다이토구	東京リバーサイド學園 TOKYO RIVERSIDE SCHOOL	일반	15(5)	254	1,323,900 (2년)	www.tokyoriverside.co.jp
도쿄 다이토구	東京インターナショナル外語学院 TOKYO INTERNATIONAL LANGUAGE ACADEMY	진학	2(2)	60	1,086,000 (1년 6개월)	www.tokyo-inter.jp
도쿄 다이토구	玉川国際学院 TAMAGAWA INTERNATIONAL LANGUAGE SCHOOL	진학	18(5)	300	901,500 (1년 3개월)	www.tamagawa-school.jp
도쿄 다이토구	玉川国際学院文化部 THE CULTURAL DEPARTMENT OF TAMAGAWA INTERNATIONAL LANGUAGE SCHOOL	진학	11(5)	160	901,500 (1년 3개월)	www.tamagawa-school.jp
도쿄 다이토구	東京国際文化教育学院 TOKYO INTERNATIONAL CULTURE EDUCATION INSTITUTE	진학	10(4)	200	895,125	www.tokyo-icei.jp
도쿄 다이토구	インターカルト日本語学校 INTERCULTURAL INSTITUTE OF JAPAN	진학	31(13)	720	788,000	www.incul.com
도쿄 다이토구	東京国際朝日学院 TOKYO INTERNATIONAL ASAHI INSTITUTE	진학	12(3)	140	902,500 (1년 3개월)	−
도쿄 다이토구	LIC 国際学院 LIC KOKUSAI GAKUIN	일반	11(3)	144	1,310,000 (2년)	lic.home-world.net
도쿄 다이토구	早稲田文化館日本語科 WASEDA BUNKAKAN JAPANESE COURSE	진학 일반	32(9)	499	747,000	www.waseda-bkk.com

지역	학교명	과정	교원	정원	학비	홈페이지
도쿄 다이토구	専門学校東京国際ビジネスカレッジ日本語学科 TOKYO INTERNATIONAL BUSINESS COLLEGE JAPANESE LANGUAGE DEPARTMENT	진학 일반	10(5)	200	1,490,000 (2년)	www.tibc.jp
도쿄 스미다구	MANABI 外語学院東京校 MANABI JAPANESE LANGUAGE INSTITUTE TOKYO	진학	18(7)	340	762,300	www.manabi.co.jp
도쿄 스미다구	申豊国際学院 SHINPO INTERNATIONAL INSTITUTE	진학	22(5)	316	857,500	www.shinpoii.co.jp
도쿄 스미다구	秀林日本語学校 SHURIN JAPANESE SCHOOL	진학 일반	15(5)	280	660,000	www.shurin.ac.jp
도쿄 코토구	YIEA東京アカデミー YIEA TOKYO ACADEMY	진학	13(3)	142	864,750	yieatokyo.com
도쿄 코토구	秀林外語専門学校 SHURIN COLLEGE OF FOREIGN LANGUAGES	진학	12(3)	160	735,000	shurin.ac.jp
도쿄 코토구	キノシタ学園日本語学校 KINOSHITA CAMPUS JAPANESE LANGUAGE SCHOOL	진학	13(3)	150	728,700	www.knstschool.com
도쿄 코토구	東京YMCAにほんご学院 TOKYO YMCA JAPANESE LANGUAGE INSTITUTE	일반	7(2)	100	1,000,000 (1년 6개월)	tokyo.ymca.or.jp/japanese
도쿄 코토구	東京日英学院 TOKYO JE LANGUAGE SCHOOL	진학	12(3)	140	837,500 (1년 3개월)	www.tokyoje.com
도쿄 메구로구	グレッグ外語専門学校日本語科 GREGG INTERNATIONAL COLLEGE JAPANESE LANGUAGE SEMINAR	진학	5(3)	60	1,360,000 (1년 6개월)	www.gregg.ac.jp
도쿄 메구로구	新世界語学院 NEWGLOBAL LANGUAGE SCHOOL	진학	13(2)	120	850,000	www.newglobal.co.jp/school
도쿄 메구로구	東京育英日本語学院 TOKYO IKUEI JAPANESE SCHOOL	진학	5(3)	80	1,079,000 (1년 6개월)	www.japanese-school.net
도쿄 메구로구	エヴァグリーンランゲージスクール EVERGREEN LANGUAGE SCHOOL	진학 일반	13(2)	80	912,760 (1년 3개월)	www.evergreen.gr.jp
도쿄 오타구	東京工科大学附属日本語学校 JAPANESE LANGUAGE SCHOOL AFFILIATED WITH TOKYO UNIVERSITY OF TECHNOLOGY	진학	23(2)	150	1,150,000 (1년 6개월)	www.jst.ac.jp
도쿄 오타구	東京教育専門学院・多摩川校 TOKYO COLLEGE OF EDUCATION・TAMAGAWA SCHOOL	진학	5(3)	60	805,000 (1년 3개월)	homepage3.nifty.com/20yo
도쿄 오타구	ウエストコースト語学院 WESTCOAST LANGUAGE SCHOOL	진학	11(3)	192	871,000 (1년 3개월)	www.wls-jp.com
도쿄 세타가야구	和陽日本語学院 WAYO JAPANESE LANGUAGE SCHOOL	진학	7(3)	94	997,500 (1년 6개월)	www.wayo-nihongo.com
도쿄 세타가야구	東京ひのき外語学院 TOKYO HINOKI FOREIGN LANGUAGE SCHOOL	진학	18(5)	228	997,500 (1년 6개월)	hinoki-japan.com
도쿄 시부야구	バンタンプロフェッショナルランゲージスクール VANTAN LANGUAGE SCHOOL	진학 일반	7(2)	100	763,500	www.vantanls.jp
도쿄 시부야구	広尾ジャパニーズセンター HIROO JAPANESE CENTER	일반	10(2)	80	1,263,000 (2년)	www.japaneselanguage.net
도쿄 시부야구	渋谷外語学院 SHIBUYA LANGUAGE SCHOOL	일반	8(2)	95	686,000	www.shibuya-gaigo.com
도쿄 시부야구	オーエルジェイランゲージアカデミー OLJ Language Academy	일반	6(2)	90	1,345,000 (2년)	www.olj-academy.com

도쿄 시부야구	アークアカデミー 渋谷校 ARC ACADEMY JAPANESE LANGUAGE SCHOOL	일반	40(9)	428	1,360,000 (2년)	www.arc.ac.jp
도쿄 시부야구	山野日本語学校 YAMANO JAPANESE LANGUAGE SCHOOL	진학 일반	15(9)	310	650,000	www.yamano.jp
도쿄 시부야구	東京中央日本語学院 TOKYO CENTRAL JAPANESE LANGUAGE SCHOOL	진학 일반	22(8)	374	792,500 (1년 3개월)	www.tcj-nihongo.com
도쿄 시부야구	東京工学院日本語学校 TOKYO KOGAKUIN JAPANESE LANGUAGE SCHOOL	진학	9(4)	100	590,000	www.technos-jpschool.ac.jp
도쿄 시부야구	文化外国語専門学校 BUNKA INSTITUTE OF LANGUAGE	진학	23(17)	300	997,400	www.bunka-bi.ac.jp
도쿄 시부야구	学校法人長沼スクール東京日本語学校 THE NAGANUMA SCHOOL TOKYO SCHOOL OF JAPANESE LANGUAGE	진학 일반	29(18)	500	723,000	www.naganuma-school.ac.jp
도쿄 시부야구	青山スクールオブジャパニーズ AOYAMA SCHOOL OF JAPANESE	진학	20(3)	180	656,000	www.aoyamaschool.com
도쿄 나가노구	ＴＣＣ 日本語学校 TCC JAPANESE INSTITUTE	진학	17(6)	206	775,500 (1년 3개월)	www.tcc-ji.com
도쿄 나가노구	イーストウエスト日本語学校 EAST WEST JAPANESE LANGUAGE INSTITUTE	진학 일반	28(8)	426	685,000	www.eastwest.ac.jp
도쿄 나가노구	東京日本語文化学校 TOKYO JAPANESE LANGUAGE & CULTURE COLLEGE	진학	21(4)	232	730,000	www.tjlc.ac.jp
도쿄 나가노구	国際人文外国語学院 INTERNATIONAL CULTURE SCHOOL OF FOREIGN LANGUAGE	진학	12(4)	200	875,000 (1년 6개월)	–
도쿄 나가노구	東京中野日本語学院 TOKYO NAKANO LANGUAGE SCHOOL	진학	10(3)	150	1,086,000 (1년 6개월)	www.tnls.net
도쿄 스기나미구	進和外語アカデミー SHINWA FOREIGN LANGUAGES ACADEMY	진학	7(2)	94	880,950 (1년 3개월)	www.geocities.jp/jshinwa
도쿄 스기나미구	東京三立学院 TOKYO SANRITSU ACADEMY	진학	32(8)	320	1,113,000 (1년 6개월)	www.tokyo-sanritsu.jp
도쿄 스기나미구	東京ノアランゲージスクール TOKYO NOAH LANGUAGE SCHOOL	진학 일반	2(2)	280	950,000 (1년 6개월)	–
도쿄 스기'나미구	現代外語学院 GENDAI LANGUAGE SCHOOL	진학	11(5)	176	1,090,000 (1년 6개월)	www.gendai813.com
도쿄 토시마구	千代田国際語学院駒込校 CHIYODA INTERNATIONAL LANGUAGE ACADEMY KOMAGOME	진학	7(2)	96	1,097,250 (1년 3개월)	–
도쿄 토시마구	ICA 国際会話学院 INTERNATIONAL CONVERSATION ACADEMY	진학	12(7)	135	885,000 (1년 3개월)	www.aikgroup.co.jp/ica
도쿄 토시마구	専門学校インターナショナルスクールオブビジネス INTERNATIONAL SCHOOL OF BUSINESS	진학	16(4)	280	1,240,000 (1년 6개월)	www.isb.ac.jp
도쿄 토시마구	東京語文学院 日本語センター TOKYO INSTITUTE OF LANGUAGE, JAPANESE LANGUAGE CENTER	진학	23(4)	238	858,500 (1년 3개월)	www.j-study.net

지역	학교명	과정			학비	홈페이지
도쿄 토시마구	国際アカデミー日本語学院 INTERNATIONAL ACADEMY JAPANESE LANGUAGE INSTITUTE	진학	12(3)	160	868,750 (1년 3개월)	www.ksa-ikebukuro.com
도쿄 토시마구	メロス言語学院 MEROS LANGUAGE SCHOOL	진학	55(12)	680	703,500	www.meros.jp
도쿄 토시마구	メロス日本語アカデミー MEROS JAPANESE ACADEMY	진학 일반	7(4)	100	1,060,000 (1년 6개월)	www.meros.jp
도쿄 토시마구	学校法人サンシャイン学園東京福祉保育専門学校 SUNSHINE COLLEGE	진학	6(2)	108	1,465,000 (2년)	www.sunshine.ac.jp
도쿄 토시마구	アン・ランゲージ・スクール AN LANGUAGE SCHOOL	진학 일반	46(14)	800	782,250 (1년 3개월)	www.anschool.net
도쿄 토시마구	東瀛学院 TÔEI INSTITUTE OF JAPANESE LANGUAGE	진학 일반	13(3)	180	1,013,250 (1년 6개월)	www.toeigakuin.jp
도쿄 토시마구	学校法人文際学園日本外国語専門学校（日本語科） JAPAN COLLEGE OF FOREIGN LANGUAGES JAPANESE LANGUAGE DIVISION	진학	14(6)	160	1,395,000 (1년 6개월)	www.jcfl.ac.jp/nihongo
도쿄 이다 바시구	国書日本語学校 KOKUSHO JAPANESE LANGUAGE SCHOOL	진학 일반	55(13)	740	660,000	www.kokusho.co.jp/school
도쿄 이다 바시구	アン・ランゲージ・スクール成増校 AN LANGUAGE SCHOOL NARIMASU	진학	12(2)	100	829,500 (1년 3개월)	www.ann-school.com
도쿄 이다 바시구	淑徳日本語学校 SCHOOL JURIDICAL PERSON DAIJOU, SHUKUTOKU GAKUEN SHUKUTOKU JAPANESE LANGUAGE SCHOOL	진학	10(4)	120	875,000	jschool.shukutoku-school.com
도쿄 이다 바시구	浦和国際学院東京校 URAWA INTERNATIONAL SCHOOL TOKYO CAMPUS	진학	18(4)	207	905,000 (1년 3개월)	urawajp.com
도쿄 이다 바시구	フジ国際語学院板橋校 FUJI INTERNATIONAL LANGUAGE INSTITUTE ITABASHI	진학 일반	9(3)	150	1,053,000 (1년 6개월)	www.fuji-edu.jp/jp
도쿄 키타구	亜細亜友之会外語学院 ASIA FELLOWSHIP SOCIETY FOREIGN LANGUAGE SCHOOL	진학 일반	14(5)	232	563,000	www.asiatomo.com.cn/jp
도쿄 키타구	ジェット日本語学校 JET ACADEMY	진학 일반	16(4)	150	700,000	jet.ac.jp
도쿄 키타구	ＡＴＩ東京日本語学校 ATI TOKYO JAPANESE LANGUAGE SCHOOL	진학 일반	20(7)	380	682,500	www.atijapan.com
도쿄 키타구	秀徳教育学院 SYUTOKU JAPANESE EDUCATION ACADEMY	진학	9(2)	100	1,002,500 (1년 6개월)	www.syutoku-edu.com/kr
도쿄 키타구	中央工学校附属日本語学校 JAPANESE LANGUAGE SCHOOL AFFILIATED WITH CHUO COLLEGE OF TECHNOLOGY	진학	7(3)	100	1,075,000 (1년 6개월)	www.chuo-j.ac.jp
도쿄 키타구	システム桐葉外語 SYSTEM TOYO GAIGO	진학 일반	18(4)	180	813,750 (1년 3개월)	www.systemtoyo.com
도쿄 키타구	東京外語学園日本語学校 JAPANESE LANGUAGE SCHOOL OF THE TOKYO FOREIGN LANGUAGE ACADEMY (TGN)	진학	16(5)	194	930,000 (1년 3개월)	www.tgn.ac.jp
도쿄 아라 카와구	ダイナミックビジネスカレッジ DYNAMIC BUSINESS COLLEGE	진학	25(3)	456	867,562 (1년 3개월)	www.dbcjpn.com

지역	학교명	구분			학비	홈페이지
도쿄 아라 카와구	学校法人新井学園赤門会日本語学校日暮里校 AKAMONKAI JAPANESE LANGUAGE SCHOOL, NIPPORI COLLEGE	진학 일반	29(8)	450	822,500 (1년 3개월)	www.akamonkai.ac.jp
도쿄 아라 카와구	国際文化交流センター附属ＩＥＣＣ日本語学校 INTERNATIONAL EDUCATION CULTURE CENTER	진학	11(2)	114	745,000 (1년 3개월)	www.ieccschool.com
도쿄 아라 카와구	学校法人新井学園赤門会日本語学校本校 AKAMONKAI JAPANESE LANGUAGE SCHOOL (AKAMONKAI I. L. A.)	진학 일반	44(14)	800	822,500 (1년 3개월)	www.akamonkai.ac.jp
도쿄 아다치구	東京城北日本語学院 TOKYO JOHOKU JAPANESE LANGUAGE SCHOOL	진학	16(2)	260	770,000 (1년 3개월)	www.tokyojohoku.com
도쿄 카츠 시카구	華国際アカデミー HANA INTERNATIONAL ACADEMY	진학	14(13)	200	845,000 (1년 3개월)	www.hanaacademy.com
도쿄 카츠 시카구	ＴＩＪ東京日本語研修所 TOKYO INSTITUTE OF JAPANESE	진학	18(3)	120	777,000 (1년 3개월)	www.tij.ne.jp
도쿄 카츠 시카구	Sun-A国際学院 大江戸校 SUN-A INTERNATIONAL ACADEMY	진학	10(4)	148	952,000 (1년 6개월)	www.sun-a-tokyo.jp
도쿄 카츠 시카구	城東日本語学校 JOTO JAPANESE SCHOOL	진학	4(3)	100	1,001,500 (1년 6개월)	www.joto-school.org
도쿄 에도 가와구	自修学館日本語学校 JISHUGAKKAN JAPANESE LANGUAGE INSTITUTE	진학	10(3)	160	834,750 (1년 3개월)	www1.ocn.ne.jp/~jsg
도쿄 에도 가와구	東洋言語学院 TOYO LANGUAGE SCHOOL	진학	29(10)	540	744,000	www.tls-japan.com
도쿄 에도 가와구	東方国際学院 EASTERN (TOHO) INTERNATIONAL COLLEGE	진학 일반	28(7)	360	651,000	www.toho-ac.jp
도쿄 에도 가와구	東京ベイサイド日本語学校 TOKYO BAY SIDE JAPANESE SCHOOL	진학	22(6)	320	860,000 (1년 3개월)	www.tokyo-bayside.com
도쿄 에도 가와구	東京マスダ日本語学校 TOKYO MASUDA JAPANESE LANGUAGE SCHOOL	진학	6(2)	60	964,000 (1난 6개월)	www.tokyomasudagakuin.com
도쿄 에도 가와구	東京言語教育学院 TOKYO LANGUAGE EDUCATION ACADEMY	진학	21(7)	232	1,000,000 (1년 6개월)	www.tokyolea.jp
도쿄 미타카시	専門学校アジア・アフリカ語学院 ASIA-AFRICA LINGUISTIC INSTITUTE	진학	14(2)	100	770,000	www.aacf.or.jp
도쿄 무사 시노시	吉祥寺外国語学校 KICHIJOJI LANGUAGE SCHOOL	진학 일반	16(4)	94	695,000	www.klschool.com
도쿄 하치 오지시	東京国際交流学院 TOKYO INTERNATIONAL EXCHANGE SCHOOL	진학	20(4)	240	862,500 (1년 3개월)	www.tokyo-japanesels.jp
도쿄 히노시	西東京国際教育学院 TOKYO WEST INTERNATIONAL EDUCATION ACADEMY	진학	10(4)	196	1,000,000 (1년 6개월)	www.tokyo-west.net
도쿄 히노시	学朋日本語学校 GAKUHOU JAPANESE LANGUAGE INSTITUTE	진학	7(2)	48	7,000,000	www.gakuhou-japan.com

지역	학교명	과정		정원	학비	홈페이지
도쿄 쿄세시	東京教育文化学院 TEC INSTITUTE OF JAPANESE LANGUAGE	진학	10(3)	100	1,018,050 (1년 6개월)	www.tokyoeci.jp
도쿄 훗사시	新日本学院 NEW JAPAN ACADEMY	진학	23(8)	312	875,250 (1년 3개월)	www.nja.co.jp
도쿄 훗사시	東京平田日本語学院 TOKYO HIRATA JAPANESE LANGUAGE SCHOOL	진학	14(2)	150	856,710 (1년 3개월)	www.hirata-jls.com
시즈오카	静岡日本語教育センター SHIZUOKA JAPANESE EDUCATION CENTER	진학	13(6)	276	614,800	sjec.jp
시즈오카	静岡インターナショナルスクール SHIZUOKA INTERNATIONAL SCHOOL	진학	13(7)	180	877,000 (1년 6개월)	www.sins.co.jp
시즈오카	国際ことば学院日本語学校 INTERNATIONAL LANGUAGE INSTITUTE JAPANESE LANGUAGE SCHOOL	진학 일반	23(10)	374	666,780	kotoba.ac.jp
시즈오카	静岡国際言語学院 SHIZUOKA INTERNATIONAL LANGUAGE SCHOOL	진학 일반	9(4)	90	910,000 (1년 6개월)	www4.tokai.or.jp/sils
시즈오카	LLES 語学院 LLES LANGUAGE INSTITUTE	진학	8(2)	120	1,018,500 (1년 6개월)	–
시즈오카	浜松日本語学院 HAMAMATSU JAPAN LANGUAGE COLLEGE	진학	8(2)	100	999,600 (1년 6개월)	www.hama-jlc.com
시즈오카	学校法人中野学園オイスカ開発教育専門学校 OISCA COLLEGE FOR GLOBAL COOPERATION	진학	7(4)	40	875,000	www.oisca.ac.jp
시즈오카	A.C.C. 国際交流学園 A.C.C. INTERNATIONAL CULTURE COLLEGE	진학	13(8)	270	718,000	www.accjapan.com
아이치	YAMASA言語文化学院 THE YAMASA INSTITUTE	일반	10(4)	120	1,212,750 (1년 6개월)	www.yamasa.org
아이치	名古屋教育学院 NAGOYA ACADEMY OF EDUCATION	진학	9(2)	100	930,000 (1년 3개월)	www.fftt.biz/nihongo
아이치	KLS名古屋日本語学院 KLS NAGOYA JAPANESE LANGUAGE ACADEMY	진학	7(3)	80	1,325,000 (1년 6개월)	–
아이치	コウブンインターナショナル KOUBUN INTERNATIONAL	진학	6(3)	100	1,108,000 (1년 6개월)	www.koubun-int.jp
아이치	中日本外国語学院 NAKANIHON FOREIGN LANGUAGE SCHOOL	진학	2(2)	72	910,000 (1년 6개월)	www.nfls.jp
아이치	名古屋国際日本語学校 NAGOYA INTERNATIONAL SCHOOL OF JAPANESE LANGUAGE	진학	7(3)	80	910,000 (1년 6개월)	www.nagoyais.com
아이치	愛知工科大学外国語学校 AICHI UNIVERSITY OF TECHNOLOGY FOREIGN LANGUAGE SCHOOL	진학	12(3)	80	750,000	nihongo.denpa.jp
아이치	名古屋経営会計専門学校日本語科 NAGOYA MANAGEMENT AND ACCOUNTING COLLEGE JAPANESE COURSE	진학	5(2)	80	1,200,000 (1년 6개월)	www.meikei-net.ac.jp
아이치	ARMS 日本語学校 ARMS JAPANESE LANGUAGE SCHOOL	진학	5(2)	80	870,000 (1년 6개월)	www.arms.co.jp/jpschool
아이치	上山学院日本語学校 KAMIYAMAGAKUIN JAPANESE LANGUAGE SCHOOL	진학	7(3)	72	945,000 (1년 3개월)	www.kamiyama-gakuin.com
아이치	公務員・保育・介護・ビジネス専門学校 COLLEGE OF GOVERNMENT OFFICER, CHILD WELFARE, CARE WORKER & BUSINESS	진학	11(3)	120	1,380,000 (2년)	www.nagoya-college.ac.jp

지역	학교명	과정	교원수	정원	학비	홈페이지
아이치	ECC 日本語学院 名古屋校 ECC JAPANESE LANGUAGES INSTITUTE NAGOYA SCHOOL	일반	23(5)	160	1,370,000 (2년)	www.ecc-nihongo.com
아이치	愛知国際学院 AICHI INTERNATIONAL ACADEMY	진학	23(8)	394	993,300 (1년 6개월)	www.aiaso.gr.jp
아이치	名古屋ＹＷＣＡ学院日本語学校 THE NAGOYA YWCA SCHOOL OF JAPANESE LANGUAGE	진학 일반	10(2)	100	698,000	www.nagoya-ywca.or.jp
아이치	ノースリバー日本語スクール NORTH RIVER JAPANESE LANGUAGE SCHOOL	진학 일반	19(4)	228	938,150 (1년 6개월)	nrs-ac.jp
아이치	Ｉ.Ｃ.NAGOYA Ｉ.Ｃ.NAGOYA	진학	27(4)	200	880,500 (1년 3개월)	www.icn.gr.jp
아이치	トライデント外国語・ホテル専門学校 TRIDENT COLLEGE OF LANGUAGES AND HOTEL	진학 일반	25(5)	220	880,000	www.kawai-juku.ac.jp/j-lang/japanese
아이치	名古屋ＳＫＹ日本語学校 NAGOYA SKY JAPANESE LANGUAGE SCHOOL	진학	17(3)	166	868,750 (1년 3개월)	www.nagoya-sky.co.jp
아이치	外語学院アドバンスアカデミー ADVANCE ACADEMY OF JAPANESE LANGUAGE	진학 일반	17(5)	280	718,300	www.advanceaca.net
아이치	愛華外語学院 AIKA FOREIGN LANGAGE ACADEMY	진학	4(2)	60	920,000 (1년 6개월)	www.aika-s.jp
아이치	名朋語学院 MEIHO LANGUAGE ACADEMY	진학	3(3)	100	935,000 (1년 6개월)	www.meiho-la.com
아이치	名古屋福徳日本語学院 NAGOYA FUKUTOKU JAPANESE ACADEMY	진학	6(2)	100	857,500 (1년 3개월)	www.nfng.jp
미애	四日市日本語学校 YOKKAICHI JAPANESE LANGUAGE SCHOOL	진학	8(3)	120	970,000 (1년 6개월)	www.cty-net.ne.jp/~yjls/
미애	三重日本語学校 MIE JAPANESE LANGUAGE INSTITUTE	진학	7(4)	100	1,020,000 (1년 6개월)	homepage2.nifty.com/mienihongo
미애	三重文化経済学院 MIEBUNKA JAPANESE LANGUAGE SCHOOL	진학 일반	5(3)	55	715,000	
기후	リバティ インターナショナルスクール LIBERTY INTERNATIONAL SCHOOL	진학	7(6)	80	600,000	www.liberty-international.jp
기후	ホツマインターナショナルスクール HOTSUMA INTERNATIONAL SCHOOL	진학	7(3)	100	1,060,000 (1년 6개월)	www.hotsuma-group.com
기후	ToBuCo専門学校 ToBuCo SPECIALIZED TRAINING COLLEGES	진학	6(2)	100	971,000 (1년 6개월)	tobuco.ac.jp
기후	International Study Institute 中京 INTERNATIONAL STUDY INSTITUTE CHUKYO	진학	8(3)	150	900,375 (1년 3개월)	www.isi-education.com
기후	スバル学院 SUBARU LANGUAGE SCHOOL	진학	10(4)	120	1,009,050 (1년 6개월)	www.nihongo-subaru.com
토야마	富山情報ビジネス専門学校 TOYAMA COLLEGE OF BUSINESS AND INFORMATION TECHNOLOGY	진학	8(3)	80	1,010,000 (1년 6개월)	www.bit.urayama.ac.jp
토야마	富山国際学院 TOYAMA INTERNATIONAL ACADEMY	진학	12(2)	60	890,000 (1년 6개월)	www.h2.dion.ne.jp/~toyamaia
이시카와	専門学校アリス学園 ALICE INTERNATIONAL COLLEGE	진학	7(4)	100	930,000 (1년 6개월)	alice-japan.net/gakuen
후쿠이	大原キャリアビジネス外語専門学校 O-HARA CAREER BUSINESS FOREIGN LANGUAGE COLLEGE	진학	6(2)	80	1,300,000 (2년)	www.o-hara.ac.jp/hokuriku/senmon/ryugaku

교토	京都民際日本語学校 KYOTO MINSAI JAPANESE LANGUAGE SCHOOL	진학	16(5)	162	963,785 (1년 3개월)	www.kyotominsai.co.jp
교토	日本語センター NIHONGO CENTER	진학	12(4)	194	1,076,250 (1년 6개월)	www.nihongo-center.com
교토	京都コンピュータ学院鴨川校 京都日本語研 修センター KYOTO COMPUTER GAKUIN KAMOGAWA CAMPUS KYOTO JAPANESE LANGUAGE TRAINING CENTER	진학	5(4)	80	720,000	www.kjltc.jp
교토	京都文化日本語学校 KYOTO INSTITUTE OF CULTURE AND LANGUAGE	일반	19(9)	320	1,100,500 (1년 6개월)	www.kicl.ac.jp
교토	公益財団法人京都日本語教育センター京都日 本語学校 THE KYOTO CENTER FOR JAPANESE LINGUISTIC STUDIES KYOTO JAPANESE LANGUAGE SCHOOL	진학 일반	35(3)	130	1,010,000 (1년 6개월)	kjls.or.jp
교토	京都国際アカデミー KYOTO INTERNATIONAL ACADEMY	진학	17(5)	300	694,000	www.kia-ac.jp
교토	京都YMCA国際福祉専門学校日本語科 KYOTO YMCA JAPANESE LANGUAGE COURSE	진학	11(5)	120	1,070,000 (1년 6개월)	www.kyotoymca.or.jp/ language/japanese
교토	活学書院 KATUGAKU SHOIN	진학	5(2)	100	696,000	www.katugaku.com/shoin
교토	京都励学国際学院 KYOTO REIGAKU INTERNATIONAL ACADEMY	진학	6(2)	80	1,042,000 (1년 6개월)	reigaku.jp
교토	関西語言学院 ACADEMY OF KANSAI LANGUAGE SCHOOL	진학	44(18)	800	1,000,000 (1년 6개월)	www.kansaigogen.com
교토	JCL 外国語学院 JCL FOREIGN LANGUAGE SCHOOL	진학	32(10)	470	955,000 (1년 3개월)	www.group-jcl.com
교토	京都秋月学園 KYOTO SHUGETSU GAKUEN	진학	4(2)	60	1,070,000 (1년 6개월)	shugetsugakuen.com
교토	華聯学院京都校 PRIVATE HUALIAN UNIVERSITY KYOTO COLLEGE	진학 일반	4(2)	60	912,500 (1년 3개월)	www.iccajapan.com/school
오사카	新亜国際語言学院 SHIN-A INTERNATIONAL LANGUAGE SCHOOL	진학 일반	9(2)	100	730,000	www.shin-a-ils.com
오사카	ダイワアカデミー DAIWA ACADEMY JAPANESE LANGUAGE	진학	7(3)	110	1,020,000 (1년 6개월)	www.daiwa-ac.jp
오사카	大阪日本語学院 OSAKA JAPANESE COLLEGE SCHOOL	진학	7(2)	69	720,000	www.geocities.jp/osakajls
오사카	文林学院 日本語科 BUNRIN GAKUIN NIHONGO-KA	진학	11(4)	209	690,000	www.nagata-g.co.jp/bunrin
오사카	清風情報工科学院日本語科 SEIFU INSTITUTE OF INFORMATION TECHNOLOGY / iSEIFU JAPANESE LANGUAGE SCHOOL	진학	14(4)	224	1,111,000 (1년 6개월)	www.i-seifu.jp
오사카	関西外語専門学校 日語教育部日本語学科 KANSAI COLLEGE OF BUSINESS & LANGUAGES DEPARTMENT OF JAPANESE STUDIES	진학 일반	40(7)	418	785,000	www.tg-group.ac.jp/nihongo
오사카	大阪国際教育学院 OSAKA INTERNATIONAL LANGUAGE INSTITUTE	일반	6(2)	100	790,000	www.inter-edu.co.jp
오사카	シンアイ語学専門学院 SHIN-AI INSTITUTE OF LANGUAGES	진학	7(2)	120	892,500 (1년 3개월)	www.shin-i.jp
오사카	日生日本語学園 NISSEI JAPANESE LANGUAGE SCHOOL	일반	7(2)	100	1,330,000 (2년)	www.nissei.ac

오사카	アジアハウス附属海風日本語学舎 UMIKAZE ACADEMY OF JAPANESE	진학	9(3)	40	985,000 (1년 6개월)	www.asia-house.jp
오사카	クローバー学院 CLOVER LANGUAGE INSTITUTE	진학 일반	9(4)	232	907,500 (1년 3개월)	www.clover-li.co.jp
오사카	大阪YMCA国際専門学校 OSAKA YMCA INTERNATIONAL COLLEGE	진학	26(4)	240	1,130,000 (1년 6개월)	www.osk-ymca-intl.ed.jp/ nihongo/jp
오사카	J国際学院 JAPANESE COMMUNICATION INTERNATIONAL SCHOOL	진학 일반	39(5)	325	730,000	jcom-ies.co.jp
오사카	国際日語教育学院 INTERNATIONAL JAPANESE LANGUAGE SCHOOL	진학	8(3)	97	1,043,800 (1년 6개월)	nihongo.sakura.ne.jp
오사카	ヒューマンアカデミー日本語学校大阪校 HUMAN ACADEMY JAPANESE LANGUAGE SCHOOL, OSAKA	진학 일반	20(7)	400	874,750 (1년 3개월)	hajl.athuman.com
오사카	大阪外語学院 OSAKA FOREIN LANGUAGE SCHOOL	진학	7(2)	76	1,100,000 (1년 6개월)	osaka-gaigo.jp
오사카	芦屋国際学院大阪校 ASHIYA KOKUSAI GAKUIN	진학	6(2)	120	1,080,000 (1년 6개월)	－
오사카	関西国際学院 KANSAIKOKUSAI GAKUIN	진학	14(4)	180	738,000	kkg.comto.net
오사카	日本学生支援機構大阪日本語教育センター OSAKA JAPANESE LANGUAGE EDUCATION CENTER JAPAN STUDENT SERVICES ORGANIZATION	진학	37(10)	365	810,000	www.jasso.go.jp
오사카	大阪YMCA学院 OSAKA YMCA GAKUIN	진학 일반	23(6)	200	767,000	www.osakaymca-jls.org
오사카	ワン・パーパス国際学院 ONE PURPOSE INTERNATIONAL ACADEMY	진학	6(2)	100	924,000 (1년 3개월)	www.one-purpose.co.jp
오사카	日本メディカル福祉専門学校 NIHON MEDICAL WELFARE INSTITUTE	진학	6(2)	100	783,700	www.kamei.ac.jp
오사카	日本理工情報専門学校 NIHON RIKO-JYOHO INSTITUTE OF SCIENCE AND ENGINEERING	진학	9(2)	120	720,000	www.kamei.ac.jp
오사카	新大阪外国語学院 SHIN-OSAKA FOREIGN LANGUAGE INSTITUTE	진학	11(3)	135	710,000	www.sofli.ac.jp
오사카	大阪みなみ日本語学校 OSAKA MINAMI JAPANESE LANGUAGE SCHOOL	진학	13(3)	136	1,055,000 (1년 6개월)	www.osaka-minami.com
오사카	大阪YWCA専門学校 OSAKA YWCA COLLEGE	진학	23(4)	77	760,000	osaka.ywca.or.jp/college
오사카	日中語学専門学院 JAPAN-CHINA LANGUAGE ACADEMY	진학	26(6)	210	925,000 (1년 3개월)	www.jclc.jp
오사카	大阪文化国際学校 OSAKA INTERNATIONAL SCHOOL OF CULTURE AND LANGUAGE	진학 일반	28(9)	500	750,000	www.415931.com
오사카	大阪ハイテクノロジー専門学校 OSAKA COLLEGE OF HIGH-TECHNOLOGY	진학	6(3)	80	745,000	www.osaka-hightech.ac.jp
오사카	大原外語観光＆ブライダルビューティー専門 学校 O-HARA FOREIGN LANGUAGE TOURISM & BRIDAL BEAUTY COLLEGE	진학	4(3)	60	670,000	www.o-hara.ac.jp/osaka

지역	학교명	과정	교원수	정원	학비(엔)	홈페이지
오사카	大原簿記法律専門学校難波校 O-HARA Business and Law College (Namba Branch)	진학	3(2)	60	970,000 (1년 6개월)	–
오사카	エール学園日本語教育学科 EHLE INSTITUTE JAPANESE LANGUAGE SCHOOL	진학	53(13)	670	830,000	www.ehle.ac.jp/jls
오사카	アークアカデミー大阪校 ARC ACADEMY OSAKA	일반	25(9)	225	1,460,000 (2년)	www.arc.ac.jp
오사카	メリック日本語学校 MERIC JAPANESE LANGUAGE SCHOOL	진학 일반	48(11)	660	690,000	www.meric.co.jp
오사카	中央工学校OSAKA日本語科 CHUO COLLEGE OF TECHNOLOGY OSAKA DEPARTMENT OF JAPANESE LANGUAGE	진학	7(3)	100	810,000	www.chuoko-osaka.ac.jp/nihongo
효고	予備校創学ゼミナール外国人特別進学コース PREPARATORY SCHOOL SOGAKU SEMINAR JSL (JAPANESE AS A SECOND LANGUAGE) COURSE FOR INTERNATIONAL STUDENTS	진학	9(3)	100	700,000	www.efg.co.jp
효고	神戸YMCA日本語学校 KOBE YMCA JAPANESE LANGUAGE SCHOOL	일반	5(2)	80	780,000	kbym.jp/japanese
효고	神戸東洋日本語学院 KOBE TOYO JAPANESE COLLEGE	진학 일반	13(1)	120	694,000	www.jp-college.com
효고	神戸YMCA学院専門学校 日本語学科 THE KOBE YMCA COLLEGE JAPANESE DEPARTMENT	진학	21(6)	240	820,000	kbym.jp/japanese
효고	春日日本語学院 KASUGA JAPANESE LANGUAGE ACADEMY	진학	7(2)	90	1,057,000 (1년 6개월)	www.kasuga-kobe.jp
효고	クラーク外語学院 CLARK FOREIGN LANGUAGE SCHOOL	진학	40(8)	400	961,710 (1년 3개월)	www.clark.ac.jp
효고	クラーク国際専門学校日本語進学予備課程 CLARK INTERNATIONAL COLLEGE PREPARATORY COURSE FOR LEARNING JAPANESE LANGUAGE	진학	7(2)	100	961,710 (1년 3개월)	www.clark.ac.jp
효고	神戸電子専門学校日本語学科 KOBE INSTITUTE OF COMPUTING COLLEAGE OF INFORMATION TECHNOLOGY JAPANESE LANGUAGE DEPARTMENT	진학	9(2)	150	1,085,000 (1년 6개월)	www.kobedenshi.ac.jp
효고	コミュニカ学院 COMMUNICA INSTITUTE	진학 일반	14(*6)	152	800,000	www.communica-institute.org
효고	神戸日本語学院 KOBE JAPANESE LANGUAGE ACADEMY	진학	5(1)	100	867,500 (1년 3개월)	www.kobe-jla.jp
효고	国際語学学院 INTERCULTURE LANGUAGE ACADEMY	진학 일반	21(7)	348	885,000 (1년 3개월)	www5d.biglobe.ne.jp/~ila
효고	神戸外語教育学院 KOBE JAPANESE EDUCATION ACADEMY	진학	6(2)	68	995,000 (1년 6개월)	–
효고	秀明神戸国際学院 SHUMEI KOBE INTERNATIONAL SCHOOL	진학	14(3)	178	915,000 (1년 3개월)	www16.ocn.ne.jp/~shumei
효고	アリスト外語学院 ARIST FOREIGN LANGUAGE SCHOOL	진학	7(3)	180	1,032,500 (1년 6개월)	www.arist-f.com
효고	KIJ語学院 KOBE INTERNATIONAL JAPANESE LANGUAGE ACADEMY	진학	9(2)	100	1,070,000 (1년 6개월)	www.kij123.com
효고	神戸ワールド学院 KOBE WORLD ACADEMY	진학	8(3)	225	1,076,000 (1년 6개월)	–
효고	セイコー学院 SEIKO FOREIGN LANGUAGE SCHOOL	진학	12(4)	160	880,000 (1년 3개월)	www.seikogakuin.com

효고	神戸国際語言学院 KOBE INTERNATIONAL LANGUAGE SCHOOL	진학	6(3)	98	1,047,000 (1년 6개월)	www.kobe-kg.jp
효고	神戸東国際学院 INTERNATIONAL COLLEGE OF KOBE-EAST	진학	11(3)	214	967,575 (1년 3개월)	ickejp.org
효고	尼崎国際日本語学校 AMAGASAKI INTERNATIONAL JAPANESE LANGUAGE SCHOOL	진학	8(3)	160	948,000 (1년 6개월)	amagasakikokusai.sakura.ne.jp
효고	大阪教育学院 OSAKA EDUCATION COLLEGE	진학	2(2)	80	1,115,000 (1년 6개월)	–
나라	大和国際日本語学院 YAMATO INTERNATIONAL COLLEGE	진학	8(4)	80	971,000 (1년 6개월)	–
나라	天理教語学院日本語科 TENRIKYO LANGUAGE INSTITUTE, JAPANESE LANGUAGE DEPARTMENT	진학	9(8)	40	415,000	kaigai.tenrikyo.or.jp/tli/top
나라	奈良総合ビジネス専門学校 NARA GENERAL BUSINESS TECHNICAL COLLEGE	진학	6(2)	100	1,050,700 (1년 6개월)	www.nagai.ac.jp/nihongo
나라	奈良日本語学院 NARA JAPANESE LANGUAGE SCHOOL	진학	11(2)	86	1,149,175 (1년 6개월)	–
와카야마	和歌山YMCA国際福祉専門学校日本語科 WAKAYAMA YMCA COLLEGE JAPANESE LANGUAGE COURSES	진학	9(3)	80	720,000	www.ymcajapan.org/wakayama/japanese
오카야마	英数学館岡山校 日本語科 EISUGAKKAN OKAYAMA SCHOOL JAPANESE LANGUAGE DEPARTMENT	진학	8(3)	80	1,060,000 (1년 6개월)	okayama.eisu.ac.jp
오카야마	岡山外語学院 日本語科 OKAYAMA INSTITUTE OF LANGUAGES JAPANESE LANGUAGE COURSE	진학	23(6)	320	748,900	okg-jp.com
오카야마	岡山科学技術専門学校日本語学科 OKAYAMA INSTITUTE OF SCIENCE AND TECHNOLOFY JAPANESE LANGUAGE COURSE	진학	5(2)	80	1,026,000 (1년 6개월)	www.oist.ac.jp/nihongo
오카야마	長船日本語学院 OSAFUNE JAPANESE LANGUAGE SCHOOL	진학	13(4)	225	796,000 (1년 3개월)	www.osafune.info
오카야마	倉敷外語学院 KURASHIKI LANGUAGE ACADEMY	진학	6(4)	80	1,095,000 (1년 6개월)	kurashikigaigo.jp
히로시마	日本ウェルネススポーツ専門学校広島校 JAPAN WELLNESS SPORTS COLLEGE HIROSHIMA	진학	6(2)	100	670,000	www.hiroshimawellness.jp
히로시마	ＩＧＬ健康福祉専門学校日本語学科 I G L HEALTH AND WELFARE COLLEGE JAPANESE LANGUAGE COURSE	진학	7(3)	100	975,000 (1년 6개월)	–
히로시마	広島ＹＭＣＡ専門学校 HIROSHIMA YMCA COLLEGE	진학	25(7)	300	752,000	www.hymca.jp/jp
히로시마	ヒューマンウェルフェア広島専門学校日本語学科 HUMAN WELFARE HIROSHIMA COLLEGE JAPANESE LANGUAGE COURSE	진학	7(3)	80	1,028,000 (1년 6개월)	www.human.ed.jp
히로시마	学校法人山中学園 三原国際外語学院日本語科 MIHARA INTERNATIONAL ACADEMY OF LANGUAGES	진학 일반	6(3)	120	675,000	www.mial.jp
히로시마	弥勒の里 国際文化学院日本語学校 MIROKU-NO-SATO JAPANESE LANGUAGE SCHOOL OF INTERNATIONAL CULTURE INSTITUTE	진학	6(5)	120	1,045,000 (1년 6개월)	www.miroku-jls.com

히로시마	広島アカデミー HIROSHIMA ACADEMY	진학	4(3)	60	980,000 (1년 6개월)	–
히로시마	福山国際外語学院 FUKUYAMA INTERNATIONAL ACADEMY OF LANGUAGES	진학	4(3)	60	1,043,000 (1년 6개월)	www.fuwai.jp
히로시마	福山YMCA国際ビジネス専門学校 FUKUYAMA YMCA INTERNATIONAL BUSINESS COLLEGE	진학	12(3)	150	725,000	www.hymca.jp/fukuyama
히로시마	広島国際ビジネスカレッジ HIROSHIMA INTERNATIONAL BUSINESS COLLEGE	진학	8(3)	180	660,000	hibc.jp
야마구치	専門学校さくら国際言語学院 SAKURA INTERNATIONAL LANGUAGE COLLEGE	진학	6(4)	100	1,035,000 (1년 6개월)	www.sakura.ac.jp
야마구치	徳山総合ビジネス専門学校 TOKUYAMA SOUGOU BUSINESS SCHOOL	진학	5(2)	80	845,000 (1년 6개월)	www.h3.dion.ne.jp/~tokubi
야마구치	専門学校さくら国際言語教育学院 SAKURA INTERNATIONAL LANGUAGE TEACHING COLLEGE	진학	4(2)	60	1,035,000 (1년 6개월)	www.sakura.ac.jp
카가와	専門学校穴吹ビジネスカレッジ ANABUKI BUSINESS COLLEGE JAPANESE COURSE TAKAMATSU	진학 일반	13(8)	260	685,000	www.anabuki.ac.jp
에히메	学校法人河原学園河原電子ビジネス専門学校 日本語学科 KAWAHARA GAKUEN EDUCATIONAL FOUNDATION KAWAHARA DENSHI BUSINESS COLLEGE JAPANESE LEARNING COURSE	진학	7(4)	140	710,000	www.kawahara.ac.jp
후쿠오카	専修学校 久留米ゼミナール日本語学科 KURUME SEMINAR JAPANESE LANGUAGE COURSE	일반	16(5)	300	680,000	www.kusemi.ac.jp/nihongo
후쿠오카	くるめ国際交流学院 KURUME INSTITUTE OF INTERNATIONAL RELATIONS	진학	1(1)	80	955,000 (1년 6개월)	www.kurume-nippon.com
후쿠오카	日本文化語学院 JAPAN INSTITUTE OF JAPANESE LANGUAGE AND CULTURE	일반	15(4)	120	1,060,000 (1년 6개월)	www.itokoku.com/jilc
후쿠오카	さくら日本語学院 SAKURA JAPANESE LANGUAGE ACADEMY	진학	4(2)	100	1,015,000 (1년 6개월)	www.j-sakura.net
후쿠오카	NILS NILS	진학 일반	10(6)	200	725,000	–
후쿠오카	日本語アカデミー NIHONGO ACADEMY	진학	7(4)	60	1,050,000 (1년 6개월)	www5.ocn.ne.jp/~academy
후쿠오카	みずほ外語学院 MIZUHO FOREIGN LANGUAGE SCHOOL	진학	4(3)	100	1,082,000 (1년 6개월)	–
후쿠오카	春暉国際学院 SHUNKI LANGUAGE INSTITUTE	진학	11(3)	148	953,960 (1년 3개월)	shunkijapanese.main.jp
후쿠오카	ＪＡＰＡＮ国際教育学院 JAPAN INTERNATIONAL EDUCATION INSTITUTE	진학	12(3)	150	1,070,000 (1년 6개월)	www.j-iei.biz
후쿠오카	福岡YMCA国際ホテル・福祉専門学校日本語科 FUKUOKA YMCA INTERNATIONAL COLLEGE JAPANESE DEPARTMENT	진학	12(2)	100	1,105,000 (1년 6개월)	www.fukuoka-ymca.or.jp/japanese
후쿠오카	国際交流友の会外語学院 FUKUOKA INTERNATIOMAL LANGUAGE ACADEMY	진학	27(12)	402	710,000	www.fila-jp.com
후쿠오카	福岡YMCA日本語学校 FUKUOKA YMCA JAPANESE LANGUAGE SCHOOL	일반	11(2)	60	1,090,000 (1년 6개월)	www.fukuoka-ymca.or.jp/japanese

지역	학교명	과정	모집정원	정원	학비	홈페이지
후쿠오카	九州英数学舘国際言語学院 KYUSHU EISU GAKKAN INTERNATIONAL LANGUAGE ACADEMY	진학 일반	44(10)	600	760,000	www.kyushu-eisu.ac.jp
후쿠오카	九州言語教育学院 KYUSHU LANGUAGE ACADEMY	진학	6(2)	100	1,075,000 (1년 6개월)	www.kgkg2010.com
후쿠오카	福岡国際コミュニケーション専門学校 FUKUOKA INTERNATIONAL COMMUNICATION COLLEGE	진학	11(3)	120	1,080,000 (1년 6개월)	www.f-seikei.com
후쿠오카	福岡外語専門学校 FUKUOKA FOREIGN LANGUAGE COLLEGE	진학	8(2)	100	1,080,000 (1년 6개월)	www.f-seikei.com
후쿠오카	愛和外語学院 AIWA LANGUAGE SCHOOL	진학	26(9)	442	1,042,650 (1년 6개월)	www.aiwa.ne.jp
후쿠오카	西日本国際教育学院 NISHINIHON INTERNATIONAL EDUCATION INSTITUTE	진학 일반	34(15)	680	826,000	www.niei.jp
후쿠오카	九州日語学院 KYUSHU JAPANESE LANGUAGE ACADEMY	진학	6(3)	100	1,070,000 (1년 6개월)	www.k-nichigo.jp
후쿠오카	アジア日本語学院 ASIA JAPANESE ACADEMY	진학 일반	15(3)	238	770,000	www.a-j-academy.j
후쿠오카	福岡国際学院 FUKUOKA INTERNATIONAL ACADEMY	진학	12(7)	240	728,000	www.f-i-a.jp
후쿠오카	福岡国土建設専門学校 FUKUOKA KOKUDO-KENSETSU TECHNICAL COLLEGE	진학	9(3)	100	690,000	www.kokusen.ac.jp/kj
후쿠오카	富士インターナショナルアカデミー FUJI INTERNATIONAL ACADEMY	진학	8(3)	100	980,000 (1년 6개월)	fuji-ac.jp
후쿠오카	九州外国語学院 KYUSHU FOREIGN LANGUAGE ACADEMY	진학	24(9)	151	730,000	www.jiuwai.com
후쿠오카	専門学校麻生工科自動車大学校 ASO COLLEGE OF AUTMOTIVE ENGINEERING AND TECHNOLOGY	진학	5(2)	80	1,040,000 (1년 6개월)	www.asojuku.ac.jp/ international
후쿠오카	福岡日本語学校 FUKUOKA JAPANESE LANGUAGE SCHOOL	진학	13(5)	220	890,000 (1년 3개월)	www.fukuokaschool.com
후쿠오카	九州国際教育学院 KYUSHU INTERNATIONAL EDUCATION COLLEGE	진학	18(5)	294	725,000	www.qsintedu.com
후쿠오카	東アジア日本語学校 EAST ASIA JAPANESE LANGUAGE SCHOOL	진학	5(2)	100	1,240,000 (1년 6개월)	eastasiajs.com
후쿠오카	麻生外語観光＆製菓専門学校 ASO FOREIGN LANGUAGE TOURISM AND PATISSIER COLLEGE	진학	8(2)	80	720,000	www.asojuku.ac.jp/ international
후쿠오카	麻生情報ビジネス専門学校 ASO BUSINESS COMPUTER COLLEGE	진학	7(2)	100	1,030,000 (1년 6개월)	www.asojuku.ac.jp/ international
후쿠오카	福岡言語学院 FUKUOKA GENGO GAKUIN	진학	8(3)	100	1,070,000 (1년 6개월)	-
후쿠오카	北九州 YMCA 日本語学校 KITAKYUSHU YMCA JAPANESE LANGUAGE SCHOOL	진학	23(5)	270	700,000	www.k-ymca.or.jp
후쿠오카	専門学校北九州YMCA学院理工系日本語科 KITAKYUSHU YMCA-COLLEGE FOR SCIENTIFIC AND TECHNOLOGICAL JAPANESE	진학	4(2)	80	1,040,000 (1년 6개월)	www.k-ymca.or.jp
후쿠오카	専門学校昴大原自動車大学校 SUBARU O-HARA AUTOMOBILE ENGINEERING COLLEGE	진학	19(4)	160	1,064,000 (1년 6개월)	www.subaru.ac.jp

지역	학교명	구분		정원	학비	홈페이지
사가	専修学校久留米ゼミナール佐賀校日本語学科 KURUME SEMINAR JAPANESE LANGUAGE COURSE SAGA SCHOOL	일반	7(3)	120	750,000	www.kusemi.ac.jp/nihongo
사가	弘堂国際学園 CODO INTERNATIONAL COLLEGE	진학 일반	13(2)	180	770,000	www.codoi.com
나가사키	長崎情報ビジネス専門学校日本語科 NAGASAKI INFORMATION BUSINESS COLLEGE	진학	6(6)	400	860,000	www.nibc.ac.jp
쿠마모토	専門学校湖東カレッジ唐人町校日本語科 JAPANESE LANGUAGE FACULTY COTO COLLEGE TOUJINMACHI CAMPUS	진학	4(2)	60	700,000	www.coto.ac.jp
쿠마모토	熊本YMCA 学院日本語科 KUMAMOTO YMCA COLLEGE JAPANESE DEPERTMENT	진학	10(3)	140	1,030,000 (1년 6개월)	www.kumamoto-ymca.or.jp/party/8
쿠마모토	熊本工業専門学校 日本語科 KUMAMOTO TECHNICAL COLLEGE JAPANESE COURSE	진학	8(3)	80	1,000,000 (1년 6개월)	www.kumakosen.jp
쿠마모토	九州測量専門学校日本語科 KYUSHU SURVEYING COLLEGE : JAPANESE COURCE	진학	4(1)	80	1,400,000 (2년)	www.kyu-soku-sen.ac.jp
오이타	明日香日本語学校 ASUKA JAPANESE LANGUAGE SCHOOL	일반	11(5)	200	1,040,000 (1년 6개월)	www.asuka.ac.jp
미야자키	宮崎情報ビジネス専門学校 MIYAZAKI INFORMATION BUSINESS COLLEGE	진학	4(2)	60	700,000	www.miyajobi.ac.jp
가고시마	神村学園専修学校 KAMIMURA GAKUEN VOCATIONAL COLLAGE	진학	6(3)	80	1,056,500 (1년 6개월)	www.kamimura.ac.jp
가고시마	九州日本語学校 KYUSHU JAPANESE LANGUAGE SCHOOL (KLS)	진학	6(2)	100	880,000 (1년 6개월)	kyushunihongo.weebly.com
오키나와	東洋言語文化学院 ASIAN LANGUAGE CULTURE COLLEGE	진학	3(3)	100	792,880	school.toyo-alcc.com
오키나와	ＪＳＬ日本アカデミー JSL NIHON ACADEMY	진학	9(4)	135	830,000	www.jslnippon.jp
오키나와	異文化間コミュニケーションセンター附属日本語学校 CROSS CULTURAL COMMUNICATION CENTER ANNEXED JAPANESE SCHOOL	진학 일반	6(3)	48	851,500	www.e-cccc.com
오키나와	沖縄JCS学院 JAPANESE CULTURAL STUDY ACADEMY	진학 일반	6(2)	100	823,030	okinawajcs.com
오키나와	ステップワールド日本語学院 STEP WORLD JAPANESE SCHOOL	진학	6(2)	100	1,140,000 (1년 6개월)	–
오키나와	日亜外語学院 NICHIA FOREIGN LANGUAGE ACADEMY	진학	9(3)	180	896,500	orange.zero.jp/nichia
오키나와	日本文化経済学院 JAPANESE INSTITUTE OF CULTURE AND ECONOMICS	진학 일반	13(4)	240	1,030,400 (1년 3개월)	www.jice.ac.jp
오키나와	国際言語文化センター附属日本語学校 INTERNATIONAL CENTER OF LANGUAGE & CULTURE INSTITUTE OF JAPANESE LANGUAGE	일반	7(4)	150	762,000	www.iclcjapan.com

* 상기 학교는 일본어교육진흥협회에 등록된 어학교를 기준으로 하였음

* 상기 학비 외에, 유학생 보험비, 교재비, 건강보험비 등 학교별 추가 비용이 발생할 수 있음.

KYOTO TOWER HOTEL

성공어학연수 가이드 - **일본 맞짱뜨기**

우리는 지금 일본으로 간다

1판 1쇄 인쇄 2013년 1월 05일
1판 1쇄 발행 2013년 1월 10일

———

저　　자　이수희
발 행 인　이미옥
발 행 처　아이생각
정　　가　15,000원
등 록 일　2003년 3월 10일
등록번호　220-90-18139
주　　소　(143-849) 서울 광진구 능동 253-21
새 주 소　(143-849) 서울 광진구 능동로 32길 159
전화번호　(02)447-3157~8
팩스번호　(02)447-3159

———

ISBN 978-89-97466-07-8 (13980)　　　I-13-04

저자 합의
인지 생략